中传学者文库编委会

主　任： 廖祥忠　张树庭
副主任： 蔺海波　李　众　刘守训　李新军　王　晖
　　　　　杨　懿　柴剑平

成　员（按姓氏笔画排序）：
　　　　王廷信　王栋晗　王晓红　王　雷　文春英
　　　　龙小农　付　龙　叶　龙　刘东建　刘剑波
　　　　任孟山　李怀亮　李　舒　张绍华　张　晶
　　　　张根兴　张毓强　林卫国　郑　月　金　炜
　　　　金雪涛　周建新　庞　亮　赵新利　徐红梅
　　　　贾秀清　高晓虹　隋　岩　喻　梅　熊澄宇

中传学者文库

主编／柴剑平
执行主编／龙小农
副主编／张毓强　周建新

张晶自选集

中国美学的范畴与命题

张晶 著

中国传媒大学出版社
·北京·

图书在版编目（CIP）数据

中国美学的范畴与命题：张晶自选集 / 张晶著 . -- 北京：中国传媒大学出版社，2024.8.

（中传学者文库 / 柴剑平主编）.

ISBN 978-7-5657-3747-3

Ⅰ . B83-53

中国国家版本馆 CIP 数据核字第 2024ZT9896 号

中国美学的范畴与命题：张晶自选集
ZHONGGUO MEIXUE DE FANCHOU YU MINGTI：ZHANG JING ZIXUANJI

著 者	张 晶				
责任编辑	井彩霞				
封面设计	锋尚设计				
责任印制	李志鹏				
出版发行	中国传媒大学出版社				
社 址	北京市朝阳区定福庄东街 1 号		**邮 编**	100024	
电 话	86-10-65450528　65450532		**传 真**	65779405	
网 址	http://cucp.cuc.edu.cn				
经 销	全国新华书店				
印 刷	北京中科印刷有限公司				
开 本	710mm×1000mm　1/16				
印 张	17.25				
字 数	282 千字				
版 次	2024 年 8 月第 1 版				
印 次	2024 年 8 月第 1 次印刷				
书 号	ISBN 978-7-5657-3747-3/B · 3747		**定 价**	88.00 元	

本社法律顾问：北京嘉润律师事务所　郭建平

总 序

媒介是人类社会交流和传播的基本工具。从口语时代到印刷时代，再经电子时代至今天的数智时代，媒介形态加速演变、融合程度深入发展，媒介已然成为现代社会运行的基础设施和操作系统。今天，人类已经迈入媒介社会，万物皆媒、人人皆媒，无媒介不社会、无传播不治理。今天，无论我们怎么用力于信息传播的研究、怎么重视信息传播人才的培养都不为过。

中国传媒大学（其前身为北京广播学院）作为新中国第一所信息传播类院校，自1954年创建伊始，即与媒介形态演变合律同拍、与国家发展同频共振，努力探索中国特色信息传播人才培养模式、构建中国信息传播类学科自主知识体系，执信息传播人才培养之牛耳、发信息传播研究之先声，被誉为"中国广播电视及传媒人才摇篮""信息传播领域知名学府"。

追溯中传肇始发轫之起源、瞩望中传砥砺跨越之未来，可谓创业维艰而其命维新。昔日中传因广播而起，因电视而兴，因网络而盛，今天和未来必乘风破浪、蓄势而上，因人工智能而强。在这期间，每一种媒介兴起，中传均吸引一批志于学、问于道、勤于术的

中国美学的范畴与命题　张晶自选集

学者汇聚于此，切磋学术、传道授业，立时代之潮头，回应社会需求，成为学界翘楚、行业中坚，遂有今日中传学术研究之森然气象，已历七秩而弦歌不断，将传百世亦风华正茂。

自新时代以来，中传坚守为党育人、为国育才初心，励精图治、勠力前行，秉承"系统治理、创新图强、交叉融合、特色发展"的办学理念，牢牢把握高等教育发展大势、传媒业态发展趋势，瞄准"智能传媒"和"国际一流"两大主攻方向，以世界为坐标、以未来为向度，完成了全面布局和系统升级，正在蹄疾步稳、高质量推动学校从传统高等教育向未来高等教育跨越、从传统传媒教育向智能传媒教育跨越、从国内一流向世界一流跨越，全力建设中国特色、世界一流传媒大学。

中国特色、世界一流，在于有大先生扎根中国大地，汇聚古今、融通中外；在于有大先生执教黉门，学高为师、身正为范；在于有大先生躬耕杏坛，敦品积学、启智润心。习近平总书记更强调，高校教师要立志成为大先生，在教书育人和科研创新上不断创造新业绩。中传广大教师素来以做大先生为毕生职志，努力成为新时代"经师"与"人师"的统一者，做真学问、立高品行，践履"立德树人"使命。

2024 岁在甲辰，欣逢中传建校 70 华诞，学校特邀约部分学者钩玄勒要、增删批阅，遴选已公开刊发的论文汇编成集，出版"中传学者文库"，意在呈现学校在学科建设、科学研究、服务行业实践等方面的最新成果，赓续中传文脉，谱写时代新声。

文库汇聚老中青三代学者，资深学者渊渟岳峙、阐幽抉微；中年学者沉潜蓄势、厚积薄发；青年学者踌躇满志、未来可期。文库与五十周年校庆所出版的"北广学者文库"相承接，大致可勾勒中传知识生产薪火相传、三代辉映之概貌，反映中传在构建中国特色新闻传播类、传媒艺术类、传媒技术类学科体系、学术体系和话语体系方面的耕耘与收获，窥见中国特色信息传播类学科知识体系构建的发展脉络与轨迹。

这一构建过程，虽筚路蓝缕，却步履铿锵；虽垦荒拓野，亦四方辐辏。一批肇始于中传，交叉融合、具有中国特色的学科，如播音主持艺术学、广播电视艺术学、传媒艺术学、数字媒体艺术学、政治传播学等，从涓涓细流汇入滔滔江河，从中传走向全国，展现了中传学者构建中国自主知识体系的学术想象力和创新力。文库展示的虽然是历史，实则是呈现今天；看似是总结过去，实则是召唤未来。与其说这套文库的出版，是对既有学术成果的展示，毋宁说是对未来学术创新的邀约。

回首过往，七秩芳华。我们深知，唯有将马克思主义基本原理与中华优秀传统文化相结合，才能推动中华学术创造性转化和创新性发展，推动中国自主知识体系的构建。我们深知，唯有准确把握媒介形态演变的脉动、深刻认知媒介形态变革所产生的影响，才能推动中国信息传播类学科自主知识体系的构建与时俱进。

展望未来，星辰大海。我们深知，以人工智能为代表的产业和科技革命正迅疾而来，媒介生态正在加速重构，教育形态正在全面重塑，大学之使命与价值正在被重新定义；我们深知，唯有"胸怀国之大者"、面向世界科技前沿、面向经济主战场、面向国家重大需求，才能确保中传始终屹立于中国乃至世界传媒教育发展之潮头。

如何应对人工智能带来的深刻变革，对中传而言是一场要么"冲顶"、要么"灭顶"的"兴亡之战"。我们坚信，不管前方是雄关漫道，还是荆棘满途，唯有勇敢直面"教育强国，中传何为？"这一核心命题，奋力书写"智能传媒教育，中传师生有为！"的精彩答卷，才能化危为机，奋力开创人工智能时代中传智能传媒教育新纪元。

功不唐捐，芳华七秩；风帆正举，赓续创新。

是为序。

廖祥忠

第十四届全国政协委员，中国传媒大学党委书记、教授、博士生导师

前　言

　　给这本自选集《中国美学的范畴与命题》写一个"前言"，既是惯例，也有话要说。

　　我从事中国美学和古代文论研究有年，逐渐形成了某种学术观念，这种学术观念又是与中国学术界的发展路径相交集的。

　　在文艺学的学科中，中国古代文论是非常重要的一支，也是最能体现中华民族的理论思维特色的分支学科。能否在信息化数字化迅速发展的当今时代做出创造性的理论成果，却是摆在相关研究者面前的一个难题。改革开放四十多年来的古代文论研究，经受了各种挑战，却仍在顽强地向前挺进，不断呈现出具有新的时代风貌的理论成果。我们也曾有过很多困惑，有过争论，如"失语症""古代文论的现代转换"等。但是，古代文论研究的学者们面对传统的学术资源，一方面继承传统，一方面以现代文艺理论作为观照方法，守正创新，不断开拓，产生了许多具有时代高度的研究成果。在研究范式上也呈现出了创造性。在20世纪的90年代及21世纪初的一段时间里，中国古代文论研究领域，范畴研究成为一种突出的范式。范畴研究对于以往的个案研究及文论史、美学史来说，都是一种突破性的进展。对于范畴研究，若干著名文论与美学学者是有着自觉的理论意识的。蔡钟翔、汪涌豪、涂光社三位教授在《文学遗产》2000年第1期发表了《范畴研究三人谈》，阐明了关于范畴研究的

理念与方法。汪涌豪教授先有《范畴论》一书，后又出版了《中国文学批评范畴及体系》一书，对于中国文论的范畴作了系统的梳理及有机的建构。蔡钟翔教授在中国文论及美学的范畴研究中，起到了组织和统领的作用。钟翔先生倡导中国美学的范畴研究，约请国内一些著名的中青年美学学者，撰写"中国美学范畴丛书"，先后有两辑共二十种问世。钟翔先生自己就写了《美在自然》一书，笔者也在丛书中撰写了《神思：艺术的精灵》一书。这套"美学范畴丛书"在学术界引发了范畴研究的热潮，产生了一大批相关的成果。

当范畴研究成为成熟的范式之后，学术界又提出了命题研究的问题。范畴与命题研究本来就是甚为密切的两种范式，而研究事业的推进是有赖于范式的更新的。命题与范畴本来就是你中有我，我中有你的。例如，在成复旺教授的《中国美学范畴辞典》中，就有很多美学命题。从美学或文论的命题功能来看，对于构建中国特色的"三大体系"，命题具有尤为深刻的意义。关于命题研究，已有若干学者提出和推动有关命题的研究，还有一些著名学者如王元化先生的《文心雕龙创作论》这部"龙学"名著，其实就是以命题作为研究的切入点的。韩林德先生的《境生象外——华夏审美与艺术特征考察》一书，对于范畴与命题在中华美学研究中的作用予以高度重视，其书的第一章就是《华夏美学的主要范畴命题和论说》，并且指出："这些范畴与命题，既相互区别，又相互联系和相互转化，彼此形成一种关系结构，共同建构起中国古典美学的宏大理论体系。一定意义上讲，中国古典美学史，也就是上述一系列范畴、命题的形成、发展和转化的历史。可以说，如果我们把握了这些范畴、命题形成、发展和转化的历史，把握了这些范畴命题的主旨，也就大体了解中国古典美学的基本面貌了。"① 韩林德将命题的价值作了较

---

① 韩林德.境生象外［M］.北京：生活·读书·新知三联书店，1995：1.

为深入的说明。著名美学家叶朗先生的美学名著《中国美学史大纲》，多处以命题立题。例如，第二篇"中国古典美学的展开"的第一节，就以"得意忘象""声无哀乐""传神写照""澄怀味象""气韵生动"标立题目。著名文艺理论家童庆炳先生的《中国古代心理诗学与美学》一书，也是以具有美学意义的命题作为研究对象。吴建民教授若干年前撰写出版了《中国古代文论命题研究》，是系统的、全面的研究命题的重要著作。已有的命题研究的个案，为命题研究奠定了深厚的基础。例如，成复旺教授的《神与物游》一书，就是命题研究的个案性专著。汤一介教授也曾发表过《命题的意义——浅说中国文学艺术理论某些命题》(《文艺争鸣》2010年第1期)等。笔者在多年前就致力于中国文论与美学的命题研究，自20世纪90年代以来，发表了若干篇有关中国美学命题的个案研究论著。例如，《朱熹诗境与"理一分殊"》(《辽宁师范大学学报》1989年第4期)、《入兴贵闲——关于审美创造心态的一个重要命题》(《吉林大学社会科学学报》2000年第1期)、《"万物一体"思想与中华诗学的审美特征》(《江苏社会科学》2016年第1期)、《"凡象，皆气也"——诗学意象观念与气论哲学》(《社会科学辑刊》2017年第6期)。笔者近年来将研究方向集中在中国美学命题研究上，曾不止一次在重要刊物上组织命题研究的文论笔谈。例如，在《社会科学辑刊》2020年1期开辟"构建中国特色哲学社会科学知识体系·中华美学命题研究"专栏，组织张晶、吴建民、李昌舒三位教授撰写关于命题的文章。笔者的《中国古代美学命题研究的意义何在？》一文，发表后引起学界的广泛关注。《新华文摘》《高校文科文摘》等刊物都全文转载了此文。笔者还在2020年2月20日的《中国社会科学报》上组织了"命题与范畴：中国优秀传统文化术语研究"的专栏文章，刊登了九位作者的相关论文。2021年，《文学遗产》杂志在第2期发表了笔者的《从范畴到命题——从文艺美学

回望中国古代文艺理论》的长文,并置于头题的重要位置。笔者又于2021年申请成功了国家社会基金重大项目《中国古代美学命题整理与研究》。《河北学刊》于2022年的第2期、第3期发表了5篇关于古代美学命题研究的论文,分别是:张晶的《中国古代美学命题有待于突破的究竟指向》(第2期)、李昌舒的《美学命题经典化研究需要注意的几个问题》(第2期)、吴建民的《中国古代美学命题的本质属性与构成模式》(第3期)、张庆利的《中国古代美学命题的文献甄别与意义阐释》(第3期)、王永的《中国古代美学命题功能的理论与方法建构》(第3期)。这5篇文章的同时推出,在国内学术界产生了对于命题研究的广泛关注。从当下的中国文论、中国美学的研究现状来看,命题研究已推进到一个自觉的阶段,并且成为一种具有时代特征的新的研究范式。

仍以2004年为一个节点,笔者在学术研究上又走过了二十年的历程。从范畴到命题,一直是在美学研究和文论研究的范式转换中进行探索。进入新时代以来,建构中国特色哲学社会科学三大体系(学术体系、学科体系、话语体系)成为学术界面临的重要任务,而三大体系建设是要正面提出问题和解决问题的。笔者主张,范畴与命题及其有机化的建构,是三大体系建设的基本途径。美学命题以其鲜明的理论内涵和价值取向,在中国美学发展史上发挥着经纬构织的功能。

个案研究固然需要,而且会使研究本身具有丰满的"血肉"。然而,如何将研究在时代大潮中向前推进?研究范式的转换就不失为一个可以操作的战略。

对于文学艺术的创作与研究,没有美学的观照是不可能的。有对于美的敏感与探寻,才能有文学艺术的发生,才能有创作的冲动,而对文学艺术的研究来说,美学才是最为根本的角度。文学艺术的发展,必然带来美学的升华。美学范畴与命题,是美学的理论结晶。

以这二十年为我的人生的重要阶段，同时是我倾情于中国美学的生命段落。

美学研究，不停留于"高头讲章"式的美学教科书，而是深化到审美的实践中，不断提出新的理论与方法。

进入 21 世纪，中国进入了发展的快车道。十八大以来，文学艺术发生了巨大的变化。当下人工智能的快速发展，给我们的生活和文化都带来了难以想象的挑战和机遇。美学当然也要随之而变。人工智能给美学研究提出了新的课题，必须面对的新课题。但是，人在何处？美学难道会消失吗？我不相信！知古鉴今，守正创新。如欲创造，必知历史！刘勰讲"通变"，"通"是融通以往；"变"是汲取时代的力量而创新。美学在通变中发展升华。

我的美学研究，携历史风云，与时代同步！

张 晶

2024 年 3 月 13 日

目 录

论审美抽象	001
中国古代诗论的美学品性及美学学理建构意义	011
艺术媒介论	024
中国古代诗学中"偶然"论的审美价值意义	042
三个"讲求":中华美学精神的精髓	064
中道与诗法	
——中国诗学的审美感悟之五	075
"凡象,皆气也"	
——诗学意象观念与气论哲学	092
神思与辞令	
——刘勰论艺术思维与诗歌语言的关系	109
文艺创新是文化自信的审美之源	126
中国古代美学命题研究的意义何在	129
从范畴到命题	
——从文艺美学回望中国古代文艺理论	144
"丘壑"论	
——兼谈中国山水画论中的艺术图式	162
审美感兴与中国古代诗词的气氛之美	181
命题在中国美学研究中的建构性价值	201

媒介能力与诗学运思 ··· 207
经典艺术形象：时代文艺的重要标识 ·································· 227
诗之"触物起情"与画之"天机自张"
　　——中国美学的感兴观念在诗画艺术中的呈现方式 ············ 231

后　记 ··· 255

论审美抽象[*]

一、"审美抽象"的立义

在人的审美活动中有没有抽象的思维形式？如果有，它是一种什么样态？它与逻辑思维的抽象有什么不同？它在审美活动中的功能又是怎样的？这些问题具有重要的理论意义。在我看来，审美过程中是不可能没有抽象的思维方式的，但它不同于逻辑思维的抽象，而是一种有着特殊概括与提升路径，并使审美活动获得意义的基本思维方式。为了与逻辑思维的抽象相区别，我将这种思维方式称为"审美抽象"。对这个范畴，谭容培先生在《美与审美的哲学阐释》中曾将其作为审美意识的内容做过探讨，本文则将其作为审美活动中独特的思维方式来阐释。

审美抽象指审美主体在对客体进行直觉观照时所做的从个案形象到普遍价值的概括与提升。审美抽象与逻辑思维抽象的不同之处在于：虽然它们都是从具体事物上升到普遍意义，但逻辑思维的抽象以语言概念为工具，通过舍弃对象的偶然的、感性的、枝节的因素，以概念的形式抽出对象主要的、必然的、一般的属性和关系；审美抽象则通过知觉的途径，以感性直观的方式使对象中的普遍意义呈现出来，并在艺术创作领域中表现为符号的形式。逻辑抽象是在个别的和偶然的东西中发现一般的合乎规律的东西，用马克思

---

[*] 本文原载于《哲学研究》2007年第8期，收入本书时略有改动。

的话说就是"完整的表象蒸发为抽象的规定"①，它意味着舍弃对象的全部丰富具体的细节、特征和属性，这当然是和审美的、艺术创作与鉴赏的过程殊异的。多年前学术界关于"形象思维"的论争，旨在强调文学艺术创作中的审美化的思维方式，其基本含义如别林斯基对形象思维的经典论述："诗人用形象来思考；他不证明真理，却显示真理。"②"形象思维"思考的重心在于艺术创造的形象化特质，而"审美抽象"则是指在审美创造或审美鉴赏过程中通过审美知觉和符号化的形式直观地把握对象的本质特征，其思考重心在于审美活动在其感性的方式中所达到的思维高度及把握世界的深度。

康德在对"鉴赏判断"（即审美判断）的表述中已经指出了"审美抽象"的性质，他说："静观本身不是对着概念的，因为鉴赏判断并不是知识判断（既不是理论的，也不是实践的），因此既不是以概念为其基础，也不是以概念为其目的。"③康德还说：

> 虽然这判断只是审美的，并且仅仅包含着对象对于主体的一种关系，然而因为它究竟和逻辑的判断相似，人们能够设定它适用于每个人。但是从概念也不能产生这普遍性来。因为从概念是不能过渡到快感及不快感的……所以鉴赏的判断，既然意识到在它内部并没有任何的利害关系，它就必然只要求对于每个人都能适用而并不要求客体具有普遍性，这就是说，它只是和主观普遍性的要求联结着的。④

康德在这里明确认为这种审美的判断有其与逻辑判断相似之处，那便是主体的普遍性的愉快或者说是别一种抽象，但它是不经由概念的途径的，而

---

① 中共中央马克思恩格斯列宁斯大林著作编译局.马克思恩格斯文集：第8卷［M］.北京：人民出版社，2009：25.
② 别林斯基.别林斯基选集：第2卷［M］.满涛，译.上海：上海译文出版社，1979：96.
③ 康德.判断力批判：上卷［M］.宗白华，译.北京：商务印书馆，1964：46.
④ 康德.判断力批判：上卷［M］.宗白华，译.北京：商务印书馆，1964：48.

是通过直观的方式进行的。康德在《纯粹理性批判》中所讲的"直观中领会的综合",我以为也可以从不同于逻辑抽象的别一种抽象的角度来加以理解。他说:

> 每一个直观都在其自身中包含有一种杂多,这种杂多只有在心能够于一个印象跟着另一个印象发生的这种次序中分辨出时间来,才能作为一种杂多来表现,因为每一个表象,就其包含在单个的瞬间中来说,总不能是别的东西而必是一个绝对的统一体。为了直观的统一体可以从这种杂多发生出来(像在空间的表象所需要的那样),就必须首先把它概观一遍而使之抓在一起,我称这种活动为"领会的综合"。①

这种"直观的综合"其实正是审美判断中主体的抽象功能。20世纪初,沃林格提出"情感抽象"说,他指出:"我们必然导出这样的结论:必有一种与移情本能恰恰相反的本能存在,这种本能遏制了满足移情需要的事物。在我们看来移情需要的这个对立面就是抽象冲动。"② 沃林格所阐扬的"抽象冲动"的命题完全是在美学的框架里的,是基于前此的德国艺术史家里格尔的"世界感"和"艺术意志",并加以发展创造的。所谓"世界感",指人在应世观物中面对世界的精神态度;而"艺术意志"指所有艺术现象中最深层、最内在的本质,表现了人类的审美需求。沃林格认为"抽象冲动"是人类的普遍性的审美心理动因,他指出:"抽象冲动与任何一种艺术同时并生,而且在特定的、具有发达文化的民族那里,也依然是占主导地位的。"③ 沃林格反复阐述了审美抽象所带来的对规律性的把握及如何从偶然事物中审美地抽象出永恒,这对于我们认识审美抽象是富有启发意义的。

---

① 康德.纯粹理性批判[M].韦卓民,译.武汉:华中师范大学出版社,2000:132.
② 沃林格.抽象与移情[M].王才勇,译.沈阳:辽宁人民出版社,1987:15.
③ 沃林格.抽象与移情[M].王才勇,译.沈阳:辽宁人民出版社,1987:16.

二、知觉作为审美抽象的关键环节

审美抽象的操作是以知觉,尤其是视知觉为其中介的。经过格式塔学派和符号论美学的阐扬,那种将知觉理解为被动反映对象的印象的观念已经被主张知觉具有建构性功能的观念所代替了。无论是逻辑抽象还是审美抽象,都是将对象的本质属性凝定下来,成为人们把握世界的基本网结,只不过前者是以概念的方式,后者是以形象的方式。格式塔心理学美学家阿恩海姆认为:"知觉到一个物体的恒常样相,实则是一种最高水平的概括,而这样一种高水平的概括,则适用于视觉被用来从物理上察觉对象时(或察觉其物理特性时)的一切场合。"① 阿恩海姆在这里揭示了视知觉普遍性的抽象功能。他又说:"抽象是将一切可见形象感知、确定和发现为具有一般性和象征意义时所使用的必不可少的手段,或许我可以将康德的论断作另一种表述:视觉没有抽象是盲目的;抽象没有视觉是空洞的。"② 阿恩海姆对于视知觉与抽象的关系所作的论述,其指向在于艺术审美具有普遍意义的抽象功能,这其实已从视知觉扩展到以视觉为核心的艺术感知,从而阐发了知觉对审美抽象所起的关键作用。

一个真正的作为审美主体的人或者艺术家,其知觉是主体对于外部世界的一个积极探索的工具。通过选择和简化等机能,将对象的具有特征的"完形"摄入主体的心灵。知觉,尤其是审美知觉,其主动性和建构性是进行审美抽象的基本功能。德国哲学家卡西尔指出:

> 美不能根据它的单纯被感知而被定义为"被知觉的",它必须根据心灵的能动性来定义,根据知觉活动的功能并以这种功能的一种独特倾向来定义。它不是由被动的知觉构成,而是一种知觉化的方

---

① 阿恩海姆.艺术心理学新论[M].郭小平,翟灿,译.北京:商务印书馆,1994:55.
② 阿恩海姆.艺术心理学新论[M].郭小平,翟灿,译.北京:商务印书馆,1994:77.

式和过程。但是这种过程的本性并不是纯粹主观的，相反，它乃是我们直观客观世界的条件之一。艺术家的眼光不是被动地接受和记录事物的印象，而是构造性的，并且只有靠着构造活动，我们才能发现自然事物的美。①

奥尔德里奇则特别注重阐发这种审美知觉的"整体性"特征，他认为"这种知觉的作用在于揭示经验的潜在的有机统一，或通过对感官经验的明智的整理来制造这种整体性，从而把经验从它那通常是支离破碎和贫乏的结构中解救出来"②。在奥尔德里奇的观念中，审美知觉所具有的整体性不是现成的，而是由审美主体建构而成的；它包含抽象的内涵在其中，是对对象的一种"领悟"。

知觉对于审美抽象是非常关键的阶段与环节。以现象学美学的观念来看，对于审美主体而言，知觉是审美对象形成的关键因素：没有知觉外在事物就不可能进入审美主体的心灵世界成为审美对象。杜夫海纳因此指出："审美对象是在知觉中完成的。"③知觉将对象构形为一个统一的整体，在这个过程中知觉渗透了情感与意义。知觉并不排除意义，相反，任何完整的感知都要把握一种意义；审美抽象的实现是有待于意义的呈现的。

对于审美知觉来说，其更为突出的特征是选择性。阿恩海姆已对视知觉中的这种性质作了非常明确的阐述，其他许多美学家也都强调这一特征。奥斯本指出："正是通过选择性的抽象，才使得天才的艺术家能够提出新的观察世界的方法。在通过感觉器官不断涌向我们的大量信息中，我们只能接受其中很少一部分。这样选择就非常重要。其实这就是知觉所包含的意义。对那些不断向我们袭来的大量感觉信息，我们把注意力有选择地集中在其中某几项上，通过运用关联联想，赋予它们秩序。"④在奥斯本看来，这种选择实质上

---

① 卡西尔. 人论 [M]. 甘阳，译. 上海：上海译文出版社，1985：192.
② 卡西尔. 人论 [M]. 甘阳，译. 上海：上海译文出版社，1985：24.
③ 杜夫海纳. 审美经验现象学 [M]. 北京：文化艺术出版社，1992：371.
④ 奥斯本. 20世纪艺术中的抽象和技巧 [M]. 闫嘉，黄欢，译. 成都：四川人民出版社，1998：42.

就是"艺术中的抽象",即审美抽象。

审美抽象通过知觉实现时,需发挥知觉过程中构形的作用。我认为,任何人类的创造活动首先都是以构形为前提的。所谓"构形",指人的每一个创造活动在其创造物(无论是物质的还是精神的)产生之前,都在创造主体的头脑中呈现出这种新的事物的整体形象。马克思指出:"最蹩脚的建筑师从一开始就比最灵巧的蜜蜂高明的地方,是他在用蜂蜡建筑蜂房以前,已经在自己的头脑中把它建成了。劳动过程结束时得到的结果,在这个过程中开始时就已经在劳动者的表象中存在着,即已观念地存在着。"① 在审美活动中,构形能力是一个非常重要的心理能力。我曾于此有过正面的论述:

> 审美构形能力指的是什么呢?是指审美主体在进行审美创造时在头脑中将杂多的材料构成一个"完形"的心理能力。这个"完形"是新质的、独特的、整一的也是充满着主体精神的。在文学和艺术的创作中这种构形能力显得尤为必要。在审美接受中,这种能力也是非常必要的。这种能力虽然是心理化的,却在创作和欣赏过程中都起着非常关键的作用。或者说这种能力的强弱、高下都会直接影响到艺术品的生成及其生命感、独创性。这种心理能力带有很强的主动性和建构性,是能否构成审美活动的主要心理能力之一。②

从某种意义上说,这里所说的"构形"正是知觉的功能,也是其实现审美抽象的关键环节。构形的过程就是形成一个完整的感知的过程。知觉对象的过程从审美主体来说,大多数时候是无意为之的,是由主体的审美素养、职业习惯而进入感兴的状态的。当这种审美知觉获得之时,也就是其意义呈现之际;意义通过完整的感知而得到强化,其实也是审美抽象的实现。构形的过程就是抽象的过程,不过它不是通过推理与概念的方式见其"真谛",而

---

① 马克思,恩格斯.马克思恩格斯全集:第23卷[M].北京:人民出版社,1965:202.
② 张晶.论审美构形能力[J].社会科学战线,2005(4):94.

是通过艺术符号加以呈现。这就是刘勰所说的"诗人感物，联类不穷……写气图貌，既随物以宛转；属采附声，亦与心而徘徊……皎日慧星，一言穷理；参差沃若，两字穷形：并以少总多，情貌无遗矣。"① "一言穷理" "以少总多，情貌无遗"，准确地道出了审美抽象最主要的特征，即以非常简化的构形来摄取更多的蕴含，而其原生态的情感状貌却于此纤毫毕现。在审美抽象的过程中，知觉以构形的方式获得了愈加鲜明的内在"完形"，这也是其意义聚集和呈现的过程。

审美抽象的独特产物是情感浸透的艺术符号。逻辑抽象是忌讳情感的掺入的：在从大量偶然的现象提纯出概括对象的本质的概念、范畴或命题时，要将情感的成分"蒸发"出去，如此才能保证达成抽象的高度与纯度。审美抽象则不然。主体的情感不但未被排除，反而成为抽象过程的动力因素，甚至成为抽象的内容。卡西尔指出："审美的自由并不是不要情感，不是斯多葛式的漠然。而是恰恰相反，它意味着我们的情感生活达到了它的最大强度，而正是在这样的强度中它改变了它的形式。"② 那么，审美抽象又是如何形成其最终结果的呢？或者说，作为一种思维方式，它的产物与逻辑抽象有何不同呢？简而言之，逻辑抽象的结果是以语言符号来表述的概念、范畴或命题；审美抽象则是以艺术符号来表征的人生意义、情感及洞察。如果说逻辑抽象所概括的是客观真理，那么审美抽象（以艺术创造为例）则是通过一个整一的艺术符号，表征和凝定主体关于人生意义和情感的终极体验。艺术符号不是提供给人们用于思辨和推理运作的，而是诉诸视觉、听觉甚至想象的知觉形式，它是一种能将人类情感的本质清晰地呈现出来的形式。符号论哲学或美学都非常重视艺术创造中的形式问题，因为西方论及审美抽象或艺术抽象的思想家或艺术家，大都是从造型艺术的角度提出他们的有关理论的。苏珊·朗格指出："艺术中的一切形式均为抽象的形式。它们的内容仅仅是一种表象，一种纯粹的外观，而这表象、这外观也能使内容显而易见，也就是说

---

① 范文澜.文心雕龙注［M］.北京：人民文学出版社，1958：693–694.
② 卡西尔.人论［M］.甘阳，译.上海：上海译文出版社，1985：189.

内容的表现会更直率、更完整。如果在真实的环境和切近的利害中,它们即使作为范例也不会如此明显。正是在这种意义上,一切艺术都是抽象的。"① 朗格所论显然不限于造型艺术,而是揭示了艺术所具有的普遍思维品格。艺术的各种样式包括造型艺术(如绘画、雕塑等),也包括想象艺术(如小说、诗歌等),都是以特殊形式创造出的艺术符号,它们植根于人的情感、意义的深处;而且如果它们是优秀之作的话,就会以超强的符号样态使之凝定,从而成为人类文化的精品传之于久远。

三、文学的审美抽象:必须补充的话题

因为西方学者大都是以造型艺术作为谈论审美抽象的基础,所以我在这里要补充关于文学创作的审美抽象的合理性的讨论。"形象思维"讨论的出发点多是文学创作,这与当年毛泽东提出"诗要用形象思维"的著名论断有相当密切的关系。形象思维讨论中涉及抽象问题时,主要是争论在创作思维过程中有没有一个逻辑思维的阶段,而我这里所说的"审美抽象"则是从另外的理路来提出看法。逻辑抽象以语言符号来形成概念、范畴或命题,这与造型艺术或其他艺术种类的艺术语言是大不相同的。以语言符号为材料的逻辑抽象与从造型艺术出发的审美抽象的区别,是很容易为人们理解的。但是要说清楚与逻辑抽象同是以语言文字为材料的文学创作中的审美抽象却非易事。如果不能说明文学的抽象是一种与造型艺术等门类相通的审美抽象,不能说明其与同是以语言为材料的逻辑抽象的区别,我们就很难使这方面的认识向前推进一步。我认为文学的审美抽象虽然在所使用的材料上似乎与逻辑抽象并无二致,但是,后者是以一系列的语言符号进行判断推理,从而蒸发或遗落掉事物偶然的、外在的表象,以概念、范畴或命题的形式来反映客观真理;而文学的审美抽象则是在文学创作过程中,以语言作为描述内视性的完整艺术符号为特征。作家用语言描绘出一幅幅通过接受主体的意向性阅读活动而

---

① 朗格.情感与形式[M].刘大基,傅志强,周发祥,译.北京:中国社会科学出版社,1968:61.

呈现于头脑中的内视性画面、场景。一部小说、一首诗歌，在其构思和形成完整故事的过程中，就已经将人生的意义或情感注入了进来，又通过这种内视性的艺术符号使之强化。文学中的审美抽象很多是通过具象的变形进行的。阿恩海姆指出："在突出本质的意义上说知觉具象并不排除抽象，诗人并非不加区别地引用具体细节，而是强调那些对他来说能使主体获得艺术想象力的个别特征。"① 这段论述既指出了文学创作的实际，也指出了它的美学价值，值得我们认真思考。

别林斯基指出："真理同样也构成诗歌的内容，正像构成哲学的内容一样。就内容而言，诗情作品是跟哲学论文一样的东西。在这方面，诗歌和思维之间没有任何不同之处。然而诗歌和思维远不是同一个东西，它们因其形式之不同而显著地互相有所区别。"② 但文学的审美抽象之不同于逻辑抽象还不仅限于此；在我看来，诗歌作为"文学的艺术作品"，其与"思维"（指逻辑思维）的区别不仅是形式上的，而且是内涵上的。诗歌通过诗人的审美知觉和艺术体验创造出艺术符号，所呈现出来的是人生的意义、情感及智慧，而并非是以"形象和画面"来证明和诠释哲学教科书上的概念、范畴和命题。诗歌中的审美抽象可以说比比皆是。诗人不是通过形象描绘来证明普遍性的哲学概念、范畴，而是在主体的审美感兴中创造出具有内视效果的艺术符号，并在情感的助动下升华出对人生与社会的感悟，从而具有普遍的概括意义。

审美抽象对于文学艺术来说，使作家、艺术家的人生感悟凝定在艺术符号之中，并以简化、变形等艺术手段使作品中的具象给人以强烈震撼。刘勰论文学创作中的"隐秀"时所作的赞语："深文隐蔚，余味曲包。辞生互体，有似变爻。言之秀矣，万虑一交。动心惊耳，逸响笙匏"③ 颇能道出审美抽象的这种特质。无论是逻辑抽象还是审美抽象，有一点应该是共同的，那就是主体以其特有的方式把握世界，将其终结点推向巅峰，然后使之凝定成为人

---

① 阿恩海姆.抽象语言与隐喻[M]//阿恩海姆.艺术的心理世界.周宪，译.北京：中国人民大学出版社，2003：65.
②《鸭绿江》杂志社资料室.形象思维资料辑要[M].沈阳：辽宁人民出版社，1979：276.
③ 范文澜.文心雕龙注[M].北京：人民文学出版社，1958：633.

类精神的"高光点"。

审美抽象作为一个美学范畴，不仅有其存在的合理性，而且有其非常重要的理论价值。抽象能力是人类具有的一种最为基本的特征，这在审美领域中不仅是存在的，而且发挥着基本的甚至是决定审美基本属性的重要作用。从哲学的立场上看，审美抽象是人类以不同于逻辑思维的抽象方式来面对世界和把握世界的一种特殊的抽象方式；它通过审美知觉的途径进行，显现出主体的主动性和建构性。从艺术创造的角度来看，审美抽象更是一种不可或缺的思维方式和操作方法：主体凭借属于其艺术门类的艺术语言对客观对象进行抽象活动（这个阶段基本上是运用已经内化在主体审美意识中的艺术语言来进行的），其结果是主体以其独特的艺术语言，创造出具有个人风格的、浸透着情感因素的艺术符号。这里还须指出，我们对审美抽象的这种理解和立义是和"形象思维"的命题并不重复的："形象思维"无论其背景还是理论内涵，都旨在确立文学艺术不同于理论思维的独特思维方式，即形象化、感性化的思维特质（尽管许多学者也谈到了形象思维过程中的理性的、抽象的因素，但其重心显然不在于此），"审美抽象"则旨在揭示通过审美知觉的建构性质，以艺术符号的形式来呈现人类的情感与世界的本质特征。

中国古代诗论的美学品性及美学学理建构意义[*]

中国美学学理建构是关系到美学发展的重要问题，仅凭日常生活作为美学建构的基本资源，仅凭后现代理论来说明当代审美现象，不足以解决美学学理的内部建构问题。美学的基本资源仍然是艺术，由对艺术的审美体验升华出学理命题，仍然是美学发展的主要途径。中国传统诗论具有进入当代美学格局的重要价值，其鲜明的审美体验属性和独特的审美抽象思维，都与美学有着天然的渊源。体验是审美活动最本质的状态，而中国古代诗论正是建立在丰富的品味与体验之上的理论形态。同时，其重要命题亦非仅停留在这个体验层面，而是高度审美升华而获致的理论成果，中国古代诗论的思维路径与理论形态，对于当今美学的发展会有更重要的意义。

一、当代美学学理建构的资源向度

中国的美学学理应该如何建构？美学学科发展应该走什么样的道路？这当然是不可能定于一尊的，但却是作为美学专业教师或学者不能不认真考虑的问题。目前美学领域的情况可谓纷然杂陈，各种理论争相登场，尤其是"日常生活审美化"似乎已经成了美学研究的主要问题，而其他的美学理论则隐然退后了。这就带来美学学理发展上的断裂，使当代美学流于浮泛而缺少思辨的深度。美学是要发展的，传统美学理论确实很难阐释和解决当代的审

---

* 本文原载于《文学评论》2009 年第 6 期，收入本书时略有改动。

美问题。但是要以五光十色的日常生活作为美学建构的基本资源，浮光掠影地用后现代文化和消费社会理论来说明审美现象，是不足以在内部解决美学学理的当代建设的。

我在这篇文章中将中国传统诗论作为当代美学建设的重要资源，也许会引起很多同仁的哂笑，或以为这不过是"九斤老太"的心态，其实我的着眼点并不在于古代诗论本身，而是出于对美学性质的理解。牵强之处也许难免，但却是一个特殊的视角。简而言之，美学的基本研究资源应当是艺术，在今天传媒艺术成为最具人气的艺术形态的时代，艺术的内涵和外延发生了很大变化，在很多时候艺术与日常生活的界限漫漶不清，但由对艺术的审美经验升华出美学学理，仍然是美学发展的主要路径。从这种意义上来探寻古代诗论与当代美学的关系，就可以看到命题的真正价值所在。

致力于开发中国古代文论的现代价值，试图激活中国古代文论的生命力，这是当代的古代文论或古代文学学者们多年来的突围之路，所谓"古代文论的现代转换"，正是一个非常具有代表性的命题。我在此文中所表现出的初衷与思路，也许有意无意地与此有部分的重合。在这方面我坦诚地予以承认，因为"古代文论的现代转换"的争论，把问题提到了当代文艺学的课题之中，并使之大大前进了一步；我自始至终都没有创造"惊世骇俗"的理论的能力和野心，只是想在不断地趋近之中打通一些东西。这当然也是需要一点勇气和自信的。这种企图在很大程度上来自我对文学与当代传媒的关系的研究、美学发展所亟须补足的要素等。容当我用寥寥数语简略概括而不作展开，以便使同仁理解本文的提问意义。

我认为文学与其他艺术门类虽然只是"家族相似"，但就其本质而言，文学是艺术的一种，其根本之点在于，文学与艺术都是以形式的创造力和完整性来激发人们的审美经验的，无论是文学还是艺术，创作主体（诗人、作家、画家、音乐家等）都是以其艺术形式的独特创造为其价值依据的；再就是艺术形式的完整性，无论是文学作品，还是艺术创作，必然是以其艺术形式的完整为其特征的，也就在这一点上，与日常生活相区别。此外，从当下的文化研究学者的见解来看，似乎文学在电子传媒时代已经遭遇厄运，图像的泛溢使文学命运走向终结；而在我看来，当下的电子传媒并未使文学走向终结，文学恰恰是在与传媒艺术的姻合中焕发了新的生命力，并产生了许多新的文学样式。从美学学理的接续与发展而言，美学走到今天，在学理上产生了巨大的断裂，由社会学或文化学入主，在美学领域中大行其道的是视觉文化理论、消费文化理论、后现代文化理论等，这些都为美学变革的社会因素作了令人信服的阐扬，但未尝为美学学理自身提供多少有益的发展因素，或是使美学学理在新时代条件下向上提升。"日常生活审美化"之类的命题，使美学走向泛化，但无法使美学学理得到新的建构。那么，当代美学的学理建构究竟需要什么因素方可向上提升或开创进境？这个问题是有相当迫切的现实意义的，而非"一个针尖能站几个天使"之类的学院问题。我认为传统美学以其抽象与思辨建构起大厦，而当下的审美现实则是以"乱花渐欲迷人眼"的视像为主要对象，审美主体很难对其进行"静观"，也就无从进行抽象与思辨的学理提炼。西方传统美学的逻辑建构，对于当下的审美现实更多的是无所措手足，而听任社会学和文化学来入主美学庭园。"日常生活审美化"之类的命题，把那些无首无尾、流沙无形的泛审美现象呈现给美学圣殿，却无法抽象为具有时代刻度的美学学理。当代美学仍然需要在学理层面进行延伸与突破，而其学术资源又将安出？"古代文论的现代转换"是从古代文论研究的立场上来推进这个问题，但我认为，还可以从当代美学建设需要的立场出发来认识古代文论的价值所在。中国传统诗论，在古代文论中是最具美学意义的，而且对于美学学理建构，可能会在思维方式等方面提供一些别开生面的建构资源。

二、古代诗论的美学品性

单就中国古代诗论来说，究竟它在何种意义上能够成为当代美学的资源？这个命题是否有着伪命题的危险？这里需要给出一个可以让人差强人意的答案。这就需要对中国古代诗论的美学品性加以抉发，并且指出其对于美学学理的裨补与建构价值。

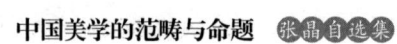

应该看到，古代诗论本身并非美学理论，难以直接进入美学学理的构架。但中国古代诗论多数出自对诗歌创作的品藻与体验，有着突出的审美体验性质。"体验"之于审美活动，是最为本质的状态，它是主体与客体的沟通，也是对主体与客体的超越。对于文学艺术创作与欣赏而言，体验是获得其中三昧的关键。西方思想家对于"体验"有着颇为深刻的理解和阐发，从狄尔泰到伽达默尔，都系统论述过"体验"的意义。"体验"德文原为"Erlebenis"，源于Erleben，Erleben本义为经验、经历、经受等，而狄尔泰的"Erlebenis"一词却不同于一般认识论意义上的"经验"，而是具有本体论意义的、源于人的全体生命深层的对人生事件的深切领悟。正如王一川教授所指出的：

> 因而对狄尔泰来说，体验特指生命体验，（英文常译作"life—experience"或"experience of life"）相对于一般经验、认识来说，它必然是更为深刻的、热烈的、神秘的、活跃的。——因为在狄尔泰那里，"体验"首先是一种生命历程、过程、动作，其次才是内心形成物。我们试用中文词"体验"译它，可以保持其动、名词特性，也带有"以身体之，以心验之"的亲身体验的含义。这样做可以同我们通常所谓"经验"概念区别开来。经验指一切心理形成物，如意识、认识、情感、感觉、印象等；"体验"则专指与艺术和审美相关的更为深层的、更具活力的生命领悟、存在状态。①

王一川依据狄尔泰对"体验"的阐释，对体验和经验作了区分，这种区别是具有美学理论价值的，由此可以看出，体验与艺术、审美的创造历程是最为密切的。审美体验这样的概念，进一步强化了体验在审美活动中的本质属性。我们可以认为有一般体验与审美体验的不同，但是最能体现"体验"的突出特征和本质的还应是审美体验。在这个方面，伽达默尔明确地揭示了审美体验的含义，他说：

---

① 王一川.意义的瞬间生成[M].济南：山东文艺出版社，1988：5.

审美体验不仅是一种与其他体验相并列的体验，而且代表了一般体验的本质类型。正如作为这种体验的艺术作品是一个自为的世界一样，作为体验的审美经历物也抛开了一切与现实的联系。艺术作品的规定性似乎就在于成为审美的体验，但这也就是说，艺术作品的力量使得体验者一下子摆脱了他的生命联系，同时使他返回到他的存在整体。在艺术的体验中存在着一种意义丰满（Bedeutungsfulle），这种意义丰满不只是属于这个特殊的内容或对象，而是更多地代表了生命的意义整体。一种审美体验总是包含着某个无限整体的经验。正是直接地表现了整体，这种体验的意义才成了一种无限的意义。①

无疑地，艺术创作必须有审美体验构成其最为本质的东西，没有审美体验也就无从谈艺术创作。中国古代诗论的作者们，基本上都有创作经历，即便不以诗人闻名于世，也都是能诗的。譬如宋代的严羽，虽不以诗人闻达，但现存的诗作也有两百余首。诗论的运思方式，也多是从对具体诗作或诗句的品鉴而升华的审美判断或理论命题，审美体验的色彩是颇为鲜明的。但是，古代诗论所凝结的一些重要命题，却并非停留在体验的层面上，而是有着高度抽象的品格。这种抽象，所体现出来的不是纯然的逻辑抽象方式，而是由审美抽象和逻辑抽象相融合的思维方式及性相。这种思维方式，对于当今美学的发展，也许会有重要的操作意义。如果以艺术作为美学的主要土壤，那么审美抽象就是美学学理的可能性途径。我认为审美抽象可以导致两种结果：一种是在艺术创作中的意义蕴含，另一种则是美学理论的有关命题。中国古代诗论更多的是由审美抽象而升华的命题。

中国古代诗论，其出处颇为复杂。有的是出于思想家的经典，如《论语》等；有的是诗歌品鉴的专论，如钟嵘《诗品》等；有的是诗话、词话等专门论诗的著作，如《石林诗话》《沧浪诗话》《人间词话》等；也有的是诗人在

---

① 伽达默尔.真理与方法：上卷[M].洪汉鼎，译.上海：上海译文出版社，1999：90.

作品中表达的诗歌美学价值观，如李白的"清水出芙蓉，天然去雕饰"等；还有一些以诗的形式来论诗之作，如杜甫的《戏为六绝句》、元好问的《论诗三十首》等；还有相当大一部分是在给他人写的序跋和书信中表述的对诗歌的评价。此外，还有许多是通过对前人或他人的诗集作注的形式来抒写自己的诗歌观念的。其形式之丰富多样，自不待言，其理论价值当然也是大小不等的。但无论是对诗歌创作的"夫子自道"，还是对他人诗歌的品鉴评价，都是以具体的艺术创作为其生发基础的，其中的审美体验性质是其突出的特色。例如，专论五言诗的《诗品》，作者对诗的品鉴与评骘，都是建立在审美体验的基础之上的，如钟嵘对陆机拟古之作的评价："文温以丽，意悲而远，惊心动魄，可谓几乎一字千金！"①对刘桢五言诗的评价："仗气爱奇，动多振绝。真骨凌霜，高风跨俗。但气过其文，雕润恨少。"②都是从对其作品的具体感受中得到的审美体验。而如杜甫所道为诗体会："读书破万卷，下笔如有神"，杨万里谈诗时所说："山思江情不负伊，雨姿晴态总成奇。闭门觅句非诗法，只是征行自有诗。"（《下横山滩望金华山四首·其一》）分明是从诗人自己多年的创作实践的深刻体验中所得出来的。《诗话》中评论其他诗人之论，也大多是从对其诗作的审美体验出发，如欧阳修论及同时两位诗友梅尧臣和苏舜钦的不同风格时所说："圣俞子美齐名于一时，而二家诗体特异。子美笔力豪隽，以超迈横绝为奇；圣俞覃思精微，以深远闲淡为意。各极其长，虽善论者不能优劣也。"③欧阳修对苏、梅二位诗人的精当辨析是建立在对其诗的深切体验之上的。

再如清人赵翼论诗中奇警以李白为特出，其曰：

> 诗家好作奇警语，必千锤百炼而后能成。如李长吉"石破天惊逗秋雨"，虽险而无意义，只觉无理取闹。至少陵之"白摧朽骨龙虎死，黑入太阴雷雨垂"，昌黎之"巨刃磨天插，乾坤摆礴硠"等句，实是惊心动魄，然全力搏兔之状，人皆见之。

---

① 钟嵘.诗品注［M］.陈延杰，译注.北京：人民文学出版社，1958：11.
② 钟嵘.诗品注［M］.陈延杰，译注.北京：人民文学出版社，1958：14.
③ 欧阳修.欧阳修全集：第五册［M］.李逸安，点校.北京：中华书局，2001：1953.

青莲则不然。如"抚顶弄盘古,推车转天轮。女娲戏黄土,团作愚下人。散在六合间,濛濛如沙尘。""举手弄清浅,误攀织女机""一风三日吹倒山,白浪高于瓦官阁",皆奇警极矣,而以挥洒出之,全不见其锤炼之迹。①

对以奇警风格著称的几位诗人进行辨析,都是以诗论家本人的审美体验为依据的。

中国古代诗论中多有形象的、诗意化的表述,使人在审美化的感知中得到理论的启示,这种形象化、诗意化的表述,是出自诗论家独特的审美体验,并以独特的意象表征其诗学趋向。在这个过程中,贯穿着向美学高度的升华。《诗品》引汤惠休评颜延之和谢灵运的风格差异:"谢诗如芙蓉出水,颜如错彩镂金",以此诗意的描绘来形容颜谢的风貌,成为经典之论。宋人严羽评李杜诗:"李杜数公,如金翅擘海,香象渡河。下视郊岛辈,直虫吟草间耳。"②这是针对具体诗人的创作所作的诗意描述。还有很多评论是对于诗歌艺术规律、风格的概括,也是基于作者的审美体验。例如,唐代诗人王昌龄的"诗有三境"说:"一曰物境,二曰情境,三曰意境。物境一:欲为山水诗,则张泉石云峰之境极丽绝秀者,神之于心,处身于境,视境于心,莹然掌中,然后用思,了然境象,故得形似。情境二:娱乐愁怨,皆张于意而处于身,然后驰思,深得其情。意境三:亦张之于意而思之于心,则得其真矣。"③王昌龄的论述在意境理论史上有其独特的意义,而其对"物境""情境"和"意境"的阐释,则是在本人的诗歌创作的审美体验中生发的。唐代皎然在其诗论名著《诗式》提出"取境"说:"夫不入虎穴,焉得虎子?取境之时,须至难至险,始见奇句。成篇之后,观其气貌,有似等闲,不思而得,此高手也。有时意静神王,佳句纵横,若不可遏,宛如神助。"④"取境"在诗歌创作理论

---

① 赵翼.瓯北诗话[M].霍松林,胡主佑,校点.北京:人民文学出版社,1963:4.
② 郭绍虞.沧浪诗话校释[M].北京:人民文学出版社,1983:177.
③ 陈应行.吟窗杂录:上卷[M].北京:中华书局,1997:204-205.
④ 皎然.诗式校注[M].李壮鹰,校注.北京:人民文学出版社,2003:39.

方面有其独到的见解，也有重要的理论价值，而皎然的"取境"之途，是出于其对诗歌创作的审美体验。在这方面，司空图的《二十四诗品》可说是最为典型的，司空图将诗歌风格类型分为"雄浑""冲淡""纤秾""沉著""高古""典雅""洗炼""劲健""绮丽""自然""含蓄""豪放""精神""缜密""疏野""清奇""委曲""实境""悲慨""形容""超诣""飘逸""旷达""流动"二十四品，而对每种风格类型的阐述，则是用四言诗的形式来作的。例如，"自然"一品："俯拾即是，不取诸邻。俱道适往，著手成春。如逢花开，如瞻岁新。真予不夺，强得易贫。幽人空山，过雨采蘋。薄言情晤，悠悠天钧。""豪放"一品："观花匪禁，吞吐大荒。由道返气，处得以狂。天风浪浪，海山苍苍。真力弥满，万象在旁。前招三辰，后引凤凰。晓策六鳌，濯足扶桑。"这是《二十四诗品》对诗歌审美范畴的诗化描述。它们当然不是理论的诠解，而是用诗的语言，把此种风格的特征与境界写得惟妙惟肖。作者对于诗歌风格类型的概括，是非常经典的美学范畴。中国传统诗论还有很多是从对诗歌审美体验的诗意描述中直接升华出重要的诗歌美学命题，或者说是审美体验与命题概括的直接结合。此种例子甚多，如钟嵘《诗品》所言：

> 若乃春风春鸟，秋月秋蝉，夏云暑雨，冬月祁寒，斯四候之感于诗者也。嘉会寄诗以亲，离群托诗以怨。至于楚臣去境，汉妾辞宫，或骨横朔野，魂逐飞蓬；或负戈外戍，杀气雄边；塞客衣单，孀闺泪尽，或士有解佩出朝，一去忘返；女有扬蛾入宠，再盼倾国；凡斯种种，感荡心灵，非陈诗何以展其义？非长歌何以骋其情？故曰："诗可以群，可以怨"，使贫贱易居，幽居靡闷，莫尚于诗矣。①

这段话论述诗歌创作的抒情功能，前面关于自然事物和社会事物的种种指陈，都是作者对诗歌的审美体验，而在后面提升出诗能够"使贫贱易居，幽居靡闷，莫尚于诗矣"的美学功能。宋代诗论家叶梦得则有：

---

① 王叔岷.钟嵘诗品笺证稿［M］.北京：中华书局，2007：8.

> 诗语固忌用语巧太过，然缘情体物，自有天然工妙，虽巧而不见刻削之痕。老杜"细雨鱼儿出，微风燕子斜"，此十字殆无一字虚设。雨细著水面为沤，鱼常上浮而沾，若大雨则伏而不出矣。燕体轻弱，风猛则不能胜，唯微风乃受以为势，故又有"轻燕受风斜"之语。至"穿花蛱蝶深深见，点水蜻蜓款款飞"，深深若无穿字，款款若无点字，皆无以见其精微如此。然读之浑然，全似未尝用力，此所以不碍其气格超胜。①

叶梦得通过对杜甫"细雨鱼儿出，微风燕子斜"②"穿花蛱蝶深深见，点水蜻蜓款款飞"③等名句的细微品鉴，提出诗歌语言应"缘情体物，自有天然工妙"的理论观点。

三、古代诗论的审美抽象高度

在很多人的成见中，认为中国文论和美学思想，是偏于直观而缺少抽象的，长于具体感悟，弱于逻辑思辨；但从我看来，中国传统诗论在抽象思维中有着与西方文论不同的高度与特征。中国传统诗论（也包括在文学一般理论）中的抽象高度并不输于西方文论，反而具有更为深刻的美学价值。如果说西方的文论与美学思想虽然有密切联系，但基本上是分离的，中国传统诗论因其"体验"的性质，而更多地将美学思想蕴含其中，在抽象思维上更显独特的概括力。陆机《文赋》论述诗文的创作思维过程："其始也，皆收视反听，耽思傍讯，精骛八极，心游万仞。其致也，情瞳昽而弥鲜，物昭晰而互进。倾群言之沥液，漱六艺之芳润。浮天渊以安流，濯下泉而潜浸……收百世之阙文，采千载之遗韵。谢朝华于已披，启夕秀于未振。观古今于须臾，抚四海于一瞬。"这段《文赋》之开篇，其实概括了文学创作（特别是诗歌创

---

① 樊运宽. 石林诗话选释 [M]. 桂林：广西师范大学出版社，1995：98.
② 仇兆鳌. 杜诗详注：卷十 [M]. 北京：中华书局，1979：812.
③ 仇兆鳌. 杜诗详注：卷六 [M]. 北京：中华书局，1979：447.

作）的基本过程，一方面文辞极美，体现了陆机作为一代文学巨匠的才情；另一方面，陆机在对创作思维过程的论述上是高度概括的。刘勰论述诗人心灵与外物感兴关系时说："岁有其物，物有其容；情以物迁，辞以情发。""是以诗人感物，联类不穷。流连万象之际，沉吟视听之区；写气图貌，既随物以宛转，属采附声，亦与心而徘徊……皎日嘒星，一言穷理，参差沃若，两字穷形。并以少总多，情貌无遗矣。"① 在深切美好的审美体验中所进行的理论概括，是抽象程度极高的。"岁有其物，物有其容；情以物迁，辞以情发。"岁时变化带来物象特征，使诗人情感得到兴发，诗歌语言表现由此发生这样的诗歌创造感兴的过程，概括得非常精要。"以少总多，情貌无遗"，则是对诗歌美学规律的高度抽象。皎然提出诗之"重意"："两重意以上，皆文外之旨，若遇高手如康乐公览而察之，但见情性，不睹文字，盖诣道之极也。"② 诗的"文外之旨"，即"但见情性，不睹文字"。明代诗论家谢榛论诗歌创作说："作诗本乎情景，孤不自成，两不相北。凡登高致思，则神交古人，穷乎遐迩，系乎忧乐，此相因偶然，著形于绝迹，振响于无声也。夫情景有异同，模写有难易，诗有二要，莫切于斯者。观则同于外，感则异于内，当自用其力，使内外如一，出入此心而无间也。景乃诗之媒，情乃诗之胚，合而为诗，以数言而统万形，元气浑成，其浩无涯矣。"③ 这段话既有对诗歌创作的切实体验，又有关于情景关系及创作形态的理论提炼，其美学价值是相当高的。这在中国传统诗论中是具有普遍的代表意义的。正因其出自诗人或诗论家（诗论家本身大多也是诗人）对于诗艺的直接的、具体的审美体验，所以，这些论著内蕴着非常集中的美学价值；而中国传统诗论不走逻辑推论路径，从对具体作品和创作形态的诗意描述中直接生发出诗学命题，这就使得中国诗论所凝结出的命题，有着更鲜明的审美抽象的性质，同时与逻辑抽象相融合，它的最为突出的体现，是以有充分的自明性和完整性的理论命题的形式产生和凸显。关于"审美抽象"，是我对于艺术领域的思维方式的一种概括，曾

---

① 周振甫. 文心雕龙注释［M］. 北京：人民文学出版社，1981：493.
② 李壮鹰. 诗式校注［M］. 北京：人民文学出版社，2003：42.
③ 宛平. 四溟诗话［M］. 北京：人民文学出版社，1961：69.

有专论加以阐述。我是将"审美抽象"作为审美领域的思维品格来认识的,在《论审美抽象》一文中,我这样论及:"在我看来,审美过程中是不可能没有抽象的思维方式的,它不同于逻辑思维的抽象,而是一种有着特殊概括与提升路径、并使审美活动获得意义的基本思维方式。为了与逻辑思维的抽象相区别,我将这种思维方式称为'审美抽象'"①。我还将审美抽象和逻辑抽象作了区别:

> 审美抽象指审美主体对客体进行直觉观照时所作的从个案形象到普遍价值的概括与提升。审美抽象与逻辑抽象的不同之处在于:虽然它们都是从具体事物上升到普遍的意义,但逻辑思维的抽象以语言概念为工具,通过舍弃对象的偶然的、感性的、枝节的因素,以概念的形式抽象出对象主要的、必然的、一般的属性和关系;审美抽象则通过知觉的途径,以感性直观的方式使对象中的普遍意义呈现出来,在艺术创作领域表现为符号的形式。②

我在这里所侧重认识的还是在艺术创作的范围,而在理论的领域,我认为,中国美学的范畴与命题,在相当多的场合也是由审美抽象而得来的,但其最后的产物,则是理论凝结的形态。诗论尤其如此。易言之,由审美抽象而获理论命题,这是中国传统诗论的一个基本的致思路径。上面所引的这些例证,大都是这种情形。

由审美抽象而获致理论命题,往往有着自明性和完整性的特点。所谓"自明性",指无须进一步论证、解释,就可以使人明确理解命题的含义。所谓"完整性",是指在中国的诗学系统中得以凸显和经典化的命题,本身就是完整自足的,甚至在语法上都是一个完整的结构,而无须后缀、补充和演绎。自明性和完整性,只是两个角度的说明,其实在形态上是一致的。例如,王弼的"得意忘言""立象尽意",刘勰的"神与物游""感物吟志""以少总

---

① 张晶. 论审美抽象 [J]. 哲学研究,2007,8:102.
② 张晶. 论审美抽象 [J]. 哲学研究,2007,8:102.

多",陆机的"诗缘情而绮靡",刘禹锡的"境生于象外",苏轼的"欲令诗语妙,无厌空且静""绚烂至极归于平淡",李仲蒙的"触物以起情谓之兴"①,叶梦得的"缘情体物,自有天然工妙",严羽提出的"诗有别材,非关书也;诗有别趣,非关理也""言有尽而意无穷",王国维的"有境界自成高格"等,都有相对完整的语法结构,并在中国诗学系统中形成了经典性的命题。这其实是与中国诗论由审美抽象而获致理论命题的思维路径密切相关的。

古代诗论在中国美学的格局中,有着首当其冲的重要地位,有着非常独特的自身美感。很多诗论话语,就是用诗一般的辞采来表述作者的诗歌创作和欣赏中的美学观念,因其是来自作者本人的深切审美体验,又加之作者的卓越才情,形成了诗论史上的一些经典篇章或自成一体的片段。这些诗论,有着与中国诗歌内在的相通性和一致性,给人以强烈的审美感受,诗论本身就发散着精光闪烁的魅力。其中所升华出的理论命题,则起着画龙点睛的作用。或许可以说,中国传统诗论有着鲜明浓郁的审美属性,与美学思想有着天然不可分割的渊源。与西方诗论相比,这个特征恐怕是不言而喻的。在语言形式上,很多诗论话语有着鲜明的韵律感和节奏感,其内容凝练而思想明晰,之所以能成为传世经典,是因为与这种语言美感直接相关。例如,《今文尚书·尧典》中说:"帝曰:夔!命汝典乐,教胄子,直而温,宽而栗,刚而虐,简而无傲。诗言志,歌永言,声依永,律和声。八音克谐,无相夺伦,神人以和。"②这段作为中国诗学发端的话,不仅有着"诗言志,歌永言"这样的经典命题,而且有着光英朗练的节奏感和诗性美感。《左传·襄公二十九年》中季札论"颂":"至矣哉!直而不倨,曲而不屈,迩而不逼,远而不携,迁而不淫,复而不厌,哀而不愁,乐而不荒,用而不匮,广而不宣,施而不费,取而不贪,处而不底,行而不流。五声和,八风平,节有度,守有序,盛德之所同也。"③陆机《文赋》:"伫中区以玄览,颐情志于典坟。遵四时以叹逝,瞻万物而思纷。悲落叶于劲秋,喜柔条于芳春。心懔懔以怀霜,志眇眇

---

① 胡寅.崇正辨·斐然集:下册[M].容肇祖,点校.北京:中华书局,1993:386.
② 阮元.十三经注疏[M].北京:中华书局,2009:276.
③ 阮元.十三经注疏[M].北京:中华书局,2009:4359.

而临云。咏世德之骏烈，诵先人之清芬。游文章之林府，嘉丽藻之彬彬。慨投篇而援笔，聊宣之乎斯文。"苏轼论诗曰："所贵乎枯淡者，谓其外枯而中膏，似澹而实美，渊明、子厚之流是也。"① 叶燮谈诗之"胸襟"曰："我谓作诗者，亦必先有诗之基焉。诗之基，其人之胸襟是也。有胸襟，然后能载其性情、智慧、聪明、才辨以出，随遇发生，随生即盛。千古诗人推杜甫。其诗随其所遇之人之境之事之物，无处不发其思君王、忧祸乱、悲时日、念友朋、吊古人、情远道，凡欢愉、幽愁、离合、今昔之感，一一触物而起，因遇得题，因题达情，因情敷句，皆因甫其有胸襟以为基。如星宿之海，万源从出；如钻燧之火，无处不发；如肥土沃壤，时雨一过，夭矫百物，随类而兴，生意各别，而无不具足。"② 这些诗论篇章，语言、声韵和气势，都具有浓郁的美感，本身就可以说是美的文本，同时有颇高的诗学理论价值。它们不是纯然抽象的逻辑推理，不是凝固不变的理论教条，而是有着生香活色的美学升华。

当代美学的学理建设，不能割断与传统美学之间的联系，而应该是在以往的美学理论大厦的基座上的接续。从当代的审美经验来看，原有美学理论的很多观念或理论，都难以解释当下的审美现实，美学自身好像难乎为继；借助社会学、文化学的理论方法和现成概念，来指陈现在的审美现实，成为美学界的普遍现象。这大大拓展了美学的疆域，也从生成机制上阐释了当下的审美事实。但这并不能取代美学理论自身的生长。仅仅靠"日常生活审美化"这类的美学热点，是难以真正推进美学理论的提升的。"古代文论的现代转换"表征了古代文论研究进入当代格局的价值诉求，但还是给人以一厢情愿之嫌！美学的学理发展，换个角度来看，思维方式的创新是突破的可能性所在。如果站在中国的美学话语立场，传统诗论的思维路径和理论形态，就是很值得反思和借鉴的。

---

① 苏轼. 苏轼文集[M]. 孔凡礼, 注解. 北京：中华书局, 2004：2109.
② 叶燮. 原诗[M]. 霍松林, 薛雪, 校注. 北京：人民文学出版社, 1979：50.

艺术媒介论*

艺术媒介将艺术创作的内在因素与外在表现连通为一个有机的过程。艺术家的全部内在思维活动,包括冲动、灵感、想象乃至构形,都是凭借某一艺术门类的特殊媒介来进行的。艺术家的想象力能够熔化艺术媒介中的材料,并形成内在构思时的材料。媒介的物性特征,内化为艺术家感知世界的方式,从而形成了某一门类的审美情感生成与调整的方式。因此,艺术媒介是艺术创作中最为重要的总体因素。

一、何为"艺术媒介"

"艺术媒介"是指艺术家在艺术创作中凭借特定的物质性材料,将内在的艺术构思外化为具有独创性的艺术品的符号体系。艺术创作并非克罗齐所宣称的"直觉即表现",而是有一个由内及外、由观念到物化的过程,任何艺术作品都是物性的存在,艺术家的创作冲动、艺术构思和作品形成这一联结,其主要的依凭就在于媒介。

艺术作品都应该是物性的存在,如果仅仅是在头脑之中的构思,无论你怎样宣称作品的伟大,所获取的只能是人们的嘲笑;只存在于头脑中的"作品",不能称其为作品。恰如海德格尔所言:"一般以为,艺术品产生于和依赖于艺术家的活动;但是,艺术家之为艺术家又靠何和从何而来呢?靠作品。

---

* 本文原载于《文艺研究》2011 年第 12 期,收入本书时略有改动。

因为我们说作品给作者带来荣誉，这也就是说，作品才使作者第一次以艺术的主人身份出现。艺术家是作品的本源，作品是艺术家的本源。二者相辅相成，缺一不可。"① 艺术家的身份，只有他自己的作品才能使之确立，舍此无他。这种艺术品的物性是怎样的呢？海德格尔指出：

> 一切艺术品都有这种物的特性。如果它们没有这种物的特性将如何呢？或许我们会反对这种十分粗俗和肤浅的观点。托运处或者博物馆的清洁女工，可能会按这种艺术品的观念来行事。但是，我们却必须把艺术品看作人们体验和欣赏的东西。但是，极为自愿的审美体验也不能克服艺术品的这种物的特性。建筑品中有石质的东西，木刻中有木质的东西，绘画中有色彩，语言作品中有言说，音乐作品有声响。在艺术品中，物的因素如此牢固地现身，使我们不得不反过来说，建筑艺术存在于石头中，木刻存在于木头中，绘画存在于色彩中，语言作品存在于音响中。②

所谓"物性"，指的就是艺术品存在于其中的物质化和作为感官对象的特性。艺术家只有凭借这种物性，才能将内在的艺术构思完成为客观存在的作品，作品才可以脱离作者而独立，并成为欣赏者的审美对象。杜威指出，艺术是一个物性的制作过程："艺术表示一个做或造的过程。对于美的艺术和对于技术的艺术，都是如此。艺术包括制陶、凿大理石、浇铸青铜器、刷颜色、建房子、唱歌、奏乐器、在台上演一个角色、合着节拍跳舞。每一种艺术都以某种物质材料，以身体或身体外的某物，使用或不使用工具，来做某事，从而制作出某件可见、可听或可触摸的东西。"③ 杜威从经验的角度谈艺术的物性制作过程，使我们对各种艺术门类的物性状态有了更切实的了解。

---

① 海德格尔.艺术作品的本源[M].彭富春,译.北京：文化艺术出版社,1991：21.
② 海德格尔.诗·语言·思[M].彭富春,译.北京：文化艺术出版社,1991：23.
③ 杜威.艺术即经验[M].高建平,译.北京：商务印书馆,2007：50.

艺术品虽然不能脱离物性,但又不等同于物性。艺术品表现的是人类的审美情感,并且以其特殊的艺术形式来表现。不同的艺术门类,有着属于自己的基本艺术形式,每位艺术家在进行创作时都必须遵守,如苏珊·朗格所说,"每一种大型的艺术种类都具有自己的基本幻象,也正是这种基本幻象,才将所有的艺术划分成不同的种类"①。她还指出了不同种类的艺术所具有的基本幻象的创造性质,艺术家在创作具体的新的作品时,是凭借不同的材料进行创造的:"这种幻象不是艺术家从现实世界中找到的,也不是人们在日常生活中使用的,而是被艺术家创造出来的。艺术家在现实世界中所能找到的只是艺术创造所使用的种种材料——色彩、声音、字眼、乐音等,而艺术家用这些材料创造出来的却是一种以虚幻的维度构成的'形式'。"②这种幻象的创造也可以被认为是一种生命的创造,一件艺术品被宣告问世,就说明它已经是完整而富于生命感的。

艺术品在诞生之前,在艺术家的内在世界里必然有一个孕育的过程。创造冲动的产生、主题的生成、审美想象的涌现、整体的审美构形的完成,都是内在于作家或艺术家头脑之中的。从作家、艺术家的内在构思到作品的物化形成,这其中是如何联结的呢?我认为是以特定的艺术语言作为凭借的艺术媒介。艺术媒介可以说是艺术创作中最为重要的总体因素。它将艺术创作的内在因素与外在表现连通为一个有机的过程,因而媒介问题受到一些美学家或艺术理论家的高度重视。鲍桑葵将媒介问题视为"探讨美学基本问题的真正线索"③"因为这是一件无比重要的事实。我们刚才看到,任何艺人都对自己的媒介感到特殊的愉快,而且赏识自己媒介的特殊能力。这种愉快和能力感当然并不仅仅在他实际进行操作时才有。他的受魅惑的想象就生活在他的媒介的能力里;他靠媒介来思索,来感受;媒介是他的审美想象的特殊身体,而他的审美想象是媒介的唯一特殊灵魂。"④鲍桑葵对艺术媒介的论述很多,但

---

① 朗格.艺术问题[M].滕守尧,朱疆源,译.北京:中国社会科学出版社,1983:39.
② 朗格.艺术问题[M].滕守尧,朱疆源,译.北京:中国社会科学出版社,1983:76
③ 鲍桑葵.美学三讲[M].周煦良,译.上海:上海译文出版社,1983:31.
④ 鲍桑葵.美学三讲[M].周煦良,译.上海:上海译文出版社,1983:31.

这句话能够道出它最为关键的问题。在他看来，媒介并非在艺术家将艺术构思付诸外在的表现阶段才"现身"或发挥作用的，而是在内在的构思与想象中就成为其工具。进而言之，艺术家之所以为艺术家，是因为其构思与想象是以媒介进行的，而不同于一般人的想象活动。鲍桑葵所说的"审美想象"，可以视为艺术家在创作活动的内在阶段构思、想象和构形等一系列思维活动的概指，而这些都以媒介为其生成的凭借，媒介则由于审美想象的活跃而被赋予生命。媒介是具有物性的，这种物性内化在艺术家的头脑中。克罗齐强调艺术创造的内在直觉，认为"直觉即表现"，这里的直觉所表现的是情感，一切直觉都是"抒情的表现"。他说：

> 审美的事实在对诸印象作表现的加工之中就已完成了。我们在心中作成了文章，明确地构思了一个形状或雕像，或是找到一个乐曲的时候，表现品就已产生而且完成了，此外并不需要什么。如果在此之后，我们要开口——起意志要开口说话，或提起嗓子歌唱，这就是用口头上的文字和听得到的音调，把我们已经向我们自己说过或唱过的东西表达出来；如果我们伸手——起意志要伸手去弹琴上的键子或运用笔和刀，用可久留或暂留的痕迹记录那种材料，把我们已经具体而微地迅速发出来的一些动作，再大规模地发作一次，这都是后来附加的工作，另一种事实，比起表现活动来，遵照另一套不同的规律。①

克罗齐将艺术家内在的审美直觉与艺术传达活动分离，进而对立。他认为只有前者就可以认为"表现品已经完成了"，而后者是"附加的工作"，或许可以视为"多余的"。这种"直觉即表现"的美学观念，我们认为并不符合艺术创作的实际。缺少艺术传达、只存在于艺术头脑中的直觉形象，是无法成为艺术品的。朱光潜对克罗齐上述观点的评述客观而清晰：

---

① 克罗齐. 美学原理·美学纲要 [M]. 朱光潜, 译. 北京：外国文学出版社，1983：59.

否定艺术的"物理的美",就是否定艺术传达媒介(如线条、颜色、声音或文字符号之类)可以单凭它们本身而美,这是可以理解的,甚至可以接受的。不过克罗齐还更进一步,从否定传达媒介的"物理美",进而否定艺术传达是艺术活动。我们一般都知道艺术创造分为两个阶段:前一阶段是构思,例如把一部小说的计划先在心中想好;后一阶段是表现或传达,例如把大致已构思好的小说写在纸上。克罗齐把直觉(构思)本身就已看成表现,构思完成了,艺术作品便已在心里完成,至于把已在心里完成的作品"外现"出来,给旁人看或给自己后来看,就只像把乐调灌音在留声机片上,这种活动只是实践活动而不是艺术活动,它所产生的也不是艺术作品,而是艺术作品的"备忘录",仍只是一种"物理的事实"。依克罗齐看,一个诗人只是"一个自言自语者",作为艺术家,他没有传达他的作品的必要,而作为实践的人,他才考虑到发表作品的利害问题。传达本身既有实益,即应受重视,但这种实践活动与艺术活动在本质上不同,不应相混。①

克罗齐认为,只要内心有了审美直觉,就已经是艺术作品的完成了。他否认媒介在艺术创造中的功能。克罗齐将艺术传达作为另一个"实践的活动"而与内在的直觉分离,这是我们所不能认同的。我认为,在艺术创作在内在构思阶段(这个阶段包括创作冲动的发生、审美想象的生成和审美构形的形成等环节),艺术家便是以艺术媒介贯穿前后的,正如前引鲍桑葵所说,"媒介是审美想象的特殊身体"。鲍桑葵明确指出:

在这里,我不由得觉得,我们只好很遗憾地和克罗齐分手了。他对一条基本真理非常执着,以至于好像不能懂得,要领会这条真理还有什么是绝对少不了的。他认为,美是为心灵而设的,而且是

---

① 朱光潜.西方美学史:下卷[M].北京:人民文学出版社,1979:630.

在心灵之内。但是我不由得觉得,他自始至终都忘了,虽则情感是体现媒介所少不了的,然而体现的媒介也是情感所少不了的。说由于美牵涉到心灵,因此美是一种内心状态,而美的物质体现就是次要的、附带的东西,仅仅是为了保存和交流的理由而搞出来的——这种说法我觉得是原则上的一个大错误。①

鲍桑葵的剖析是切中要害的,他本人非常重视媒介的作用。与克罗齐恰好相反,他认为媒介的物性力量对于审美想象(构思)非常必要,如同身体之于灵魂。

对于艺术创作而言,艺术媒介是最为重要的因素之一,也是艺术品从观念形态到物性存在的唯一途径。艺术媒介并非仅在作品的表现阶段才发挥作用,而是从创作冲动的发生时便已启动了。换言之,正是艺术媒介,才使创作的发生成为可能。

二、艺术媒介作为艺术分类的内在依据

媒介是艺术分类的内在依据。否认媒介的存在和功用,也就否定了艺术分类。黑格尔对此有特别明确的认知:"分类的真正标准只能根据艺术作品的本质得出来,各门艺术都是由艺术总概念中所包含的方面和因素展现出来的。在这方面头一个重要的观点是:艺术作品既然要出现在感性实在里,它就获得了为感觉而存在的定性,所以这些感觉以及艺术作品所借以对象化的与这些感觉相对应的物质材料或媒介的定性就必然提供各门艺术分类的标准。"②对于艺术形态学而言,这无疑是一个相当可靠的分类依据。略加延伸地理解,使我们能够探知不同门类的艺术家在艺术构思阶段的方式与途径。

不同的艺术门类,其艺术媒介是有质的区别的,这种区别也在于物性的

---

① 鲍桑葵. 美学三讲 [M]. 周煦良,译. 上海:上海译文出版社,1983:34.
② 黑格尔. 美学:第3卷上册 [M]. 朱光潜,译. 北京:商务印书馆,1981:12.

区别。媒介是艺术家由内在构思到外在传达的联结。文学的艺术媒介是创造出内在视像的文字符号系统，绘画则是颜色、线条构成的符号系统，诸如此类。但是，我们在这里要区别开作为元素的材料（如雕塑中的大理石、音乐中的音符等）和媒介，它们之间关系密切，但又不能等同。这个问题将在下面论及。这里首先要说的是媒介起到的连通内外的功能。

刘勰曾说："夫情动而言形，理发而文见，盖沿隐以至显，因内而符外者也。"① 说的虽然是文学创作，但也适用于其他门类艺术。这个由内到外的过程，是以艺术媒介为联结的。诗歌创作以语言为媒介联结内外。黑格尔认为诗歌有其独特的掌握方式②，这种掌握方式体现为媒介的特征。他说："它所用的语文这种弹性最大的材料（媒介）也是直接属于精神的，是最有能力掌握精神的旨趣和活动，并且显现出它们在内心中那种生动鲜明的模样。"③ 作为诗的媒介，语言文字一方面作为其表现的物化工具，另一方面，则是在诗人内心呈现出"鲜明模样"的想象凭借。刘勰论"神思"道出了诗的内在构思过程中的语言媒介功用：

> 古人云：形在江海之上，心存魏阙之下。神思之谓也。文之思也，其神远矣。故寂然凝虑，思接千载；悄焉动容，视通万里；吟咏之间，吐纳珠玉之声；眉睫之前，卷舒风云之色，其思理之致乎。故思理为妙，神与物游。神居胸臆，而志气统其关键；物沿耳目，而辞令管其枢机。枢机方通，则物无隐貌；关键将塞，则神有遁心。是以陶钧文思，贵在虚静，疏瀹五藏，澡雪精神。积学以储宝，酌理以富才，研阅以穷照，驯致以怿辞。然后使玄解之宰，寻声律而

---

① 刘勰.文心雕龙·体性［M］//范文澜.文心雕龙注.北京：人民文学出版社，1958：505.
② 朱光潜注曰："掌握方式译原文Auffassungweise, uffassen的原义为'掌握'，引申为认识事物，构思和表达一系列心理活动，法译作'构思'，俄译作'认识'，英译作'写作'，都嫌片面，实际上指的是'思维方式'。"（黑格尔.美学：第三卷下册［M］.朱光潜，译.北京：商务印书馆，1981：19.）
③ 黑格尔.美学：第三卷下册［M］.朱光潜，译.北京：商务印书馆，1981：19.

定墨；独照之匠，窥意象而运斤：此盖驭文之首术，谋篇之大端。①

刘勰的"神思"，众人说法不一，或以为"构思"，或以为"想象"，或以为"灵感"，总之，是诗人内在的审美运思活动。我认为，"'神思'在中国古典美学系统中的地位是非常重要的。它包括了有关艺术构思、艺术想象、创作灵感、审美意象创造以及艺术表现等艺术创作思维的整体过程，是关于艺术创作思维的核心范畴"②。无疑，"神思"属于艺术创作的内在思维环节，在这个环节里，刘勰其实以很重的分量论述文学的内在构思以语言为媒介。但文学创作中的语言有其特殊的功能，即用语言描绘出内在的审美意象，或曰内在视像。所谓"思理为妙，神与物游"，也是就内在构思所言，"物"即内在物象。刘勰着重指出"辞令管其枢机"，就是语言的媒介功能。"枢机方通"，是说作家用语言形成一个内在的完整的统一体。"物无隐貌"，指对所描写的物象的呈现，即王国维所说的"不隔"之境："问'隔'与'不隔'之别，曰：陶谢之诗不隔，延年则稍隔矣。东坡之诗不隔，山谷则稍隔矣。'池塘生春草'，'空梁落燕泥'等二句：妙处唯在不隔。即以一人一词论。如欧阳公《少年游·咏春草》上半阕云：'阑干十二独凭春，晴碧远连云。千里万里，二月三月，行色苦愁人。'语语都在目前，便是不隔。至云'谢家池上，江淹浦畔'则隔矣。白石《翠楼吟》'此地，宜有词仙，拥素云黄鹤，与君游戏。玉梯凝望久，叹芳草，萋萋千里'便是不隔。至'酒祓清愁，花销英气'则隔矣。"③情境的透明、整一，"语语如在目前"，便为"不隔"之境，反之，晦涩、凑泊，不能构成整体的、莹彻的境界，则是"隔"了。"不隔"，是王国维所高度赞赏的境界，它的造成，绝非虚空所致，而是由语言的媒介所呈现的。

文学以语言为其艺术媒介，在作家头脑中构形，并表现为具有感性性质的整体情境，即诗人梅尧臣所主张的那样："必能状难写之景，如在目前；含

---

① 刘勰. 文心雕龙·神思 [M] // 范文澜. 文心雕龙注. 北京：人民文学出版社，1958：493.
② 张晶. 神思：艺术的精灵 [M]. 北京：百花洲文艺出版社，2006：28.
③ 王国维. 人间词话 [M]. 上海：上海古籍出版社，1998：210.

不尽之意，见于言外，然后为至矣。"① 黑格尔揭示了诗歌语言作为艺术媒介所形成的整体性情境，他说："在诗里凡是普遍性的理性的东西并不表现为抽象的普遍性，也不是用哲学证明和通过知解力来领会的各因素之间的联系，而是一种有生气的，现出形象的，由灵魂贯注的，对一切起约制作用的，而同时表达的方式以使得包罗一切的统一体，即真正灌注生气的灵魂，暗中由内及外地发挥作用。"② 这也是文学的媒介所产生的审美功能。由这种整体性的统一体而造成了感性化特征。鲍桑葵专门指出过诗歌语言的这种媒介性质："使媒介具有体现情感的能力，是媒介的那些质地；诗的媒介是响亮的语言，而响亮的语言也恰恰和其他的媒介一样有其种种特点和具体的能力。"③ 诗在这里可以代表一般的文学性质，它的媒介是语言，语言给人的感觉，似乎与其他艺术门类的物性不同，不具备那种占有空间的广延性。鲍桑葵对此的申辩是有力的："诗歌和其他艺术一样，也有一个物质的或者至少一个感觉的媒介，而这个媒介就是声音。可是这是有意义的声音，它把通过一个直接图案的形式表现的那些因素，和通过语言的意义来再现的那些因素，在它里面密切不可分割地联合起来。"④ 鲍桑葵认为，作为文学的媒介，语言和其他艺术的媒介一样，都呈现出物性，因为语言能够在想象中构形，就像雕刻和绘画一样，能够在想象中处理形式图案。我们是在审美的意义上指称"文学"的，将文学的艺术性质与一般文字加以区别。茵加登将文学作品称作"文学的艺术作品"，看似啰唆，却使人明确了文学的艺术性质。他用"文学的艺术作品"指美文学作品，并说："美文学作品根据它们独特的基本结构和特殊造诣，自认为是'艺术作品'，而且能够使读者理解一种特殊的审美对象。"⑤ 他将文学作品的基本结构分为若干层次，其中最要紧的是"图式化外观层次""作品描绘

---

① 欧阳修.六一诗话［M］//何文焕.历代诗话.北京：中华书局，1981：267.
② 黑格尔.美学：第三卷下册［M］.朱光潜，译.北京：商务印书馆，1981：21.
③ 鲍桑葵.美学三讲［M］.周煦良，译.上海：上海译文出版社，1983：34.
④ 鲍桑葵.美学三讲［M］.周煦良，译.上海：上海译文出版社，1983：33.
⑤ 茵加登.对文学的艺术作品的认识［M］.陈燕谷，晓未，译.北京：中国文联出版公司，1988：5.

的各种对象通过这些外观呈现出来"①，这可以和刘勰的"神与物游""物无隐貌"放在一起看。同样是使用语言，茵加登强调，"与科学著作中占主要地位的作为真正判断的句子相对照，在文学的艺术作品中陈述句不是真正的判断而只是拟判断，它们的功能在于仅仅赋予再现客体一种现实的外观，而不是把它们当成真正的现实"②。这便是在作家头脑中呈现出的"图式化外观"，读者在欣赏阅读时也以产生这种内在视象为审美价值产生的依据。茵加登又指出："文学的艺术作品（一般地说指每一部文学作品）必须同它的具体化相区别，后者产生于个别的阅读。同它的具体化相对照，文学作品本身是一个图式化构成。"③应该说，他以现象学的方法明确揭示了文学的艺术属性。

再看刘勰的"神思"，它并非指一般的文字写作，而是指"文学的艺术作品"的内在想象与构思，并且强调语言作为媒介在其中不可或缺的功能。黑格尔在《美学》中提出"诗的掌握方式"的命题，他更为注重诗对精神性内涵的表现。黑格尔说："诗所特有的对象或题材不是太阳，森林，山水风景或是人的外表形状如血液、脉络、筋肉之类，而是精神方面的旨趣。诗纵然也诉诸感性观照，也进行生动鲜明的描绘，但是就连在这方面，诗也还是一种精神活动，它只为提供内心观照而工作。"④但黑格尔也非常重视材料（媒介）在运思中的作用："语文这种材料就应用研究来完成它所最胜任的表现，正如其他各门艺术各按自己的特性去运用石头，颜色或声音一样。"⑤艺术家在其内在运思的阶段，就已通过媒介来孕育作品的胚胎。达·芬奇也这样认为："不须动手，单凭思维就足以理解明亮、阴暗、色彩、体量、形状、位置、远近和运动、静止等原则。这是存在于构思者心中的绘画科学，从这里产生出比

---

① 茵加登.对文学的艺术作品的认识［M］.陈燕谷，晓未，译.北京：中国文联出版公司，1988：10.
② 茵加登.对文学的艺术作品的认识［M］.陈燕谷，晓未，译.北京：中国文联出版公司，1988：11.
③ 茵加登.对文学的艺术作品的认识［M］.陈燕谷，晓未，译.北京：中国文联出版公司，1988：12.
④ 黑格尔.美学：第3卷下册［M］.朱光潜，译.北京：商务印书馆，1981：19.
⑤ 黑格尔.美学：第3卷下册［M］.朱光潜，译.北京：商务印书馆，1981：19.

上述的构想或科学之类更为重要的创作活动。"① 很明显，达·芬奇所说的"明亮、阴暗、色彩、体量、形状"等媒介要素，都是在画家内在构思时便被依凭的。黑格尔在谈到绘画的透视时说：

> 颜色感应该是艺术家所特有的一种品质，是他们所特有的掌握色调和就色调构思的一种能力。所以也是再现的想象力和创造力的一个基本因素。艺术家凭色调的这种主体性（即上文中"颜色感"）去看他的世界，而同时这种主体性仍不失其为创造性的；正是由于具有这种主体性，画家所绘出的色彩的千变万化并不是出于单纯的任意性和对某一种不符合自然规律的着色方式的癖好，而是出于事物的本质。②

黑格尔这里所说的"颜色感"，正是具有内在的媒介性质的主体性，即画家掌握世界的方式。

再如，音乐是以声音为媒介而形成其独特的艺术美感的。"声音和它所组合成的曲调是一种由艺术和艺术表现所造成的因素，和绘画雕刻利用人体及其姿势和面貌的方式完全不同。"③ 黑格尔强调音乐的精神性内涵以及其感染力量，同时非常重视音乐的感性因素，认为"只有在用恰当的方式把精神表现于声音及其复杂结合这种感性因素时，音乐才能把自己提升为真正的艺术，不管这种精神内容是否已由乐词提供了详明的表现，还是用比较不明确的方式，即单从声音及其和谐的关系与生动美妙的曲调中体会出来"④。黑格尔对于音乐的感性媒介是有相当充分的论述的，黑格尔这里所说的便是声音作为音乐的媒介使内心情感得到生动表现的性质。

---

① 芬奇. 达·芬奇论绘画［M］//陆梅林、李心峰. 艺术类型学资料选编. 湖北：华中师范大学出版社，1997：82.
② 黑格尔. 美学：第3卷上册［M］. 朱光潜，译. 北京：商务印书馆，1981：282.
③ 黑格尔. 美学：第3卷上册［M］. 朱光潜，译. 北京：商务印书馆，1981：335.
④ 黑格尔. 美学：第3卷上册［M］. 朱光潜，译. 北京：商务印书馆，1981：344.

媒介的物性特征，内化为艺术家感知世界的方式，从而形成了某一门类的审美情感的生成与调整的方式。杜威尤为清楚地阐述了媒介连通艺术创作内在构思和外在制作的一脉相承：

> 关于进入艺术作品构造的物理材料，每一人都知道它们必须经历变化。大理石必须被雕凿；色彩必须被涂到画布上去；词必须组合起来。在"内在的"材料、意象、观察、记忆与情感方面所发生的类似的变化却没有得到如此普遍的承认。它们也一步步被再造；同样，必须对它们实施管理。这种修正是一种真正的表现动作的建立。像动荡的内心要求那样，沸腾的冲动必须经历同样多、同样精心的管理，以便像大理石或颜料，像色彩和声音那样得到生动的表现。实际上，并不存在两套操作，一套作用于外在的材料，另一套作用于内在的与精神的材料。①

他指出，内在的创作冲动和构思与外在的材料并非两套操作，提醒我们内在的意象和观察、记忆等和外在表现中物理材料的被改造有类似的变化，这一点是以前未曾得到普遍承认的。他提出了一个艺术价值的尺度，即内外两种变化功能的操作的单一性程度："作品的艺术性程度，取决于两种变化功能被单一的操作所影响的程度。画家在画布上布色，或想象在那儿布色之时，他的思想与感情也得到了调整。当作家用他的语词作媒介组织他要说的东西之时，对他来说他的思想也有了可知觉的形式。"② 杜威还指出，艺术家的构思不只是根据精神，而且根据媒介的物性特征：

> 雕塑家不只是根据精神，而且根据黏土、大理石和青铜来构思他的人像。一个音乐家、画家和建筑家是用听觉或视觉的意象还是

---

① 杜威.艺术即经验[M].高建平，译.北京：商务印书馆，2007：217.
② 杜威.艺术即经验[M].高建平，译.北京：商务印书馆，2007：217.

实际的媒介来展现他的独创的情感化思想，这并不重要。意象拥有经过发展了的客观媒介。具体的媒介可以在想象之中，也可以在具体材料之中被调整。无论怎样，物质的过程发展了想象，而想象则是以具体的材料构思而成的。只有通过逐步将"内在的"与"外在的"组织成相互间的有机联系，才能产生某种不是学术文稿或对某种熟知之物的东西。①

艺术媒介具有明显的物性，这种物性是从媒介的元素材料中来的，不同的艺术门类有着客观存在的不同物性。文学的材料是语言文字；绘画的材料是线条、笔墨、颜色等；音乐的材料是声音、节奏和旋律等；雕塑的材料是青铜或大理石等；然而材料不等同于媒介。但是，艺术家的内在构思是凭借着有着材料感的媒介，而非材料本身，媒介内化也就是不同的艺术家所具有的不同的材料感，由此而生成的具有生命力的有机体。卡西尔指出："当艺术家把事物的坚硬原料熔化在他的想象力的熔炉时，这种过程的结果就是发现了一个诗的、音乐的或造型的形式的新世界。"②我的理解是，艺术家的想象力熔化了艺术媒介中的材料而成为内在构思时的材料感。

三、材料感是创作中从内到外的艺术媒介之基质

到创作的物化传达阶段，艺术家便用客观存在的材料构成的媒介使作品定型。艺术媒介包含材料感，并作为它的基本元素，而媒介以这种特殊的材料感生成融化艺术家情感的统一结构。鲍桑葵在谈论媒介时说："如果你能把这个问题回答得彻底，我相信你就探得艺术分类和情感转变为审美体现的秘密了；一句话，你就是探得美的秘密了。"③这话可作如是理解：艺术媒介可以作为艺术分类的依据，是从艺术家的内在情感到作品传达的通道。媒介当然

---

① 杜威.艺术即经验[M].高建平，译.北京：商务印书馆，2007：81.
② 卡西尔.人论[M].甘阳，译.上海：上海译文出版社，1985：209.
③ 鲍桑葵.美学三讲[M].周煦良，译.上海：上海译文出版社，1983：30.

是有质地的，却不是那些材料本身。鲍桑葵借木刻、泥塑和铁画的不同艺术家的不同媒介指出了媒介所具有的整体的生命感：

> 这些图案本身就像纸上的线条一样，可以有其种种性质和趣味。但是当你将这些图案实现在媒介里面，而且显得很合适，或者被你采用很成功时，那么这些图案就——成了你处理泥土或熟铁或木头或烧熔玻璃时体现你整个"身—心"愉快和兴趣的一个特殊方面了。它在你的手里活了起来，而且它的生命长成为，或者毋宁说魔术似的涌现为形状；而且这些形状是它，并且包括你在里面，好像在想望的，并觉得是避免不了的。对媒介所具有的情感；对媒介里能做出什么样合适的东西，或者在别的媒介里做不好的东西，诸如此类的感觉，以及这样做时所感到的情趣。[1]

鲍桑葵对于媒介的阐述是透彻中肯的，既指出了媒介的不同质地，又寓示了主体运用媒介时的整体感觉。

奥尔德里奇对于艺术媒介有着更为深入的分析，尤其是将材料和媒介作了明确的区别。"材料"一词来源于拉丁语"materialis"（物质的），指艺术家在创作过程中用来体现艺术作品的东西。作家凭借语文来描写生活现象，表现自己的情感与思想。雕塑家使用黏土、木材、花岗石、大理石和青铜，画家则使用画布和颜料。在戏剧和电影中，演员的身体条件（演员的外表、运作、手势、面部表情、嗓子等）也是创作的材料。材料在艺术中有极其重要的意义[2]。媒介是离不开材料的，或者说是以材料为其基本元素，而媒介可以说是整合材料、联结艺术家内在构思和外在传达的整体。奥尔德里奇对于材料作了进一步区分：

---

[1] 鲍桑葵.美学三讲[M].周煦良,译.上海：上海译文出版社,1983:30.
[2] 程孟辉.艺术哲学·译序[M].北京：中国社会科学出版社,1986.

> 例如物质本身，或者在某种一般意义上的物质，并不属于艺术材料。石化物质（石头）、有色物质或喧闹的事件本身也不是艺术材料，当我们的探究接触到艺术的"器具"——在这个词的简单而通俗的意义上——如乐器中的小提琴、钢琴、长笛、单簧管时，我们就接触到了艺术的基本材料。这些东西是生产或制造出来的。画笔、颜料、彩色蜡笔和油画布同样如此。石料和青铜块亦复如此。所有这些都是作为器具的艺术材料。——在"物质"同艺术有关的那种基本的、亚审美（subaesthetic）的意义上，这些东西便是作为器具为艺术家服务的艺术材料。①

他认为艺术材料是经过工匠加工过的、进入艺术创作的某些物质，它们已经有了亚审美的属性。即便如此，它们也不能称为艺术媒介：

> 即使基本的艺术材料（器具）也不是艺术的媒介。弦、颜料或石头，即使在被工匠为了艺术家的使用而准备好以后，也还不是艺术的媒介。不仅如此，甚至艺术家在使用弦、颜料或石头时，或者在艺术家在完工的作品中赋予它们的最终样式中，它们也还不是媒介。在这种最终的状态中，基本的艺术材料已被艺术家制作成一种物质性事物——艺术作品——它有特殊的构思，以便让人们把它当作审美客体来领悟。当然，在创作的过程中，材料本身对于艺术家来说是物质性事物，而不是物理客体。艺术家首先是领悟每种材料要素——颜色、声音、结构——的特质，然后使这些材料和谐地结合起来，以构成一种合成的调子，这就是艺术作品的成形的媒介，艺术家用这种媒介展示作品的内容。严格地说，艺术家没有制作媒介，而只是用媒介或者说用基本材料要素的调子的特质来创作，在这个基本意义上，这些特质就是艺术家的媒介。艺术家在进行创作

---

① 奥尔德里奇.艺术哲学[M].程孟辉，译.北京：中国社会科学出版社，1986：51.

时就要考虑这些特质，直到将它们组合成某种样式，某种把握住了他想要向领悟性视觉展示的东西（内容）的样式。艺术家用这些特质来进行创作，而不是对这些特质来进行加工。艺术家通过对基本材料的加工，用这些材料的特质进行创作。后者就是艺术家的媒介。①

这种区分对于艺术创作和研究来说，都是具有重要意义的。

媒介具有明显的物性，这是由其以艺术材料或内在的材料感为元素而决定的。对于媒介的认识，是为了更深入地洞悉艺术创作的内在奥秘。艺术家的内在创作冲动、灵感和审美想象，乃至构形阶段，这些内在的艺术思维活动都不应该以一般的语言来进行，而是凭借此一门类的特殊媒介进行。因而媒介有很强的主体色彩，黑格尔正是在这个意义上将其称为"主体性"；此外，媒介直接关乎作品的物性存在，在其内在构思过程中，是以材料感为元素的，在艺术作品的外在的传达阶段，则是以材料为其物性的前提，而媒介是贯穿内在构思与外在传达的整体联结。杜威在论述艺术媒介时重点表述了这层意思，他说："'媒介'首先表示的是一个中间物。'手段'一词的意思也是如此。它们是中间的，介乎其间的东西，通过它们，某种现在遥远的东西得以实现。但并非所有的手段都是媒介。存在着两种手段，一种处于所要实现的东西之外，另一种被纳入所产生的结果，并留存在其内部。"② 艺术家在创作前和创作时都需要媒介的支持，如媒介在长期的艺术实践所获得的材料感，艺术家以这种材料感来获得创作冲动，并以此进行审美想象及构思。杜威的这段论述特别能够说明媒介这种内在的功能："每一件艺术品都具有一种特殊的媒介，通过它及其他一些物品，在性质上无所不在的整体得到承载。在每一个经验之中，我们通过某种特殊的触角来触摸世界；我们与它交往，通过一种专门的器官接近它。整个有机体以其所有的负载和多种多样的资源在起

---

① 奥尔德里奇. 艺术哲学 [M]. 程孟辉, 译. 北京：中国社会科学出版社, 1986: 56.
② 杜威. 艺术即经验 [M]. 高建平, 译. 北京：商务印书馆, 2007: 217.

着作用，但是它是通过一种特殊的媒介起作用的，眼睛的媒介与眼睛相互作用，耳朵、触觉也都是如此。"① 不同的艺术有着不同的媒介，而在具体的艺术家创作中，媒介的能量得到最大限度的激活，特定的材料感进入出神入化的状态，即杜甫所说的"下笔如有神"。只有凭借媒介的不同质地加以改造和构形的情感，才能产生真正的、强烈的艺术魅力。杜威于此论述道："在一开始，一种情感相对而言是粗疏而不确定的。我们就会发现，只有在它通过一系列以想象材料来进行的自我改变后，它才成形。要想成为艺术家，我们中绝大多数人所缺乏的，不是最初的情感，也不仅仅是处理技巧。它是将一种模糊的思想和情感进行改造，使之符合某种媒介的条件的能力。"② 他还指出凭借媒介所产生的极大的创造能量：

> 在美的艺术中，"媒介"表示一个特殊的经验器官的专门化与具体化发展到这样一个程度：其中所有的可能性都得到了利用。最具活动性的眼睛或耳朵在负载着只有它们才使之得以形成的经验之时，并不失去其特殊特征及其特殊的合适性。在艺术中，普通知觉中分散而混杂的看与听不再处于散乱状态，而是被集中起来，特殊媒介的特别功能不受干扰，以其全部能量而起着作用。③

这是媒介功能发挥到极致的状态。媒介在艺术创造中以其强烈的生命性状，体现出鲜明的个性，这是独创性艺术产生的前提。唐人符载评张璪画时说："观夫张公之艺非画也，真道也。当其有事，已知遗去机巧，意冥玄化，而物在灵府，不在耳目。故得于心，应于手，孤姿绝状，触毫而出。"④ 作为画家的媒介，在其创作中由内及外地发挥到了极致。

---

① 杜威.艺术即经验[M].高建平，译.北京：商务印书馆，2007：80.
② 杜威.艺术即经验[M].高建平，译.北京：商务印书馆，2007：80.
③ 杜威.艺术即经验[M].高建平，译.北京：商务印书馆，2007：8.
④ 符载.观张员外画松石图[M]//周积寅.中国历代画论：上册.江苏：江苏美术出版社，2007：22.

艺术媒介是一个具有普遍意义的话题。以往的有关论述颇为零散，内涵也多有不一致之处。这里所讲的"媒介"，不同于现在说的"电子媒介"概念，而是立足于艺术思维和艺术传达的关系。从媒介的角度切入，或许可以从理论上得到一种豁然的贯通。文中涉及或未尝涉及的一些美学家、理论家对于艺术媒介问题的阐述是值得我们高度重视的，尽管他们的角度各有不同，但都揭示了媒介的性质所在。我认为，对艺术媒介的相关论述应该得到学理性的整合，使其作为艺术美学的基本问题浮出水面。这不仅是有重要的理论价值的，而且是有明显的现实意义的。

中国古代诗学中"偶然"论的审美价值意义*

在中国古代诗论中,从魏晋南北朝迄于清代,在一些重要的诗学著作中,论及诗歌创作思维的特征都指出产生杰作的思维契机是"偶然"的,而非必然性的冥思苦索、预先立意。这些论述类似于"灵感"论却又颇有不同,是诗人作为主体与外物作为客体在偶然的契机下遭逢与碰撞,从而使主体获得极致的审美体验。作为客体的"物"是指事物的外在形象,而非物自体。"感兴"与"天机"的话语都有着"偶然"的性质。这种"偶然"所产生的是诗歌中最佳的审美价值,而且是独一无二的。"偶然"并非是对诗人艺术追求的否定,而是对诗人作为主体有着艺术与人格境界的要求。"偶然"可以说明诗歌与其他文体不同的思维特性和艺术本质。

"偶然"是一个并不陌生的哲学范畴,是与"必然"既相反又相成的。我们在这里要说的并不是哲学中的偶然与必然,而是大量存在于中国古代诗学中的"偶然"观念,当然也包括虽无"偶然"之名却有"偶然"之实的许多类似话语,如"触""遇"之类。这些具有明显的"偶然"内涵的表述,在中国古代诗论中绝非个别现象,而是具有相当的普遍性和代表性。在中国诗学的许多传世经典中都表达了这种观念。我没有办法将有关的文献资料统计清楚,因为它们普遍存在于中国古代诗论中的诸多文本之中。从文艺学的角度看,这些论述基本上都属于创作论,而且是指产生只可有一、不能有二的艺术杰作的契机。可以看出,这些有关"偶然"的话语,在其倡导者那里,则

---

* 本文原载于《文学评论》2013年第4期,收入本书时略有改动。

绝非"偶然"，而是有着深厚的民族审美观念根基和理论指向。中国古代诗论中的"偶然"观念，有着非常丰富的美学内涵，远不止于哲学中的偶然和必然范畴的义界，也不同于西方的"天才"或灵感的概念，而是指具有深厚艺术修养和创造力的诗人在与不可预知的外界事物的邂逅触遇中获得诗思从而产生佳作的创作契机。在很大程度上，"偶然"观念体现了中华美学思想的特质，而且，"偶然"在中国诗学中的普遍存在，内在地说明了诗歌作为特定的文学体裁区别于其他文体的思维特征，揭示了诗歌创作的审美规律。

一、"偶然"在中国诗学中的普遍化存在

作为与"必然"相对的哲学范畴，"偶然"是指与必然相悖而随机出现的契机。亚里士多德对其作了最初的界说："在现存事物中，有些保持着常态而且是出于必然（不是强迫意义的必需；我们肯定某一事物，只是因为它不能成为其他事物）。有些则并非必然，也非经常，却也随时可得而见其出现，这就是偶然属性的原理与原因。这些不是常在的也非经常的，我们就说这是偶然。"[①] "偶然"的基本含义，在一般人的理解中是有着自明性的。

中国古代诗论中有许多关于"偶然"的直接表述或是意思相近的话语，体现了一种具有深层意义的美学观念，其在理论上的价值是特别丰富而又深刻的。这些话语，多是说明诗学中的创作思维特征，揭示诗歌运思中那种"来不可遏，去不可止"[②] 的灵感状态，而览之多矣则深切地感觉到中国诗学中的偶然远非一般所说的"灵感"之意义所可包括，诗歌创作中主体与客体因"偶然"的触遇而激发出不可重复的审美价值，其诗论自身也以充沛的生气展现了中国美学的独特风貌。

中国古代诗学中关于"偶然"的表述是多样化的，但其意义却不会产生多少歧义。其在很多诗话或论诗中径直以"偶然""偶尔"等话语出现，有的

---

① 亚里士多德.形而上学［M］.吴寿彭，译.北京：商务印书馆，1959：121.
② 陆机.陆士衡文集校注：卷一［M］.刘运好，校注整理.南京：凤凰出版社，2007：52.

则使用"猝然""忽然""触""遇""会""不经意"等字/词表示偶然触发的话语。作为中国诗学中的基本诗学观念之一"感兴"的内涵，就包含着偶然的契机；另如"天机"等概念，也都具有明显的偶然性质。有些论述，虽然并未出现上述话语，但其中的意思包含着明显的偶然性质。

值得我们关注的是，中国诗学中的"偶然"之说，并非仅指创作主体的思维特征，而是指主体的情感与思维在和外在物象变化的邂逅相遇中，被激发起创作冲动，并形成难以重复的艺术佳构。"感兴"也好，"天机"也好，都具有这种意义。例如，直接用"偶然"或"偶尔""忽然""猝然"。唐代诗人王昌龄有著名的"诗有三格"之说："一曰生思，二曰感思，三曰取思。"①"生思"，即"久用精思，未契意象，力疲智竭；放安神思，心偶照境，率然而生"。②宋代理学家兼诗人邵雍说："句会飘然得，诗因偶尔成。"③南宋诗人杨万里论诗说："广平作梅花赋，少陵无海棠诗。正自一时偶尔，俗人平地生疑。"④"酒不逢人还易醉，诗如得句偶然来。"⑤陆游也说："文章本天成，妙手偶得之。粹然无疵瑕，岂复须人为。"⑥戴复古在其论诗中写道："诗本无形在窈冥，网罗天地运吟情。有时忽得惊人句，费尽心机做不成。"⑦明代诗论家谢榛论诗，多以"偶然"揭示诗歌创作的特质，如说："皇甫湜曰：'陶诗切以事情，但不文尔。'湜非知渊明者。渊明最有性情，使加藻饰，无异鲍谢，何以发真趣于偶尔，寄至味于澹然？"⑧"诗中用虚活字，时有难易：易若剖蚌得

---

① 遍照金刚.文镜秘府论汇校汇考[M].卢盛江，校考.北京：中华书局，2006：1311.
② 王昌龄.诗格[M]//叶朗.中国历代美学文库·隋唐五代卷：上册.北京：高等教育出版社，2003：369.
③ 邵雍.伊川击壤集：卷四[M]//徐中玉.中国古代文艺理论专题资料丛刊.北京：中国社会科学出版社，1994：21.
④ 郭绍虞.万首论诗绝句[M].北京：人民文学出版社，1991：95.
⑤ 杨万里.诚斋集：卷十一[M]//徐中玉.中国古代文艺理论专题资料丛刊.北京：中国社会科学出版社，1994：20.
⑥ 陆游.剑南诗稿：卷八十三[M]//徐中玉.中国古代文艺理论专题资料丛刊.北京：中国社会科学出版社，1994：8.
⑦ 郭绍虞.万首论诗绝句[M].北京：人民文学出版社，1991：120.
⑧ 谢榛.四溟诗话[M]//丁福保.历代诗话续编.北京：中华书局，1983：1161.

珠，难如破石求玉。且工且易，愈苦愈难。此通塞不同故也。纵尔冥搜，徒劳心思。当主乎可否之间，信口道出，偶然浑成，而无龃龉之患。"①"若论体制，则大异而小同，及论作手，则大同小异也。未必篇篇从头叙去，如写家书然，毕竟有何警拔？或以一句发端，则随笔意生，顺流直下，浑成无迹，此出于偶然，不多得也。"②"及错综成篇，工而能浑，气如贯珠，此作长律之法，久而能熟，无不立成。心中本无些子意思，率皆出于偶然，此不专于立意明矣。"③"作诗有相因之法，出于偶然。因所见而得句，转其思而为文。"④清初著名思想家、文学家王夫之论诗说："对偶有极巧者，亦是偶然凑手，如'金吾''玉漏''寻常''七十'之类，初不以此碍于理趣。求巧则适足取笑而已。"⑤清代诗论家贺贻孙也以"偶然欲书"为作诗的最佳契机："书家以偶然欲书为合，心遽体留为乖。作诗亦尔。"⑥评谢灵运诗亦见此意："晋谢康乐诗尤多警语，而独喜'池塘生春草'五字，自谓神助，可见诗以偶然语写偶然景为得意，凡他人所谓得意者，非作者所谓得意也。"⑦可见，直接以"偶然""偶尔"等话头论诗者时常可见。中国古代相当多的著名诗人和诗论家都从不同的角度和意义上，指出"偶然"在诗歌创作上有着不可替代的作用，尤为值得引起我们的高度重视。

在中国古代诗论中，除了以"偶然""偶尔"等直接表示的话语，还有相当多的是以"触""猝然""遇""会"等话语来表示"偶然"的意味的，其中"触""遇"的出现频率最高，其主要义项是偶然的遭逢而生感应。另外，"感兴""天机"也都有着偶然的性质。陆机《文赋》中的名言"若夫应感之会，通塞之纪……方天机之骏利，夫何纷而不理？"⑧这里所说的创作思维中

---

① 谢榛.四溟诗话［M］//丁福保.历代诗话续编.北京：中华书局，1983：1214.
② 谢榛.四溟诗话［M］//丁福保.历代诗话续编.北京：中华书局，1983：1221.
③ 谢榛.四溟诗话［M］//丁福保.历代诗话续编.北京：中华书局，1983：1228.
④ 谢榛.四溟诗话［M］//丁福保.历代诗话续编.北京：中华书局，1983：1229.
⑤ 戴鸿森.姜斋诗话笺注［M］.北京：人民文学出版社，1981：98.
⑥ 郭绍虞.清诗话续编［M］.上海：上海古籍出版社，1983：140.
⑦ 郭绍虞.清诗话续编［M］.上海：上海古籍出版社，1983：178.
⑧ 欧阳询.艺文类聚：卷第五十六［M］.汪绍楹，校.上海：中华书局上海编辑所，1965：1015.

的"天机",就有着无法预期的偶然性。南北朝时期的文学家孙绰说:"情因所习而迁移,物触所遇而兴感。"① 萧统写道:"天凉始贸,触兴自高。睹物兴情,更向篇什。"② 宋人葛立方《韵语阳秋》:"诗之有思,卒然遇之而莫遏,有物败之则失之矣。"③ 宋人叶梦得在评价谢灵运的名篇佳句时说:"'池塘生春草,园柳变鸣禽。'世多不解此语为工,盖欲以奇求之耳。此语之工,正在无所用意,猝然与景相遇,借以成章,不假绳削,故非常情所能到。诗家妙处,当须以此为根本,而思苦言难者,往往不悟。"④ 谢榛在《四溟诗话》中除了"偶然""偶尔"之外,还在多处使用"触""适会"等话语来表示同样的意思,论杜甫诗:"子美曰:'细雨荷锄立,江猿入画屏。'此语宛然入画,情景适会,与造物同其妙,非沉思苦索而得之也"⑤。"夫情景相触而成诗,此作家之常也。"⑥ 清代著名诗论家叶燮说:"原夫作诗者之肇端有事乎此也,必先有所触以兴起其意,而后措诸辞、属为句、敷之而成章。当其有所触而兴起也,其意、其辞、其句,劈空而起,皆自无而有,随在取之于心。出而为情、为景,为事,人未尝言之,而自我始言之,故言者与闻其言者,诚悦而永也。"⑦ "盖天地有自然之文章,随我之所触而发宣之。"⑧ 在诗句中大量存在着的"倏然""偶发""触""遇""适会""触物兴怀"等话语,并非刻意求取,而是于情景邂逅中偶然得之的诗思。

中国诗学范畴中的"感兴""天机",都是具有偶然的性质的,如遍照金刚所论"十七势"中的"感兴"势:"感兴势者,人心至感,必有应说,物色万象,爽然有如感会。"⑨ 应该说遍照金刚的界说明确地揭示了"感兴"的本质

---

① 欧阳询.艺文类聚:卷第四[M].汪绍楹,校.上海:中华书局上海编辑所,1965:71.
② 萧统.答晋安王书[M]//徐中玉.中国古代文艺理论专题资料丛刊.北京:中国社会科学出版社,1994:262.
③ 何文焕.历代诗话:下册[M].北京:中华书局,1981:500.
④ 何文焕.历代诗话:下册[M].北京:中华书局,1981:426.
⑤ 谢榛.四溟诗话[M]//丁福保.历代诗话续编.北京:中华书局,1983:1171.
⑥ 戴鸿森.姜斋诗话笺注[M].北京:人民文学出版社,1981:63.
⑦ 叶燮.原诗:上[M].北京:人民文学出版社,1979:5.
⑧ 叶燮.原诗:上[M].北京:人民文学出版社,1979:5.
⑨ 遍照金刚.文镜秘府·地卷[M].北京:人民文学出版社,1975:41.

特征。诗人产生至深之感，而纷纭变幻的物色万象对诗人之情有所应和，其间的契机既是爽然感会，也是偶然的遇合。南宋大诗人杨万里谈及作诗的创作体验时最为推崇的便是"兴"："大抵诗之作也，兴，上也；赋，次也；庚和，不得已也。然初无意于作是诗，而是物是事，适然触于我，我之意亦适然感乎是物是事，触先焉，感随焉，而是诗出焉，我何与哉？天也。"①杨万里认为作诗时最佳的方式是感兴，而他在这里鲜明地描述了感兴的偶然性质。感兴之感，正是诗人主体与外在客体的"是物是事"深度契合，前提便是偶然之"触"，感是随之而来的。谢榛论诗重"兴"："诗有不立意造句，以兴为主，漫然成篇，此诗之入化也。"②谢榛不主张预先立意，而是在情景触遇中唤起诗兴，"漫然成篇"，当然是"偶然"。叶燮说的"当其有所触而兴起其意"，也包含着兴的偶然性质。

"天机"可以作为一个中国美学的独特范畴，它所含蕴的偶然的审美特性也是显而易见的。"天机"最早出现在《庄子》中，《庄子·大宗师》篇中有言："古之真人，其寝不梦，其觉无忧。其食不甘，其息深深。真人之息以踵，众人之息以喉。屈服者，其嗌言若哇。其耆欲深者，其天机浅。"③庄子的原意是把"真人"与众人相比，因为众人嗜欲深重，所以"天机"就浅薄了。陈鼓应先生对天机的解释是"自然之生机，当指天然的根器"④。庄子所说的"天机"，显然不是在审美或艺术的角度提出的，但却以"真人"为载体，表达出人与自然息息相关的观念。正如陈鼓应先生所说："其观点为天人作用本不分，'天与人不相胜'，人与自然为息息相关而不可分的整体，人与自然是为亲和的关系。庄子天人一体的观念，表达人和宇宙的一体感，人对宇宙的同感与整合感。"⑤其后陆机在他的经典文论《文赋》中将"天机"用于文学创作思维："若夫应感之会，通塞之纪，来不可遏，去不可止。藏

---

① 徐中玉.中国古代文艺理论专题资料丛刊[M].北京：中国社会科学出版社，1994：265.
② 杨万里.诚斋集：卷六十七[M]//丁福保.历代诗话续编.北京：中华书局，1983：1152.
③ 吕惠卿.庄子义集校：卷第三[M].汤君，集校.北京：中华书局，2009：117.
④ 陈鼓应.庄子今注今译[M].北京：中华书局，1983：171.
⑤ 陈鼓应.庄子今注今译[M].北京：中华书局，1983：167.

若影灭，行犹响起，方天机之骏利，夫何纷而不理？"① 这段特别有名的论述，是以"天机"为核心概念的，同时，非常典型地描述了"天机"作为创作契机的偶然性特征。宋代理学家兼诗人邵雍在《闲吟》中有"天机难状处，一点自分明"。邵氏以"天机"来谈自己作诗的体验，他感到自己诗中的佳句，更多的是"天机"的造访，而这又是飘然而至、偶尔形成的。南宋诗论家包恢也以"天机"论诗："盖古人于诗不苟作，而或一诗之出，必极天下之至精。状理则理趣浑然，状事则事情昭然，状物则物态宛然，有穷智极力所不能到者，犹造化自然之声也。盖天机自动，天籁自鸣，鼓以雷霆，豫顺以动，发自中节，声自成文，此诗之至也。"② 包恢认为"天机自动"的诗才是"极天下之至精"③。谢榛也以天机论诗，如说："诗有天机，待时而发，触物而成，虽幽寻苦索，不易得也。如戴石屏'春水渡旁渡，夕阳山外山'，属对精确，工非一朝，所谓'尽日觅不得，有时还自来。'"④ 明确揭示了其中的偶然性质。诗有"天机"，这当然是谢榛所特别认同的，它与"幽寻苦索"是不同的致思路径。谢榛认为诗中的"天机"是非常奇特而精彩的，"幽寻苦索"的思维方式是不可达到这种境界的，而应是"触物而成"的产物。

诸如此类的话语，在中国古代诗论中是随处可见的。以上所举的例子，都是"偶然"的意思颇为明晰的，无须分析考辨。这些话语，都是在诗歌创作的意义上提出的，有着充分的创作论蕴含。这些关于"偶然"的话语，不同于"天才"之类的理论，不是单讲主体方面的灵机，而是认为主体情感与外在物象在动态的偶遇中会产生难以重复的诗作。可以认为，中国古代的诗学观念里，"偶然"是诗思的普遍性契机。

---

① 欧阳询.艺文类聚：卷第五十六［M］.汪绍楹，校.上海：中华书局上海编辑所，1965：1015.
② 陶秋英.宋金元文论选［M］.北京：人民文学出版社，1984：391.
③ 包恢.答曾子华论诗［M］//曾枣庄，刘琳.全宋文：第三百一十九册.上海：上海辞书出版社，2006：287.
④ 丁福保.历代诗话续编［M］.北京：中华书局，1983：1161.

二、"偶然"作为人与宇宙生命遇合的契机

"偶然"并非实体性的范畴，而是关系性的范畴。诗学中的"偶然"论话语，最为突出地指涉诗歌的审美价值的特质。"对于功利价值，对象形式的完整性是无关紧要的"①，而审美价值，"则表现对社会的人和人类社会、对人在世界中的确证的综合意义。这种综合意义的体现者是感性感知可以接受的、对象独特的完整形式"。诗学中的"偶然"论话语，所涉指的客体一方，其实都是充满生命感的物象，或者如刘勰所说之"物色"，它们是直接呈现于主体感知的完整形式。

在中国古代诗学中，客体一方一般都以"物""景"称之，从钟嵘的《诗品》开始，"物"不仅包含了自然景物，也包含了社会事物，但诗论中所涉及的主客体关系，客体一方最为普遍的还是指自然景物的外在形式，即"物色"。这在魏晋南北朝时期的诗论中最为明显，并且是由中国诗学的感兴论传统所决定的。感兴，即"感于物而兴"。魏晋南北朝时期的诗论特别注重四时的景物变化对诗人情感的兴发感染，如陆机《文赋》中所说："遵四时以叹逝，瞻万物而思纷。悲落叶于劲秋，喜柔条于芳春。"②钟嵘《诗品序》中说："若乃春风春鸟，秋月秋蝉，夏云暑雨，冬月祁寒，斯四候之感诸诗者也。"③萧子显《自序》中说："若乃登高极目，临水送归，风动春朝，月明秋夜，早雁初莺，开花落叶，有来斯应，每不能已也。"④都是四时的景物变化引发诗人的心灵波动。因此，"物"就并非单纯的自然景物，而是大自然所呈现的变幻多端的物候景象，而它们也是直接呈现给诗人的审美感知完整形式。刘勰

---

① 斯托洛维奇.审美价值的本质[M].凌继尧，译.北京：中国社会科学出版社，1981：89.
② 欧阳询.艺文类聚：卷第五十六[M].汪绍楹，校.上海：中华书局上海编辑所，1965：1014.
③ 钟嵘.钟嵘诗品笺证稿[M].王叔岷，笺证.北京：中华书局，2007：8.
④ 黄侃.文心雕龙札记[M].黄延祖，重辑.北京：中华书局，2006：271.

在《文心雕龙·比兴》篇的赞语中所说："诗人比兴，触物圆览"①，大具深意。"触物"正是诗人情感与外物的触遇，"圆览"是诗人眼中所摄取的物象的圆融完整。赞语中的"拟容取心"②一句，也是颇有理论价值的，受到理论家们的关注，并成为一个重要的诗学命题。"拟容取心"又是什么意思呢？"拟容"是采摄事物的外在形貌，"取心"则是提取事物的内在精神。著名文艺理论家王元化先生阐释道："容指的是客体之容，刘勰有时又把它叫作'名'或'象'；实际上，这也就是针对艺术形象所提供的现实的表象这一方面。'心'指客体之心，刘勰有时又把它叫作'理'或'类'。实际上，这也就是艺术形象所提供的现实意义这一方面。"③这种理解基本是客观和准确的。刘勰《文心雕龙》中《物色》篇论述的即是"诗人感物"的审美过程。"物色"作为一个审美范畴，是有着深刻的创造性意义的，读者切莫囫囵放过。我认为刘勰汲纳了佛学"色"的观念而合成了"物色"这样一个审美范畴，所指并非一般的自然景物，而是自然事物的外在形象。在佛学话语体系中，"色"与"空"相对，指的是呈现给人们的现象界。"色不异空，空不异色，色即是空，空即是色"④，这是大乘佛学的基本命题。刘勰早年即入定林寺，依著名高僧、义学大师僧佑，协助僧佑整理佛经，晚岁皈依佛门。他的佛学修养是颇为深厚的。"物色"的概念，带有佛学的色彩，是在情理之中的。《物色》篇贯穿了这种涵蕴。由于宇宙自然的运行规律，四季的变化带来了景物的次第更新，体现着宇宙造化的勃勃生机，给诗人的心灵带来了情感的波动，并成为其创作冲动发生的契机。

价值的生成在于主客体的统一，在于客体满足主体的内在尺度的需要。在一般价值关系中，主体和客体是两个彼此外在、相互独立的实体。审美价值是客体满足主体的审美需要而产生的，但在审美价值的产生过程中，主体与客体不是两个独立实体之间的认识论的关系，而是超越了这种关系而达到

---

① 刘勰.增订文心雕龙校注：卷八［M］.北京：中华书局，2012：453.
② 刘勰.增订文心雕龙校注：卷八［M］.北京：中华书局，2012：453.
③ 王元化.文心雕龙创作论［M］.上海：上海古籍出版社，1984：180.
④ 刘泽民.三晋石刻大全：晋城市城区卷［M］.太原：三晋出版社，2012：476.

合而为一的境界。审美价值的产生在于人的审美意识的勃发与敞亮。这些进入诗人情感世界、成为审美客体的"物色",在中国古代的诗论家眼里,与其说是外在于人的景致,毋宁说是有生命、有性灵的对象,通过偶然的契机,诗人的心灵与"物色"相晤谈,进入了一种神奇的境界。例如,刘勰在《物色》的赞语中写道:"山沓水匝,树杂云合。目既往还,心亦吐纳。春日迟迟,秋风飒飒。情往似赠,兴来如答。"①"物色"与诗人,是互为主体,而非主客关系。"物色"所呈现的并非仅是某一单独的景物,而是荷载着宇宙造化的生命力。中国诗学中谈及兴发诗人情感的"物色"时,总是洋溢着大自然的生命气息、造物主的创造伟力,而诗人所体察的,也是"万物一体"的博大浩渺。诗人和物色的遇合,总是在偶然契机中(也包括"触""遇""适会"等)。

诗人面对自然时所受到兴发并被描写到作品中的景物,似乎是单一的、个体的,实际上它们所显现出来的却是宇宙造化的整体生命感。海德格尔揭示了诗人与自然的吸摄与互融:"自然之所以强大,是因为它是圣美的,是令人惊叹而无所不在的。这个自然拥抱着诗人们。诗人们被吸摄入自然之拥抱中了。"②例如,陶渊明《读山海经》中的"微雨从东来,好风与之俱"③,谢灵运《登池上楼》中的"池塘生春草,园柳变鸣禽"④,李白《春日独酌》中的"东风扇淑气,水木荣春晖"⑤这类诗句,都是在景物描写中透露出宇宙造化的脉息、大自然变化的节律。诗人能够得到这种"与天地为一"的独特感受的契机却总是"偶然",如叶燮所说"盖天地有自然之文章,随我之所触而发宣之,必有克肖其自然者,为至以立极"⑥,这其中的奥秘难道不是值得我们追问的吗?

"偶然"不是刻意,没有硬性的规定,而是一种自由,是超越了必然的。

---

① 刘勰.增订文心雕龙校注:卷十[M].北京:中华书局,2012:564.
② 海德格尔.荷尔德林诗的阐释[M].孙周兴,译.北京:商务印书馆,2002:62.
③ 陶渊明.陶渊明集:卷之四[M].逯钦立,校注.北京:中华书局,1979:133.
④ 谢灵运.谢康乐诗注:卷二[M].黄节,注.北京:中华书局,2008:61.
⑤ 彭定求.全唐诗:卷一百八十二[M].北京:中华书局,1960:1855.
⑥ 叶燮.原诗:上[M].北京:人民文学出版社,1979:25.

就其本质而言，诗人与对象的这种"偶然"遭逢，兴发的是审美意识，而非其他的意识活动。诗论、画论和书论等领域，都通过主体情感受到外物的兴发，而呈现出宇宙造化的生命感和节律，其间的契机被普遍认同为"偶然"。这也成为中国美学思想的一大亮点。

三、"偶然"与诗歌最佳审美价值的生成

诗是一种艺术，有其独特的艺术品性，也就有着独特的审美价值。不仅与其他大的门类有明显的区别，即便是在文学的家族之中，诗歌也有着与其他文体迥然各异的魅力。从审美的角度来看，诗歌会给人带来"摇荡心灵"的审美享受。由"偶然"的契机所创造出来的诗歌审美价值，是颇为独特的，不可重复的，当然也是一种最佳的审美价值体现。"天机"也好，"化境"也好，都有着不可重复的个性化特征，也都达到了"至矣，尽矣"①的至高境界。叶梦得的"故非常情所能到"②，许学夷的"忽然而来，浑然而就，而圆转超绝，多入于圣"③，都是由其不可重复的个性而臻于极致。艺术品的审美价值正有着这样的品格。德国现象学美学家盖格尔在其代表性著作《艺术的意味》中突出地阐明了这种思想。他认为审美价值并非可以用一般概念来加以领会，独一无二、不能被还原成一般概念的东西是审美价值所特有的。如其所言，"每一个艺术品所具有的审美价值都是独一无二的，这不同于任何其他艺术作品所具有的审美价值"④。主张"偶然"的创作契机的诗论，都以非常灵动的笔致，凸显了诗歌的独特审美价值所在。

堪称佳作的诗歌，往往以其神秘而奇妙的感觉冲击着读者的心灵，使之产生心灵的悸动，产生强烈的惊异感，从而进入高峰体验状态的审美过程。这种创作多是于偶然的契机中得之，并且获得难以重复的最佳境界。王夫之

---

① 阮元.十三经注疏［M］.北京：中华书局，2009：5911.
② 何文焕.历代诗话［M］.北京：中华书局，2004：426.
③ 丁福保.历代诗话续编［M］.北京：中华书局，2006：960.
④ 盖格尔.艺术的意味［M］.艾彦，译.北京：华夏出版社，1999：45.

评谢惠连的《代古》诗时说:"兴、赋、比俱不立死法,触着磕着,总关至极,如春气感人,空水莺花,有何必然之序哉?"① 在对这首其高度赞扬的诗的评价中,他认为它是"触着磕着,总关至极"的,而无必然之序。清人张实居指出:"古之名篇,如出水芙蓉,天然艳丽,不假雕饰,皆偶然得之,犹书家所谓偶然欲书者也。当其触物兴怀,情来神会,机括跃如,如兔起鹘落,稍纵则逝矣。有先一刻后一刻不能之妙,况他人乎?"②"古之名篇"是诗歌史上的经典之作,而在张实居看来,这些名篇佳什都是天然浑成的,它们的产生是偶然的,却又是无法重复的。从审美的意义讲,它们都有着"出水芙蓉"般的天然之美。明代胡震亨同样认为:"诗有偶然到处,虽名手极力搜索,亦不能加。"③ 这种"偶然到处"的诗作,却是名家极力搜索都无法写出的,当然是杰作。

中国古代的诗论家或诗人们,或以"天机",或以"感兴"等论诗,所指的作品都是在其看来可入极品之流的佳作。反之,在偶然契机下触发的诗思,才能创造出极致的审美价值。司空图在《二十四诗品》中的"实境"一品云:"取语甚直,计思匪深。忽逢幽人,如见道心。清涧之曲,碧松之阴。一客荷樵,一客听琴。情性所至,妙不自寻。遇之自天,泠然希音。"④ 这里所描述的就是诗人在与外境的随遇触发中所得到的"泠然希音"。例如,孙联奎《诗品臆说》所解:"古人诗即目即事,皆实境也。"⑤ "计思匪深"是说并无事先的刻意计划。"遇之于天"正是在与自然的偶遇中获得的。"泠然希音"指旷世的佳作。杨廷芝《诗品浅解》则直接认为"此以天机为实境也"⑥。郭绍虞先生从而解释说:"言'情性所至',见得无非是实;言'妙不自寻',又见得妙境独造,非出自寻:正所谓'遇之自天'也。正因为遇之自天,偶然得之,所以

---

① 王夫之.古诗评选[M]//船山全书:第十四册.长沙:岳麓书社,1996:744.
② 王士禛.诗问四种[M].济南:齐鲁书社,1985:50.
③ 胡震亨.唐音癸签[M].上海:上海古籍出版社,1981:278.
④ 司空图.二十四诗品[M].陈玉兰,译注.北京:中华书局,2019:87.
⑤ 郭绍虞.诗品集解[M].北京:人民文学出版社,1981:33.
⑥ 司空图.二十四诗品[M].闵泽平,注评.武汉:崇文书局,2018:129.

成为'泠然希音'。"① 这个意思也正是我所要表达的。苏轼评析陶诗经典诗句说:"陶潜诗'采菊东篱下,悠然见南山',采菊之次,偶然见山,初不用意,而境与意会,故可喜也。"② 苏轼对陶潜的名句赞赏至极,认为它是"偶然见山""境与意会"的产物。"因采菊而见山,境与意会,此句最有佳处。近岁俗本皆作'望南山',则此一篇神气索然矣。"③ "俗本"所改之"望南山",为苏轼所鄙薄,是因其有意望之,刻意求取,如此便会神气全无。明代诗论家许学夷认为:"古人为诗,有语语琢磨者,有一气浑成者。语语琢磨者称工,一气浑成者为圣。语语琢磨者,一有相类,疑为盗袭;一气浑成者,兴趣所到,忽然而来,浑然而就,不当以形似求之。"④ 他又举孟浩然诗为例:"浩然造思极深,必待自得,故其五言律皆忽然而来,浑然而就,而圆转超绝,多入于圣矣。"⑤ 在许学夷看来,"圣"与"工"是两个层级的价值尺度。"工"是语语琢磨而成的,"圣"是忽然而来而致的,但圣者是诗的至高之境,看他对孟浩然的评价足以明此。清初王夫之以"神理"论诗,"神理"之有无,成为诗品高下的标准。王夫之评谢灵运诗说:"情不虚情,情皆可景;景非滞景,景总含情。神理流于两间,天地供其一目,大无外而细无垠。"⑥ 可见,诗中的"神理",是一种至高境界,而它也是"偶然入感"的产物。王夫之在评李白《春日独酌》一诗时说:"以庾、鲍写陶,弥有神理。'吾生独无依',偶然入感,前后不刻画求与此句为因缘。是又神化冥合,非以象取。"颇为充分地表达了这种意思。王夫之所说的"神理",是"偶然入感"的产物。又说:"以神理相取,在远近之间。才着手便煞,一放手又飘忽去:如'物在人亡无见期',捉煞了也;如宋人咏河豚云:'春洲生荻芽,春岸飞杨花。'饶他有理,终是于河豚没交涉。'青青河畔草'与'绵绵思远道'何以相因依,相含吐?

---

① 郭绍虞. 诗品集解 [M]. 北京: 人民文学出版社, 1981: 34.
② 苏轼. 苏轼文集 [M]. 北京: 中华书局, 1986: 2099.
③ 苏轼. 苏轼文集 [M]. 北京: 中华书局, 1986: 2092.
④ 许学夷. 诗源辨体 [M]. 北京: 人民文学出版社, 1987: 165.
⑤ 许学夷. 诗源辨体 [M]. 北京: 人民文学出版社, 1987: 165.
⑥ 王夫之. 古诗评选 [M]. 船山全书: 第十四册. 长沙: 岳麓书社, 1996: 736.

神理凑合时,自然恰得。"① 另一番论述"神理"之语也是以充满偶然色彩的"神理"②,作为佳作的价值尺度。例如,王夫之对张协名诗的评价完全超越了个案而具有普遍的价值:"风神思理,一空万古,求共伯仲,殆唯'携手上河梁''青青河畔草'足以当之。诗中透脱语自景阳开先,前无倚,后无待,不资思致,不入刻画,居然为天地间说出,而景中宾主,意中触合。'蝴蝶飞南园',真不似人间得矣。谢客'池塘生春草',盖继起者,差足旗鼓相当。笔授心传之际,殆天巧之偶发,岂数觏哉?"③ 王夫之认为"蝴蝶飞南园"是诗歌史上罕见的佳句,"不似人间得矣",如同天籁之音,而它却是"天巧之偶发"的产物,因之不可重复,有着独一无二的艺术魅力,无法多次得见。"神理"是王夫之整合而成的一个非常重要的诗歌审美范畴,王夫之以有无"神理"作为评价诗歌审美价值的主要标准。诗中"神理"又是如何获得的呢?是以知性分析、刻意求取的方式,在诗中先入为主地诗前立意,还是以触物感兴的方式,在与自然、社会的随机感遇中产生?王夫之的答案是后者。王夫之评李白的《春日独酌》为"弥有神理"④,又指出其是"偶然入感"的产物,其间的意思非常明确。

诗歌作品臻于"化境",这是诗歌的审美价值的最高表现。臻于化境,至矣,尽矣,蔑以加矣!"化"之本义,一是指变化、改变之意;二是指造化,即自然界生成万物的功能。艺术创作中的"化境",指其如同宇宙造化所生的天工自然之态,其境界蕴含无限生机而又浑然天成。臻于化境,就是超越有形的艺术语言,不见安排之迹,直如自然之化生。清代诗论家贺贻孙论诗最为推尊的便是"化境",其在诗话著作《诗筏》中,多处以"化境"为最高的范本评诗,如其所说:"诗家化境,如风雨驰骤,满眼空幻,满耳飘忽,突然而来,倏然而去,不得以字句诠,不可以迹相求。"⑤ 王夫之也说:"含情而能

---

① 戴鸿森.姜斋诗话笺注[M].北京:人民文学出版社,1981:63.
② 戴鸿森.姜斋诗话笺注[M].北京:人民文学出版社,1981:63.
③ 王夫之.古诗评选[M]//船山全书:第十四册.长沙:岳麓书社,1996:706.
④ 王夫之.唐诗评选:卷二[M].杨坚,总修订.长沙:岳麓书社,2011:955.
⑤ 郭绍虞.清诗话续编[M].上海:上海古籍出版社,1983:165.

达，会景而生心，体物而得神，则自有灵通之句，参化工之妙。"① 化境之获得，在诗人们看来，并非刻意求取的结果，而是审美创造的主体与客体的偶然遇合的产物。清人徐熊飞认为，"自然而出，无关造作，此化境也。化境多从无心得之"②。价值的生成，本来就是主体与客体的统一，而主体和客体以何种方式相统一，相洽合，则关系到作品审美价值的高下。以"偶然"论诗者，皆以主体情怀与客体物色的偶然遇合为最佳审美价值的生成机制。

四、审美价值生成的主体条件

由前论可以得知，中国古代诗歌中被视为臻于化境、自然高妙的篇什，往往都是主客体偶然遇合而生成的，并非诗人刻意求取所能获致的产物。这种观念是不满于诗人事前立意、沉思苦索的写作方式的。谢榛就说很多佳作的产生是"心中本无些子意思，率皆出于偶然，此不专于立意明矣"③。清人吴雷发认为诗中如有寓意，也应是"偶然寄托"所得，他说："夫诗岂不贵寓意乎？但以为偶然寄托则可，如必以此意强入诗中，诗岂肯为俗子所驱遣哉？总之，诗须论其工拙，若寓意与否，不必屑屑计较也。大块中景物何限，会心之际，偶尔触目成吟，自有灵机异趣。倘必拘以寓意之说，是锢人聪明矣。"④ 似乎对于诗歌创作来说，"偶然"的主客相接才是最重要的，这就引发了一个疑问：偶然是创造最佳的审美价值的契机，是不是什么人都可以在"偶然"中创造出艺术杰作呢？都可以生成最佳的审美价值呢？我想，这样认为是一个误区所在。因为这种认识是忽略了一个重要的前提，那就是审美主体的条件。从价值论的角度看，诗人可以被认作审美价值的创造主体，而这个主体是有着个体实践的性质的。价值主体本身就含有个体性的一面，而在艺术创造中，审美价值的创造主体，尤其是以个体实践性而成为审美价值的

---

① 戴鸿森.姜斋诗话笺注［M］.北京：人民文学出版社，1981：95.
② 徐熊飞，陆坊.修竹庐谈诗问答［M］//王士祯.诗问四种.济南：齐鲁书社，1985：264.
③ 丁福保.历代诗话续编［M］.北京：中华书局，1983：1228.
④ 王夫之.清诗话［M］.上海：上海古籍出版社，1999：901.

产生前提。这种个体实践与社会实践并非对立,而是辩证地交融在一起。马克思已经明确阐述了这个问题:"首先应当避免重新把'社会'作为抽象物同个人对立起来。个人是社会的存在物。……因此,如果说人是一个特殊的个体,并且正是他的特殊性使他成为一个个体和现实的、单个的社会存在物,那么,同样地他也是总体、观念的总体,可以被思考和被感知的社会之主体的,自为的存在。"① 作为审美价值的主体,这种性质是非常鲜明的。中国古代诗论中主张"偶然"作为创造契机者,其实已多有隐含着审美主体的个体性质的意蕴在内,如苏轼、谢榛、王夫之以及叶燮等。

我们谈论"偶然"的主体因素,是限定在熟练地掌握文学创造技巧、自由地运用文学的艺术形式的诗人和作家范围内的,而且他们都具有鲜明的创作个性,此外几乎没有这种可能。如果不是一个具有深厚艺术修养和丰富艺术创作经验的人,无论如何"偶然",都不可能有诗作或艺术品的诞生。主张在偶然的契机中创造出艺术精品的人,他们本人也都是具有丰富的创作经验的诗人或诗论家。"偶然"的前提当是诗人的人格与艺术修养,当是对于艺术创作的不舍追求。偶然作为一种不可预见的契机,如同一股强电流一样,将审美主体与审美客体接通融合,从而创造出不可再得的最具个性的审美价值。如果没有深厚的人格修养与艺术修养,没有孜孜以求的创造欲望,没有得之于心应之于手的艺术语言,只想靠"偶然"来获得成功,无异于痴人说梦。正如黑格尔所讽刺的:"单靠心血来潮并不济事,香槟酒产生不出诗来,如马蒙特尔说过,他坐在地窖里面对着六千瓶香槟酒,可是没有丝毫的诗意冲上他脑里来。同理,最聪明的天才尽管朝朝暮暮躺在青草地上,让微风吹来,眼望着天空,温柔的灵感也始终不光顾他。"② 黑格尔鄙薄的是没有主观努力却总是幻想灵感到来的人,事实上他们是一无所成的。中国古代诗论中重视偶然契机的话语中当然包含了灵感的因素,但却侧重于主体与客体的遇合,同时,颇为重视主体的艺术修养与精进追求。明代诗论家谢榛论诗侧重偶然

---

① 马克思.1844年经济学哲学手稿[M].刘丕坤,译.北京:人民出版社,1979:76.
② 黑格尔.美学[M].朱光潜,译.北京:商务印书馆,1996:364.

的感兴，在其诗论名著《四溟诗话》中时时讲求"以兴为主""触物而成"，但他又特别重视诗人的主体世界的独特性情，他认为情景二者"孤不自成，两不相背"，是作为诗歌创作的两种要素，"观则同于外，感则异于内，当自用其力，使内外如一，出入此心而无间也。景乃诗之媒，情乃诗之胚，合而为诗，以数言而统万形，元气浑成，其浩无涯矣"①。在情景关系上，谢榛认为只有二者融合才能创造出好诗，而诗人的情是更为关键的。谢榛主张好诗的契机在于情景相因偶然，但却是要平素的积累求索才能有所收获的。他为此有颇为恰当的比喻："作诗譬如有人日持箕帚，遍于市廛扫沙，簸而拣之，或破钱折簪，碎铜片铁，皆投之于袋，饥则归饭，固不如意，往复不废其业。久而大有所获，非金则银，足赡卒岁之需，此得意在偶然尔。"②谢榛认为获得诗意是在"偶然"，而平素的积累则是成功的基础。

主体的因素在于内在修养，贺贻孙径直称为"内养"，他指出："诗文之厚，得之内养，非可袭而取也。"③他又论"化境"之获得："清空一气，搅之不碎，挥之不开，此化境也。然须厚养气始得，非浅薄者所能侥幸。"④"化境"是诗作的至高境界，是"忽然有得"的产物，但须诗人具有深厚的主体修养，即贺氏说的"厚养气"，浅薄者是无缘于此的。清人叶燮论诗主张以偶然的触遇为感兴之机，但他特别强调诗人的主体修养，叶燮在《原诗》中指出："原夫作诗者之肇端而有事乎此也，必先有所触以兴起其意，而后措诸辞、属为句、敷之而成章。"但叶燮又认为诗歌创作中的偶然触兴只是发生的契机，关键在于诗人的主体世界："当其有所触而兴起也，其意、其辞、其句，劈空而起，皆自无而有，随取之于心。出而为情、为景、为事，人未尝言之，而自我始言之，故言者与闻其言者，诚可悦而永也。"叶燮还提出作诗最主要的主体因素在于诗人的"胸襟"："我谓作诗者，亦必先有诗之基焉。诗之基，其人之胸襟是也。有胸襟，然后能载其性情、智慧、聪明、才辨以出，随遇发

---

① 丁福保.历代诗话续编[M].北京：中华书局，1983：1180.
② 丁福保.历代诗话续编[M].北京：中华书局，1983：1190.
③ 郭绍虞.清诗话续编[M].上海：上海古籍出版社，1983：135.
④ 郭绍虞.清诗话续编[M].上海：上海古籍出版社，1983：137.

生，随生而盛。"叶燮于此举了唐代伟大诗人杜甫为例："千古诗人推杜甫。其诗随所遇之人之境之事之物，无处不发其思君王、忧祸乱、悲时日、念友朋、吊古人、怀远道，凡欢愉、幽愁、离合、今昔之感，一一触类而起，因遇得题，因题达情，因情敷句，皆因甫有其胸襟以为基。"在叶氏看来，胸襟问题是诗歌创作臻于高境的根本因素。具体来说，叶燮以"理、事、情"为审美客体的要素，而以"才、识、胆、力"为诗人的主体要素。因之又言："曰理、曰事、曰情，此三言者足以穷万有之变态。凡形形色色，音声状貌，举不能越乎此。此举在物者而为言，而无一物之或能去此者也。曰才、曰胆、曰识、曰力，此四言者所以穷尽此心之神明。凡形形色色，音声状貌，无不待于此而为之发宣昭著。此举在我者而为言，而无一不如此心以出之者也。以在我之四，衡在物之三，合而为作者之文章。大之经纬天地，细而一动一植，咏叹讴吟，俱不能离是而为言者矣。"以叶氏看来，才识胆力，是诗人主体方面的几大要素，客体之理事情，必待主体的才识胆力加以发明。叶燮对才识胆力有分别的阐述，但他坚持主张，客体与主体的相接在于偶然的触遇："盖天地有自然之文章，随我之所触而发宣之，必有克肖其自然者，为至文以立极"①。与之密切相关，叶燮认为诗人之"志"是一个更具方向性的主体因素，他谈到："虞书称'诗言志'。志也者，训诂为'心之所之'，在释氏，所谓'种子'也。志之发端，虽有高卑、大小、远近之不同；然有是志，而以我所云才、识、胆、力四语充之，则其仰观俯察、遇物触景之会，勃然而兴，旁见侧出，才气心思，溢于笔墨之外。志高则其言洁，志大则其辞弘，志远则其旨永。如是者，其诗必传，正不必斤斤争工拙于一字一句之间"②。"志"作为诗人的主体因素，与"胸襟"有密切关系，但又并非一事。"胸襟"重在诗人忧国忧民、悲天悯人的情怀；"志"则是更具方向感的主体意志，志的高下，在很大程度上决定了作品的品格；而其能否"勃然而兴"，还有待于"遇物触景"的偶然性契机。其实，中国古代强调"偶然"创作契机的诗论，并

---

① 王夫之.清诗话[M].北京：中华书局，1963：580.
② 叶燮.原诗：上[M].北京：人民文学出版社，1979：47.

不是忽略诗人作为主体的作用单纯主张"偶然"的创作因素，而是在诗人的胸襟、性情、才禀等主体因素的前提下提出的。"情景相触"，情是根本，所以谢榛有"景乃诗之媒，情乃诗之胚"①的名言。此外，如前面所举之主体要素，都是好诗产生的必然条件。

五、"偶然"最能体现诗歌创作的思维特征

为什么这些以"偶然"论创作的话语都出现在诗论中？或者说，"偶然"作为最佳作品的创作契机是否专属于诗呢？这是个值得追问的问题。我认为中国古代文论中对于"偶然"的丰富论述，其深层含义在于揭示诗与文在思维方式上的差异——当然在画论中也有许多，但这里所举，更多的是诗作为文体与其他文体（尤其是狭义的"文"）的思维特征。本文无意于对诗与文进行全面的文体特征分析，只是从前举如此之多的有关偶然的例证出发，指出诗更重于偶然兴发，而文更重于必然。清人吴乔正是从思维特征方面揭示了诗文之异，其云："诗思与文思不同，文思如春气之生万物，有必然之道；诗思如醴泉朱草，在作者亦不知所自来，限以一韵，即束诗思。"②吴乔的意思是非常明确的，即认为文思有"必然之道"，而诗思则以"偶然"的造访为契机。大多数有关"偶然"的论述并没有如此醒豁地点明诗思与文思之别，但却是以"偶然"之机来强调诗思的特征的。宋人葛立方也从诗思角度来说："诗之有思，卒然遇之而莫遏，有物败之则失之矣。"③宋人叶梦得评谢灵运的名句意又同此，其云："'池塘生春草，园柳变鸣禽'。世多不解此语为工，正欲以奇求之耳。此语之工，正在无所用意，猝然与景相遇，借以成章，不假绳削，故非常情所能到。诗家妙处，当须以此为根本，而思苦言难者，往往不悟。"④叶梦得认为这种"猝然与景相遇"产生的诗句，是远非"常情"可及

---

① 谢榛.谢榛全集：卷之二十三［M］.济南：齐鲁书社，2000：753.
② 郭绍虞.清诗话续编［M］.上海：上海古籍出版社，1983：486.
③ 何文焕.历代诗话：下册［M］.北京：中华书局，1981：501.
④ 何文焕.历代诗话：下册［M］.北京：中华书局，1981：426.

的浑然天成之作。叶梦得还认为这是作诗的根本之道，将其上升到本体层面加以体认。"诗家妙处"自然不是其他体裁的"妙处"。很多相关的论述都是从诗思的特征，即与其他文体的不同来讲的。黑格尔在论述诗的本体特征时，与其他艺术门类相比，如绘画、音乐等，认为后者容易与宗教表象、科学思维等相区别，"但是在其他艺术里，整个构思方式是不同的，因为它们在打腹稿时就已随时考虑到要用各自特有的感性材料（媒介）去进行登陆艇，这种构思方式一开始就和宗教表象，科学思维以及凭知解力的散文式区别开来了"①。诗则不同，它和宗教表象、科学思维等都用同一种媒介，即语言。因其如此，"它就不免要和宗教的、科学的之类散文意识处在同一个活动范围里，因而也就要避免闯入这引起意识领域及其构思方式，或是和这引起意识领域混淆起来"②。黑格尔指出了散文的规范是"精确、鲜明和可理解性"，而诗的特征却在于："每一件真正的诗的艺术作品都是一个本身无限的（独立自由的）有机体，丰富的内容意义展现于适合的具体现象。它是统一的，但是统一体中的个别特殊因素并不是抽象地服从形式和符合目的性，而是各个部分都现出有生命的独立，整体则把它们联系成为融贯的圆满结构，表面上却不露出意匠经营的痕迹"③。黑格尔也认为外在事物是作为诗思产生的契机，"现实材料对诗人是一种外在机缘，诗人在这种机缘推动之下，就对这种材料进行深刻的体验和精细的洗练，从而从他自己心灵里创造出在当前情况下没有他这位诗人就不能有以这样自由的方式表现出来的作品"④。这也与中国诗论中所反复强调的"感于物而动"是全然可以互通的。但黑格尔又认为，"真正的诗的效果应该是不着意的，自然流露的，一种着意安排的艺术就会损害真正的诗的效果"⑤。所谓"不着意的"，也就是偶然的。

为什么偶然感兴会成为诗思的特征？这要从诗歌"吟咏性情"的功能说

---

① 黑格尔. 美学：第三卷下册 [M]. 朱光潜, 译. 北京：商务印书馆, 1996：53.
② 黑格尔. 美学：第三卷下册 [M]. 朱光潜, 译. 北京：商务印书馆, 1996：53.
③ 黑格尔. 美学：第三卷下册 [M]. 朱光潜, 译. 北京：商务印书馆, 1996：50.
④ 黑格尔. 美学：第三卷下册 [M]. 朱光潜, 译. 北京：商务印书馆, 1996：50.
⑤ 黑格尔. 美学：第三卷下册 [M]. 朱光潜, 译. 北京：商务印书馆, 1996：67.

起。陆机《文赋》中说到文体的不同特征，先言："诗缘情而绮靡"[①]，认为诗是缘于表现情感而美妙的。刘勰认为诗的发生在于"人禀七情，应物斯感，感物吟志，莫非自然"[②]。（《文心雕龙·明诗》）情感的发生不是恒定的、可以预期的，而是在外界的客观事物（包括自然景物和社会事物）的刺激下产生的。所谓"七情"，就是人的七种情感，《礼记·礼运》篇中说："何谓人情？喜怒哀惧爱恶欲七者，弗学而能"[③]。七情是人生而具有的自然情感，用不着后天的学习。"感于物而动"[④]，是情感发生的原因。钟嵘在《诗品序》中将诗人情感的发生概括为："气之动物，物之感人，故摇荡性情，形诸舞咏。"[⑤]何时何地诗人的心灵受到外物的感召兴发起情感从而产生创作冲动，是没有办法预先得知的。"诗者，吟咏情性也"[⑥]，诗的这种功能，决定了它在大多数时候并不是事前立意的，反倒可以产生"有先一刻后一刻不能之妙"[⑦]。明代诗论家徐祯卿对此作了形象而深刻地说明："情者，心之精也。情无定位，触感而兴。既动于中，必形于声。故喜则为笑哑，忧则为吁戏，怒则为叱咤由是而观，则知诗者乃精神之浮英，造化之秘思也。若夫妙骋心机，随方合节，或约旨以植义，或宏文以叙心，或缓发如朱弦，或急张如跃桴，或始迅以中留，或既优而后促，或慷慨以任壮，或悲凄以引泣，或因拙以得工，或发奇而似易。此轮匠之超悟，不可得而详也。"[⑧]诗人情感之发生无法定位，因其是与外物触感而兴。

偶然的感兴在诗论中所涉及的都是主体之情和客体之景的关系，"情景交融"一直是中国诗论中最常见的说法。诗歌创作中的偶然契机所生发的并不

---

① 欧阳询.艺文类聚：卷第五十六［M］.汪绍楹，校.上海：中华书局上海编辑所，1965：1014.
② 刘勰.增订文心雕龙校注［M］.北京：中华书局，2012：7.
③ 阮元.十三经注疏［M］.北京：中华书局，2009：1224.
④ 阮元.十三经注疏［M］.北京：中华书局，2009：3310.
⑤ 钟嵘.诗品译注［M］.周振甫，译注.北京：中华书局，1998：15.
⑥ 何文焕.历代诗话［M］.北京：中华书局，2004：688.
⑦ 王士禛.花草蒙拾［M］.阎宝恒，点校.济南：齐鲁书社，2007：14.
⑧ 何文焕.历代诗话［M］.北京：中华书局，2004：765.

是被动的"感于物",而是被唤起的情感进入深度的审美体验,主体的情感具有鲜明的意向性,情之于景不是一般的观照,而是在偶然的触遇中产生你中有我、我中有你的互为主体性。刘勰在《文心雕龙·物色》的赞语:"山沓水匝,树杂云合。目既往还,心亦吐纳。春日迟迟,秋风飒飒。情往似赠,兴来如答。"①最为诗意地描述了这种互为主体的情景关系。偶然的感兴使诗人的情感处于非常充沛的状态,而且以充盈的意向性将外物纳入主体的视界。孔颖达释"诗者,志之所之也"时所说"包管万虑,其名曰心。感物而动,乃呼为志。志之所适,外物感焉"②,意思是非常清楚的。主体的这种情感所含的这种意向性,使得作品呈现出无法重复的个性,以及充沛无比的气韵。

"偶然"在诗论中的存在,并没有逻辑在先的哲学前提,但却是如此普遍,因此可以看出,这些都是诗人们在丰富的创作实践中的感悟。在中国古代诗论的一流经典中,我们可以时时见到"偶然"之论,而且以之为例的往往是传之久远的佳作名句,创造性的审美价值蕴含其中。在主体与客体的偶然触遇中,诗人的胸襟才情得到了最大程度的激活,作品的艺术个性油然而生,诗的审美意象和整体的意境,都有了无以伦比的独特魅力。诗人们对于偶然触遇所产生的审美价值的体认是相当深刻的,在中国古代的诗论中,已然把它上升到普遍的意义上了。

---

① 刘勰.增订文心雕龙校注:卷十[M].北京:中华书局,2012:564.
② 阮元.十三经注疏[M].北京:中华书局,2009:563.

三个"讲求"：中华美学精神的精髓*

"中华美学精神"是习近平总书记在文艺座谈会讲话中提出的重要理论命题，是中国精神的审美层面。中华美学精神具有与西方美学不同的独特民族气质，它源自几千年的中华优秀文化传统，并在当下国人的文学艺术活动和审美生活中焕发活力。习近平总书记对于中华美学精神作了精准而全面的概括，讲话中提出的三个"讲求"，可以认为是"中华美学精神"的要义。本文认为，三个"讲求"有着严谨的内在逻辑。"讲求托物言志、寓理于情"，是中国文学艺术创作的审美运思的独特方式；"讲求言简意赅、凝练节制"，是中国文学艺术创作的审美表现的独特方式；"讲求形神兼备、意境深远"，是中国的文学艺术作品的审美存在的独特方式。

一、中华美学精神：作为中国精神的审美层面

习近平总书记《在文艺工作座谈会上的讲话》的全文于近期发表，使我们对"讲话"的精神实质有了更为全面的理解，也有了更具实践意义的文化自信。尤其是"中华美学精神"的命题，无论是对于当下的文学艺术创作、文艺批评，还是对中国美学或文艺理论史的研究，都有非常重要的指导意义。

"中华美学精神"在全文的背景中凸显了其独特的理论内涵和定位。我们可以看到，中华美学精神是中国精神的重要组成部分，也是社会主义核心价

---

* 本文原载于《文学评论》2016年第3期，收入本书时略有改动。

值观在审美方面的体现。所谓"中国精神",是中华民族植根于历史、发扬于现在、掣响于未来的灵魂。中华美学精神是中国精神的审美层面,是中华民族审美意识的集中体现。在中华民族的文学艺术史和当下的文学艺术活动中,中华美学精神都有着全面而生动的呈现。中华美学精神的根基源自中国精神,又通过具体的文学艺术活动传递和展示了中国精神。

关于中华美学精神的内涵,论者有着不尽相同及不同角度的理解,学术界已多有讨论。我认为这是完全正常的。中华美学精神可谓博大渊深,有待于我们的辨析探讨。习近平总书记在讲话中所指出的这段话为我们理解和把握中华美学精神作了颇为深入的概括:"我们要结合新的时代条件传承和弘扬中华优秀传统文化,传承和弘扬中华美学精神。中华美学讲求托物言志、寓理于情,讲求言简意赅、凝练节制,讲求形神兼备、意境深远,强调知、情、意、行相统一。我们要坚守中华文化立场、传承中华文化基因,展现中华审美风范。"① 可以认为,这是对中华美学精神的高度提炼。反观中国文学艺术发展的瑰丽长河,我深感这段论述对中华美学精神的概括颇中肯綮,所言不虚。习近平总书记这里所说的三个"讲求"和一个"强调",是对中华美学精神的最为精准的表述。"讲求托物言志,寓理于情",是中国的文学艺术创作中的审美运思的独特方式;"讲求言简意赅、凝练节制",是中国文学艺术创作中的审美表现的独特方式;"讲求形神兼备、意境深远"是中国的文学艺术作品的审美存在的独特方式。不难看出,这三个"讲求",提摄了中华美学精神的主要内核,有着深刻的内在逻辑联系。

二、托物言志,寓理于情:审美运思的独特方式

从中国的文学艺术创作的普遍情况而言,写物、抒情、言志和寓理是一体化的,而非彼此剥离互相分离的。"情景交融"是中国的诗学和艺术理论的基本命题,但它并不能完全概括中华美学在审美运思方面的独特之处。在

---

① 习近平.在文艺工作座谈会上的讲话[N].人民日报,2015-10-15(2).

中国美学发源的诗骚传统中,"托物言志,寓理于情"成为其审美运思的特点。诗之抒情言志,都是在托物感兴中进行的。"比兴"作为基本的创作思维方式,是贯穿于中国诗学漫长历程始终的。"比"和"兴"作为两种诗歌创作手法,虽然路向不同,但都是托物而成的。故《周礼注疏》中说:"比者,比方于物也。兴者,托事于物。"① 所托之物,主要是自然物色,后来也加入了社会事物。刘勰在《文心雕龙》中揭示了诗人的审美情感受与物之感发的关系:"春秋代序,阴阳惨舒。物色之动,心亦摇焉。""岁有其物,物有其容。情以物迁,辞以情发。"② 西方诗学强调诗的抒情性质,如英国著名诗人华兹华斯所说:"诗是强烈情感的自然流露。"③ 而其所说的诗人情感,并非由外物触发而是由内心的回忆而来:"它起源于在平静中回忆起来的情感。诗人沉思这种情感直到一种反应使平静逐渐消逝,有一种与诗人所沉思的情感相似的情感逐渐发生,确实存在于诗人的心中。一篇成功的诗作一般都从这种情形开始,而且在相似的情形下向前展开。"④ 在华兹华斯这样的抒情诗人看来,诗人的天才或灵感恰恰表现在缺少外在刺激的情况下而能产生诗情,他又说:"总括说来,诗人和别人不同的地方,主要在诗人没有外界直接的刺激也能比别人更敏捷地思考和感受,并且比别人更有能力把他内心中那样产生的这些思想和情感表现出来,但是这些热情、思想和感觉都是一般人的热情、思想和感觉。"⑤ 这种观念在西方美学中是有很大的普遍性的。中国的美学以比兴方式为代表的审美运思,都是托物抒情或托物言志的。《毛诗正义》说:"比者,比方于物,诸言如者皆比辞也。兴者,托事于物,则兴者,起也。取譬引类,起发己心,《诗》文诸举草木鸟兽以见意者,皆兴辞出。"⑥ 在中国美学的长期发展历程中,感兴成为能够代表中华美学民族特征

---

① 周礼注疏:卷二十三[M].阮元,校刻.十三经注疏.北京:中华书局,1979:796.
② 范文澜.文心雕龙注[M].北京:人民文学出版社,1958:693.
③ 伍蠡甫.西方文论选:下卷[M].上海:上海译文出版社,1979:6.
④ 伍蠡甫.西方文论选:下卷[M].上海:上海译文出版社,1979:17–18.
⑤ 华兹华斯.抒情歌谣集一八〇〇版序言[M]//伍蠡甫,胡经之.西方文艺理论名著选编:中卷.北京:北京大学出版社,1986:53.
⑥ 毛诗正义[M].朱自清.诗言志辨·经典常谈.上海:商务印书馆,2011:84.

的普遍性发生机制,"触物起情"是诗论中随处可见的说法,最典型的是宋人李仲蒙的:"触物以起情谓之兴,物动情者也。"① 感兴思维是中国美学的集中体现,这种认识是客观的存在。陶水平教授在其论述"中华美学精神"的文章中指出:"兴论美学是中华美学精神最生动的集中体现",是"中华艺术与美学精神的文化原型",从而着力揭示兴论美学对于彰显中华美学精神的重要意义,②是颇有见地的。

"诗缘情"和"诗言志"在中国诗学中视为两途,前者出于陆机《文赋》中的"诗缘情而绮靡"③,后者出自《尚书·尧典》。"诗缘情"被认为是诗歌创作的唯美与抒情的本质,而"诗言志"被认为是诗歌表达怀抱志意的功能。这在诗学史上是两种不同的诗歌本体观。比较而言,"言志"有更为突出的理性色彩。实际上,在中国诗学的动态发展中,"志"往往和"情"兼容并用,所谓"情志一也。"④ 南北朝时期著名史学家、文学家范晔说:"情志既动,篇辞为贵。抽心呈貌,非雕非蔚。"⑤ 著名文论家刘勰在《文心雕龙》中谈及诗歌的创作发生时也说:"人禀七情,应物斯感;感物吟志,莫非自然。"⑥ 都是以"情志"合而为一。"托物言志"在我的理解中,是情志合一之志,其重心则在"托物"。或是比方于物,或是触物起情,都不是徒言情志,而是在物我合一中抒写襟抱。这的确可以视为中国美学的独物之处。

与此密切相关的是"寓理于情"。这也是在中国的艺术创作中所体现的审美运思方面的特征所在。中国美学思想在艺术创作中并不排斥理性的感悟,但却反对空言"性理"。诗学史上曾出现过"江左篇制,溺乎玄风"⑦"平典似

---

① 胡寅.崇正辨·斐然集[M].北京:中华书局,1993:386.
② 陶水平.深化文艺美学研究弘扬中华美学精神[J].江西师范大学学报,2015,48(3):11-21.
③ 陆机.陆士衡文集校注:卷一[M].刘运好,校注整理.南京:凤凰出版社,2007:22.
④ 阮元.十三经注疏[M].北京:中华书局,2009:4579.
⑤ 范晔.文苑传赞[M]//后汉书.北京:中华书局,1965:2658.
⑥ 范文澜.文心雕龙注[M].北京:人民文学出版社,1958:65.
⑦ 刘勰.增订文心雕龙校注:卷二[M].北京:中华书局,2012:65.

道德论"①的玄言诗以及理学背景下空言性理之诗,但均非诗之主流,且被诗学家们痛加诟病,而斥之为"理窟""理障"。南宋严羽的名言:"夫诗有别材,非关书也;诗有别趣,非关理也"②成为文论界和美学界争论的焦点。严羽所对空言性理,"以议论为诗"的倾向是明白的。但严羽并非主张诗中无理,所谓"诗有别趣,非关理也",是指诗的运思方式不应是理论的逻辑的方式,而应出之以"兴趣"。严羽接着补充说"然非多读书,多穷理,则不能极其至"③,又论历代之诗说:"诗有词理意兴。南朝人尚词而病于理;本朝人尚理而病于意兴。唐人尚意兴而理在其中;汉魏之诗,词理意兴,无迹可求。"④严羽论诗以盛唐之诗为理想范型,"截然以盛唐为法"⑤,而认为唐诗是"理在其中"⑥。对于南朝诗,他认为是"缺理"的,而宋诗"尚理"却没有意兴,这都远非理想状态。认为创作中应该寓理于情者大有人在,成为谈诗论艺的主流。明清之际大思想家、诗论家王夫之以"神理"论诗,其本质内涵便在于寓理于情。王夫之主张诗中必有理在,但却不能以"名言之理",即概念化的逻辑名理形式存在。例如,其论诗所说:"王敬美谓'诗有妙悟,非关理也',非谓无理有诗,正不得以名言之理相求耳。"⑦王夫之不同意诗与理的对立,而认为诗之妙悟的内涵即是理,只是诗中之理不应是名言之理。"神理"的重要意蕴便是寓理于情。例如,其论诗所说:"诗入理语,惟西晋人为剧。理亦非能为西晋人累,彼自累耳。诗源情,理源性,斯二者岂分辕反驾者哉?不因自得,则花鸟禽鱼情尤甚,不徒理也。取之广远,会之清至,出之修洁,理顾不在花鸟禽鱼累上耶?"⑧王夫之认为,只要是出于自得,诗中的理与情就是可以相因互即的。他还主张诗中之理应该饱含着诗人之情,如其评李白

---

① 周振甫.诗品译注[M].北京:中华书局,1998:17.
② 严羽.诗辨[M].郭绍虞.沧浪诗话校释.北京:人民文学出版社,1983:26.
③ 何文焕.历代诗话[M].北京:中华书局,2004:688.
④ 严羽.诗辨[M]//郭绍虞.沧浪诗话校释.北京:人民文学出版社,1983:148.
⑤ 祝尚书.宋集序跋汇编:卷第四一[M].北京:中华书局,2010:2008.
⑥ 祝尚书.宋集序跋汇编:卷第四一[M].北京:中华书局,2010:2008.
⑦ 王夫之.古诗评选(卷四)[M]//船山全书:第十四册.长沙:岳麓书社,1996:687.
⑧ 王夫之.古诗评选(卷四)[M]//船山全书:第十四册.长沙:岳麓书社,1996:687.

《苏武》诗说:"咏史诗以史为咏,正当于唱叹写神理,听闻者之生其哀乐。"①清代著名诗论家叶燮以"理、事、情"三者作为诗歌的客体因素,并主张三者的相通条贯。例如,他说:"曰理、曰事、曰情三语,大乾坤以之定位,日月以之运行,以至一草一木一飞一一走,三者缺一,则不成物。文章者,所以表天地万物之情状也。然具是三者,又有总而持之、条而贯之者,曰气。"其又指出:"惟理、事、情三语,无处不然。三者得,则胸中通达无阻,出而敷为辞,则夫子所云'辞达'。"②由此我们可以认为,"寓理于情"是中国美学中审美运思的独特方式。

三、言简意赅、凝练节制:审美表现的独特方式

审美表现的方式,主要是指文学艺术的物化表现,即运用不同艺术门类的艺术语言或云媒介进行构形,从而创造出具有物性的文学艺术作品。习近平总书记在讲话中提到的第二个"讲求",即"言简意赅,凝练节制"③,则是中国的文学艺术在不同门类中都有明显体现的美学原则。例如,诗论中的以少总多、言不尽意,都是主张以凝练简约的辞语表现,来含蕴更多的情感内容。刘勰在谈到诗的语言表现外在"物色"时说:"莫不因方以借巧,即势以会奇,善于适要,则虽旧弥新矣。是以四序纷回,而入兴贵闲;物色虽繁,而析辞尚简,使味飘飘而轻举,情晔晔而更新。"④面对纷繁杂多的物色,刘勰主张以"析辞尚简"的原则进行描写,认为这样不但无碍于对象的表现,反而可以产生虽旧弥新的艺术魅力。刘勰还举了若干《诗经》中的经典例子:"皎日嘒星,一言穷理;参差沃若,两字穷形,并以少总多,情貌无遗矣。"⑤使之提升到总体的美学原则的层面。唐代司空图在其著名的《二十四

---

① 王夫之.唐诗评选(卷二)[M]//船山全书:第十四册.长沙:岳麓书社,1996:952.
② 叶燮.原诗·内篇下[M]//原诗一瓢诗话说诗晬语.北京:人民文学出版社,1979:21.
③ 习近平.在文艺工作座谈会上的讲话[N].人民日报,2015-10-15(2).
④ 范文澜.文心雕龙注[M].北京:人民文学出版社,1958:694.
⑤ 范文澜.文心雕龙注[M].北京:人民文学出版社,1958:694.

诗品》的"含蓄"一品中开篇即说:"不着一字,尽得风流",这并不是说写诗无须词语文字,而是以最简的文字而获极丰的意味。最后两句则是:"浅深聚散,万取一收。"①都是通过简约的文字来产生更大的艺术效用。郭绍虞先生阐释道:"含蓄则写难状之景,仍含不尽之情,也正因以一驭万,约观博取,不必罗陈,自觉敦厚。"②"以一驭万"在表现上必须是凝练节制的。中国诗歌之所以"言简意赅",与其格律形式的严格要求有必然联系。近体诗如七律、五律、七绝、五绝体式短小而又格律谨严,要求诗人能够"戴着镣铐跳舞"(闻一多语)。最短如五言绝句,只有区区20个字,成为经典的作品,都能收到言简意丰的审美功效。例如,王夫之评唐人崔颢《长干行》说:"五言绝句,以此为落想第一义。唯盛唐人能得其妙,如'君家何处住,妾住在横塘。停船暂借问,或恐是同乡。'墨气所射,四表无穷,无字处皆其意也。"③中国的音乐也是以简为尚,《礼记·乐记》中有"大乐必易,大礼必简"④之语,清人孙希旦阐释道:"乐之大者必易,一唱三叹而有遗音,而不在幼眇之音也。礼之大者必简,玄酒、腥鱼而有遗味,而不在乎仪物之繁也。"⑤《礼记·乐记》中的易简观念对于中国的文学艺术的发展是有重要影响的。中国古代的文人画,以笔墨简省为其艺术追求,认为简率的笔墨反而更能体现造化之功,天地之美。唐代大诗人杜甫尤以题画诗著称,其《戏题王宰画山水图歌》开端即说:"尤工远势古莫比,咫尺应须论万里。"⑥"咫尺万里"后来成为中国画的艺术价值标准。唐代著名画论家张彦远认为画有"疏、密"二体,他更推重疏体为上,在《历代名画记》中,张彦远指

---

① 司空图.二十四诗品·含蓄[M].郭绍虞.诗品集解续诗品注.北京:人民文学出版社,1963:21.
② 司空图.二十四诗品·含蓄[M].郭绍虞.诗品集解续诗品注.北京:人民文学出版社,1963:22.
③ 王夫之.夕堂永日绪论内编[M].戴鸿森.姜斋诗话笺注.北京:人民文学出版社,1981:138.
④ 礼记·乐记·乐论[M].孙希旦.礼记集解.北京:中华书局,1989:987.
⑤ 礼记·乐记·乐论[M].孙希旦.礼记集解.北京:中华书局,1989:988.
⑥ 杜甫.杜诗详注:卷之九[M].仇兆鳌,注.北京:中华书局,1979:756.

出:"张、吴之妙,笔才一、二,像已应焉。离披点画,时见缺落,此虽笔不周而意周也。若知画有疏密二体,方可议乎画,或者领之而去。"①宋代大文学家苏轼也是文人画的代表,他在诗中评画时所说:"谁言一点红,解寄无边春!"②便是寓含着笔墨简约而呈现无边春色之意。元代大画家倪瓒,在笔墨简率中张扬自我怀抱,且标榜"逸笔""逸气",其言也多世人所知:"仆之所谓画者,不过逸笔草草,不求形似,聊以自娱耳。""余之竹聊以写胸中逸气耳。岂复较其似与非,叶之繁与疏,枝之斜与直哉!"③倪氏所说的"逸笔",正是文人画的典型画风,即用笔简率。明末清初画家、书法家程正揆谈画力主笔墨从简,其《山庄题画》诗中有:"铁干银钩老笔翻,力能从简意能繁。临风自许同倪瓒,入骨谁评到董源。"在其《题石公画卷》中,程氏也说:"予告石公曰:'画不难为繁,难于用减,减之力更大于繁。"④"用减"与"用繁"相对,指画家作画时呈现在画面上的笔墨简省。我们不难看到,所有主张用笔简率者都不是以简为目的,而是为了丰富画作的意境与韵味。钱锺书先生指出:"南宗画的原则也是'简约',以经济的笔墨获取丰富的艺术效果,以减削迹象来增加意境。"⑤以少胜多、以简驭繁,在中国的诗画或其他艺术中成为通行的美学观念,从而成就了中华民族独特的艺术风貌。在审美表现这个层面,很多文学家艺术家都有这种共识。

四、形神兼备、意境深远:作品审美存在的独特方式

习近平总书记在谈到"中华美学精神"时所提出的第三个"讲求"是"形神兼备,意境深远",在我的理解中,这正是中华美学精神体现在文学艺术作品中的审美特征,也是能够在审美形态上充分展示中华文化基因的标志。

---

① 张彦远.历代名画记[M].北京:人民美术出版社,1963:25.
② 苏轼.书鄢陵王主簿所画折枝二首[M]//王水照.苏轼选集.上海:上海古籍出版社,1984:189.
③ 倪瓒.论画[M].沈子丞.历代论画名著汇编.北京:文物出版社,1982:205.
④ 钱锺书.七缀集[M].上海:上海古籍出版社,1985:11.
⑤ 钱锺书.七缀集[M].上海:上海古籍出版社,1985:10.

形神兼备是中国的文学家、艺术家对于作品的至高期许，也是鉴赏家或读者（观众）对于作品的艺术价值、审美价值的通行标准。这个命题至今都有着不可忽视的现实意义，具有颇为鲜明的民族色彩。诗歌、小说、散文、绘画、书法等领域，都以是否臻于形神兼备作为精品的标志，文学家艺术家也都以此作为最高的艺术追求。

形神关系是中国哲学的一个重要问题，从先秦开始，汉代关于"神灭"和"神不灭"的哲学论争就已成为焦点。到魏晋南北朝时期，形神之争既是思想界的核心问题，又延伸到美学理论之中，并对当时及后世的艺术创作形成了至为深远的影响。形神关系本来指的是人的肉体和灵魂的关系问题。形即人的身体，神即人的灵魂或精神。所谓"神灭"与"神不灭"之争，前者认为人的身体死亡，灵魂也就随之消亡，而"神不灭"论者主张人死而灵魂不死，即所谓"形尽而神不灭"。例如，佛教思想家慧远有"形尽神不灭"的专论。形神之争的另一层含义是形神二者的主从关系问题。例如，《淮南子》主张的"神主形从"说。在形神之争的发展中，神的含义越来越侧重于人的精神，这就为形神关系进入美学领域提供了顺理成章的逻辑进路。

"形神"论从哲学进入艺术美学的关键人物当属南朝画家宗炳。宗炳是画家，也是佛教思想家。他一方面追随慧远，提倡"神不灭"论；另一方面写出了第一篇山水画论《画山水序》。在这篇文章中他提出"至于山水，质有而趣灵"①，提出了"山水有灵"的观念，将"神不灭"的思想转注到山水画的审美思维中。南北朝时期大画家顾恺之主张"以形写神"，虽以"传神"为画之旨归，但并非轻形重神。值得指出的一点是，顾氏所谓"神"，已远非早期形神论中指之灵魂，而是人的精神气韵。宋代文人画的价值取向则是重神轻形，如苏轼所说的："论画以形似，见与儿童邻"②。但这毕竟是较为偏颇的认识，而当时普遍的观点是主张通过形似以传写出神似，即形神兼备。例如，明代

---

① 张彦远.历代名画记：卷第六[M].杭州：浙江人民美术出版社，2019：103.
② 苏轼.苏轼诗集：卷二十九[M].北京：中华书局，1982：1525.

画家莫是龙所说:"看得熟自然传神,传神者必以形,形与手相凑而相忘,神之所托也。"① 认为画作之神恰是在心手相忘、形神相得中呈现出来的。清代著名画家布颜图谈山水画时所说:"山川之存于外者,形也;熟于心者,神也。神熟于心,此心练之也。心者手之率,手者心之用。心之所熟,使手为之,敢不应手?"② 与前举之莫是龙的观点非常相近,认为心手相应即是形神兼备。在艺术作品之中,形为外显的形象,而神是内在的精神气韵。中国美学注重传神,但又主张形神相即,不可分为二途。

至于意境的重要意义,在中国美学中可谓举足轻重,领略中国文学艺术,研治中国美学,岂有不谙意境之理!关于意境研究的论著车载斗量,难以胜数,无须我再为之议。但可以指出的是,意境作为最能代表中国美学特色的核心范畴,适足与西方美学之典型论相颉颃相抗衡,而且其在不同艺术门类中的适用程度,远大于西方美学之典型。正如朱良志教授所言:"画有画境,书有书境,诗有诗境。"③ 词曲、戏剧、小说之类,各有其境,只是不同的门类是作者以其各自不同的艺术语言创构而成。作为意境理论的集大成者的王国维,有"词以境界(意境)为最上。有境界则自成高格,自有名句。"④(《人间词话》)以"境界"之有无为词品高下之准。王国维也以意境论元曲:"然元剧最佳之处,不在其思想结构,而在其文章。其文章之妙,亦一言以蔽之曰:有意境而已矣。何以谓之有意境?写情则沁人心脾,写景则在人耳目,述事则如其口出是也。"⑤ 足见意境对于不同艺术门类的普适程度。意境作为中国美学的核心范畴,其内涵首在于形神兼备。这其实是意境论在其初始时就已具备的题中应有之义。

中华美学精神的提出,体现了我们民族的文化自信,同时亮出了一面

---

① 莫是龙.画说[M]//俞剑华.中国古代画论类编.北京:人民美术出版社,1957:717.
② 布颜图.画学心法问答[M]//俞剑华.中国古代画论类编.北京:人民美术出版社,1957:200.
③ 朱良志.中国美学十五讲[M].北京:北京大学出版社,2006:284.
④ 王国维.校注人间词话:卷上[M].徐调孚,校注.北京:中华书局,2003:1.
⑤ 王国维.宋元戏曲史[M]//叶朗.中国历代美学文库·近代卷:下册.北京:高等教育出版社,2003:392.

耀眼的旗帜。无论是创作界抑或理论界，都有着强劲的吸附力和向心力。《讲话》中通过三个"讲求"来涵盖中华美学精神的要义，虽是寥寥数语，无法囊括其中华美学精神的全部内涵（事实上也无法定于一尊），然其画龙点睛之功效，却给我们提示了把握其精髓的路径。能不令人考量之，探颐之！

中道与诗法*
——中国诗学的审美感悟之五

中道（中观）是大乘佛学中最基本的重要观念，唐代诗僧皎然作为中国诗学史上重要的诗论家，在其《诗式》和《诗议》中颇为明确地以"中道"方法来建构其诗论系统，昭示了在中国诗学中借鉴佛学"中道"观念而呈现的一些诗学理论内涵。其他尚有很多诗人或诗论家的诗歌风貌和诗论具有"中道"色彩。"中道"观念主要的不是直接进入诗学的表层，而是作为一种内在的方法论，呈现为具有丰富理论蕴含的诗学命题。"中道"观念对于中国诗学异于西方诗学的特质，起到了非常重要的作用。例如，使诗人作为审美主体把握对象的方式，由个别的、局部的变为整体性的把握和领悟；般若中观对中国诗学的渗透，使意象和意境有着明显的幻象特征；中道的"不A不B"或"非A非B"的思维方式，进入诗论后发生各种形态变异，大大增加了古典诗歌的内在张力；中道的"无分别"与"不二法门"对语言名相的消解，使诗论进一步形成了超越语言之上的审美价值系统。

小引

中国古典诗歌有着那种虚实相生、动静相形的独特审美品性，中国诗学主张有法而无定法、不落"二边"的辩证法则，既形成了以盛唐诗歌为代表

---

* 本文原载于《北京大学学报》（哲学社会科学版）2017年第3期，收入本书时略有改动。

的美学传统，又积淀了丰富而渊深的理论内涵。寻绎由谢灵运、王维、皎然、苏轼、叶燮等人留下的诗学遗产，我们发现大乘佛学般若学说的中观方法对于中国诗学这种传统有着若明若暗的影响。把握其间的草蛇灰线，考索其间的逻辑联系，揭示其间的因果链条，对于深入感受中国诗学的美学气质，发掘其体系性的理论价值，应是有所补益的。

就此论题而言，中唐著名的诗人兼高僧皎然的论述可以作为实证的钥匙。皎然在其《诗议》中说："巧拙清浊，有以见贤人之志矣。大抵而论，属于至解，其犹空门证性有中道乎。何者？或虽有态而语嫩，虽有力而意薄，虽正而质，虽直而鄙，可以神会，不可言得，此所谓诗家之中道也。"① 所谓"中道"，即"中观之道"，"中道"与"中观"实同而名异，是大乘佛学般若学的中观派的本体论和方法论。佛学进入中土，进而中国化，是与般若思想在中国的普及与系统化相伴而行的。皎然作为中唐时期的著名高僧，精研佛学律藏，洞晓大乘中观学说；皎然的诗学论著《诗式》和《诗议》，是自觉地以佛家中观思想作为其方法论基础的。以般若中道观念介入诗学，皎然是一个典型的个案，但又是有着普遍的代表性的。中道观念在诗中虽然如盐入水，却形成了绵延千年的诗歌审美观念。

大乘之"中道"，虽属于宗教范畴，却全然具有了哲学认识论和方法论的性质，无论是在印度佛学，还是在佛教进入中土之后，都是大乘佛学的核心观念，对于士大夫的思想影响是颇为广泛的。中道观念在唐宋时期的禅宗有着更为普遍化的呈现，如《维摩诘经》《金刚经》等，虽是早已有之的佛教经典，却在这一时期大行其道，其所发挥的能量，所涉及的范围，已不限于佛教信众。濡染禅学，是唐宋时代士大夫的普遍现象。我曾有这样的表述："文人士大夫与禅的关系敞露了禅的内容与功能中超宗教的一面。士大夫们濡染于禅，息心于禅，远非宗教信仰所能范围得了的。从这个层面上说，禅更是一种心灵哲学、精神哲学。"② 现在从"中道"问题来看，亦可作如是观。佛学

---

① 皎然.诗议[M]//张伯伟.全唐五代诗格汇考.南京：凤凰出版社，2002：209.
② 张晶.禅与唐宋诗人心态[J].文学评论，1997（3）：117-125.

与诗学，虽不能等同，却可以融通，融通的媒介便在于士大夫们的精神世界。"中道"观念在诗学中不应是直接的表述，而是经过了变异，以符合诗学自身规律与审美特征的样态呈现。

一

般若中观虽在中国大行其道，但其渊源在于印度佛学。印度佛学原以部派佛教为主，大乘佛教兴起后，把部派佛教贬低为"小乘"。大乘经典最初出现的便是《般若经》，主要阐述"诸法皆空"的思想。中观派成为大乘佛教的主要派别。"中观"对"空"的理解，并非虚无或缺除，而是意谓着"不可描述的"。中观之"空"，即是破除边见，"不落二边"，如此才能达到空或中道。印度佛教时期中观派的代表著作是《中论》，作者是大乘佛教的创始人龙树。《中论》中提出著名的"八不"中道，即"不生亦不灭，不常亦不断。不一亦不异，不来亦不出。"① 龙树这里选了四组基本的范畴，即生灭、常断、一异、来出。每组都是相对待的范畴。龙树通过这种"不A不B"的双重否定，破除执着名相的"边见"，从而取消了事物的本质规定性。这四组范畴以最高的抽象程度，概括了世界上一切事物的存在形式。龙树还以生活现象解释和论证了"八不中道"的合理性。我认为，"八不中道"真正影响于后世的，是其具有辩证法意味的思维形式。尽管如黄心川先生所指出的："龙树的空完全是一种唯心主义和神秘主义的东西，他把世界上的一切事物都看作如梦幻泡影，一切都是不真实的。"② 但我认为，龙树这种"不A不B"的思维方式，仍是对人类思维发展颇具贡献的。从本质上说它是虚无的；但却使认识论得到了具有辩证法性质的发展。

"无分别"观念在大乘中观思想中具有重要地位，同时，在佛学东渐并成为中国重要的思想流派的过程中，"无分别"发挥着广泛的作用。"无分别"

---

① 龙树.中论观因缘品第一[M]// 任继愈.佛教经籍选编.北京：中国社会科学出版社，1985：22.
② 任继愈.佛教经籍选编[M].北京：中国社会科学出版社，1985：233.

就是主张世间事物并无任何差别,以之否定事物的规定性。著名佛教哲学学者姚卫群教授指出"无分别"在般若类经典和《维摩诘经》中的内涵,有助于我们对这个中观思想中的核心命题的理解,他说:

> 十分明显,《般若经》中讲的"无分别"首先是反对世俗的一般思想观念。在世俗之人看来,世间的事物都是实在的,事物间的差别也是实在的,因而人们对事物的观念分别(包括对事物的称谓和区分等)自然是正确的,无可非议的。而在《般若经》看来事物不过是假名,人们对事物的认识不过是"虚妄忆想",正确的态度或说作为智者应"于名相虚妄中拔出众生",应"于如是等一切不见,由不见故不生执着"。《般若经》的这种"无分别"观念自然不仅仅限于反对世俗一般人的"分别",它实际上也反对小乘佛教的有关理论。①

"无分别"观念对中国人的影响更多地是通过《维摩诘经》产生的。《维摩诘经》提出的"不二"理论,使中观学说的"无分别"观念,得到了人们更为广泛的接受。《维摩诘经》作为佛教禅宗人手必备的"宝典",其主要思想观念,如同水银泻地,潜在人心;而唐宋时期的诗人或诗论家,染禅者非常普遍,因而其诗论中或明或暗颇见这类观念带来的痕迹。

东土最为系统、最有理论价值的"中道"论著,当推东晋时期著名佛教思想家僧肇的《肇论》。僧肇是东晋时期杰出的佛教理论家,是当时著名佛教经翻译家鸠摩罗什的弟子。他通过汲纳佛教大乘空宗理论,站在佛教信仰的立场上,对我国魏晋以来玄学与佛学的各主要流派进行了系统批判,写出了《物不迁论》《不真空论》《般若无知论》《涅槃无名论》等阐扬般若理论的经典之文,合而称之为《肇论》。本文仅采撷《肇论》的中观思想之精义,以见其对中国的佛教哲学发展乃至思想界之影响,只论及可确认之篇章,其文献

---

① 姚卫群.佛教般若思想发展源流[M].北京:北京大学出版社,1996:6.

考据不在本文范围之内。

《物不迁论》所论系变与不变的关系。物，指万事万物。"迁"原意为迁徙，这里指变动、变化；"不迁"，是不变化、不延续、不流动。从字面上看，是在论述事物在流动变化的现象中有静止的本质，即"迁"中有"不迁"。全面来看，《物不迁论》是以中观的观点来破除迁与不迁的"边见"，既无绝对的"迁"，也无绝对的"不迁"。《物不迁论》中说："夫生死交谢，寒暑迭迁，有物流动，人之常情。余则谓之不然。何者？《放光》云：'法无去来，无动转者。'寻夫不动之作，岂释动以求静，必求静于诸动。必求静于诸动，故虽动而常静；不释动以求静，故虽静而不离动。"① 这里不作细致的辨析，我的认识是：僧肇反复引般若类经典，决不是仅主张在动中求静，而是讲动中有静，静中有动。只有破除偏见，方为至理。中观将佛教真理观和世俗的真理观称为"真谛"与"俗谛"。中观就是要统合二谛，以假有说空。将二谛联系起来观照现象，这就是中观、中道。僧肇在《物不迁论》中明确说："故谈真有不迁之称，导俗有流动之说。虽复千途异唱，会归同致矣。"② 其正是以统合二谛的方法论来提出"动静不二"的观点。

《不真空论》是《肇论》的主要篇章，是以成熟的中观学说来正面回答关于世界的存在方式这样的本体论问题。佛教关于世界本质的观念概之以"空"，但大乘佛教认为这个"空"并非虚无，而是"假有"。原始部派佛教最主要的"一切有部"，就是承认精神和物质的存在，承认一切存在。大乘中观学派并不否认事物的现象存在，但认为一切事物并无实体，即无"自性"。在大乘空观看来，万物皆为因缘和合而生，即依赖于其他原因或条件而生，这就说明它并非真实存在，因而即是"不真"。从僧肇的《不真空论》看，他已完全准确地理解了中观学（亦可称性空学、般若学）。中观学的核心就是"非有""非无"的统一。僧肇用"不真""空"加以表述，更易于被人理解。本文不拟分析僧肇对三家的破解批判的具体观点，而主要呈示本文所表述的中

---

① 僧肇.物不迁论[M]//石峻.中国佛教思想资料选编：第一卷.北京：中华书局，2014：142.
② 僧肇.物不迁论[M]//石峻.中国佛教思想资料选编：第一卷.北京：中华书局，2014：143.

观学对空义即世界本体的基本看法。其开篇即言:

> 夫至虚无生者,盖是般若玄鉴之妙趣,有物之宗极者也。自非圣明特达,何能契神于有无之间哉?是以至人通神心于无穷,穷所不能滞;极耳目于视听,声色所不能制者,岂不以其即万物之自虚,故物不能累其神明者也。是以圣人乘真心而理顺,则无滞而不通;审一气以观化,故所遇而顺适。无滞而不通,故能混杂致淳;所遇而顺适,故则触物而一。如此,则万象虽殊,而不能自异。不能自异,故知象非真象;象非真象,故则虽象而非象。①

这段开宗明义之辞,表明了作者的中观立场,虽然颇有主观唯心之嫌,却从认识论的角度说明了般若之"空"何以"不真"。现象界千差万别,却因"不能自异"(也就是不能因其自性而规定差异),而知象非真象也即假象,这也就是所谓"空"了。尤其是"有、无"这样的本体论范畴,在般若学的中国化学术表达中,充当的角色更是无法替代的。但是,般若学毕竟不是玄学,僧肇在《不真空论》中便是以"非有非无"的基本立论来阐发"不真"之"空"的般若思想。请读其中的相关论述:"寻夫不有不无者,岂谓涤除万物,杜塞视听,寂寥虚豁,然后为真谛乎?诚以即物顺通,故物莫之逆;即伪即真,故性莫之易。性莫之易,故虽无而有;物莫之逆,故虽有而无。虽有而无,所谓非有;虽无而有,所谓非无。如此则非无物也,物非真物。物非真物,故于何而可物?"②这段颇为令人劳神费思的话语,把非有非无的观念,通过对事物的认识揭示出来。我认为,并非使"涤除万物,杜塞视听"与外界隔绝否认一切现象才是所谓"真谛"。通过万物的现象之有,才能看到万物的空性之无;万物本性虽然是无,却并不妨碍假象之有。有无毕竟是玄学的首要范畴,僧肇则以不真之空来阐明般若中观。本文以其内在的逻辑递

---

① 僧肇.不真空论[M]//石峻.中国佛教思想资料选编:第一卷.北京:中华书局,2014:144.
② 僧肇.不真空论[M]//石峻.中国佛教思想资料选编:第一卷.北京:中华书局,2014:145.

进，将有无问题纳入"不真"之"空"的轨道。著名学者汤用彤先生阐明其旨曰："僧肇乃自称其学为'不真空''不真空乃持业释，谓不真即空，非谓此空不真而主张实在论也'。谓'诸法假号不真'（此引《放光经》，乃论名之所由来），非有非无。……故《肇论》最终一句有曰：'道远乎哉？触物而真。'此明谓本体之道绝非超乎现象以外，而宇宙万有实不离真际，而与实相不二也。"① 这是对《不真空论》理论价值的中肯把握。

  对于《般若无知论》的理解更有难度，也更有哲学意义所在。"般若"，梵语 prajna 的音译，意为智慧。般若并非一般的世俗所说的"智慧"，而是大乘佛学所推崇的特有的佛家智慧。"无知"借用《老子》中的说法，《老子》第三章有："是以圣人之治，虚其心……弱其志，强其骨，当使民无知无欲。"② 僧肇借用"无知"一词，却与老子原意并不相同。般若的"无知"，是指无惑取之知，即"无妄知"。般若的"无知"还有一层意思是超越名言概念之知，是一种圣智之照。说得明白些，僧肇所谓"无知"，乃是一种"圣智之照"，类似于老子所说的"玄鉴"，是一种超越名言、超越形相的观照。这种般若之照，仍然是以非有非无、非实非虚为其前提的。这是从般若中观出发，对"无知"与"知"的论述。"无知"就是一种超越于名相的圣智之照。在佛学史和哲学史上，涉及大乘佛学的中观思想的典籍可谓汗牛充栋，本文当然无暇更多涉及。撷取《肇论》的要义以见其一斑。由印度的中观派到中国的般若中观思想，是有继承更有转捩发挥的。《肇论》以其中国化的面貌呈现给世人。中观思想当然并非仅存在于僧肇的佛学论著之中，而是南北朝时期佛学的一个相当广泛的思潮，给当时及此后的诗学增添了特殊的内涵和风貌，从美学的意义上看，大有深化和开拓之处。

---

① 汤用彤.汉魏两晋南北朝佛教史[M].北京：中华书局，1983：238.
② 楼宇烈.老子道德经注校释：上篇[M].北京：中华书局，2008：8.

二

也许本文论题中的"诗法"并非很严格的限定,虽然主要是指诗歌作法,但也兼及诗艺的其他方面。"中道与诗法"旨在考察"中道"作为一种方法论在中国古典诗艺中的存在。由于篇幅和学力的限制,本文只能选几个相关的个案约略述之。但我敢肯定的是,由这个途径而引发的美学问题,是具有普遍意义的。

先说谢灵运。谢灵运作为魏晋南北朝时期的一流诗人,作为山水文学的开创者,已是常识,无须烦言;谢灵运与佛学的深厚因缘、谢灵运的佛学建树,也并非孤发独响;谢灵运的山水美学与佛学的内在联系,也有学者论列。从本题出发,探寻谢灵运诗学中的中道元素,未之有也。中唐诗僧皎然,是自觉以大乘中道观为诗法根基最著名者(本文稍后论之)。皎然俗姓谢,字清昼,即谢灵运之十世孙。皎然在推崇谢灵运诗的同时,认为其诗之所以能"发皆造极",其原因主要在于"得空王之道"的助力。"空王之道"即为佛道。谢灵运在佛学上师事当时著名的高僧慧远大师,并与之往还密切。慧远系中国佛教史上著名人物道安的高足。道安则是以阐发大乘般若学而在佛教史上足有开创性地位。谢灵运对般若中观不惟通晓,而且依宗立义。谢灵运《辨宗论》这样的佛学经典之作,是在与人论辩中倡导"顿悟"之说的。《辨宗论》以般若中观来论证观照:"伏累弥久,至于灭累,然灭之时,在累伏之后也。伏累灭累,貌同实异,不可不察。灭累之体,物我同忘,有无壹观。伏累之状,他己异情,空实殊见。殊实空、异己他者,入于滞矣;壹有无、同我物者,出于照也。"①顿悟出于整体性的观照,而这种观照,乃是由"物我同忘,有无壹观"的中观方法而致的。

次说王维。王维作为盛唐时期的大诗人,其与佛教禅宗的深刻关系多为

---

① 谢灵运.与诸道人辨宗论[M].石峻.中国佛教思想资料选编:第一卷.北京:中华书局,2014:222.

学者论及,在学界殆为常识。禅法乃是大乘般若学的光大,其禅理也处处可见中观思想作为底蕴。王维之沉潜于禅学,已无须在此徒费笔墨。然于大乘中观之于摩诘诗学,清人赵殿最为其弟赵殿成所作《王右丞集笺注》所为序云:"唯右丞通于禅理,故语无背触,甜彻中边,空外之音也,水中之影也。香之于沉实也,果之于木瓜也,酒之于建康也。使人索之于离即之间,骤欲去之而不可得。盖空诸所有,而独契其宗。"①非常形象地指出了摩诘诗中的中观痕迹。王维评诗也以这种非有非无、非质非实的中观方法,如:"心舍于有无,眼界于色空,皆幻也。离亦幻也。至人者不舍幻,而过于色空有无之际,故目可尘也,而心未始同;心不世也,而身未尝物。物方酬我于无垠之域,亦已殆矣。"②关于王维诗学中的中道因素,著名学者陈允吉先生有比较透彻的阐述,引在这里以帮助我们对这个论题的理解。陈允吉先生指出:

> 对于这个问题,他在给一个佛教僧侣的诗所写的序文中,用佛家的"中道观"作过这样的辩解和说明:"心舍于有无……"所谓"中道观",即指看待任何世界事物现象,都要离开"空""有"二边,而从"非有非无"或"非非有非非无"的"中道"去认识其毕竟空寂的本质真实……王维上述这段话的含意,是说像他那样一类领悟佛理的所谓"至人",虽然认为一切世界现象都是虚幻不真实的,但是完全闭眼不看这种"虚幻的假象"也不行,最好的办法莫如"不舍幻而过于色有无之际",不离开幻觉而在有无缥缈之间去认识世界的空虚。这就说明,王维在论证世界本质空虚的时候,并没有绝对排斥和否认事物现象能够被自己所感觉,因此在艺术作品中把它们作为一种幻觉来进行描写,也就不等于意味着承认它们的客观存在。③

---

① 赵殿成.王右丞集笺注[M].北京:中华书局,1961:565.
② 赵殿成.王右丞集笺注[M].北京:中华书局,1961:359.
③ 陈允吉.唐音佛教辨思录[M].上海:上海古籍出版社,1988:18.

所论非常中肯，对于我们理解王维诗学中的中道方法，大有裨益。

再说皎然。在本文的论题中，没有比皎然诗学更为自觉、更为典型的。甚至从某种意义上来说，是这位诗僧的诗论激发了我的写作冲动。皎然作为禅僧，资历颇深，佛学修养醇厚；而作为中唐时期的诗人，其在诗坛上也诗名甚隆。皎然在中唐文坛上，交游者皆一时之俊彦，且以诗艺见称。皎然诗论有《诗式》《诗议》等，而《诗式》在文学批评史上占有重要的地位，且对诗歌创作及批评影响深远。《唐才子传》评价皎然诗学成就说："往时住西林寺，定余多暇，因撰序作诗体式，兼评古今人诗，为《昼公诗式》五卷，及撰《诗评》三卷，皆议论精当，取舍从公，整顿狂澜，出色骚雅。"① 是为的论。著名学者李壮鹰教授作《诗式校注》一书，于现今学界研究《诗式》最有价值。李壮鹰先生评述《诗式》的性质及在批评史上的地位时说：

> 所谓"诗式"，顾名思义，"式"者法式也。《新唐书·艺文志》中所载的刑法律书，多以"格""式"命名，如房玄龄等人的《式》、苏绰的《大统式》、元泳的《式苑》、李林甫等人的《格式律令事类》、佚名的《垂拱式》《式本》等皆是。《诗式》的命名，大约就是从律书里转借来的，其意在示以作诗所应遵从的法度……而皎然的《诗式》，在对诗歌规律的探讨上独超于这类著述之上。《诗式》在当时即有广泛影响。②

皎然论诗，以大乘中道为其根本方法，贯穿于诗论之中。其《诗议》中所谓"诗家中道"，并论诗比之于"空门证性有中道"，乃其诗论之灵魂。这一点，无论是在《诗式》还是在《诗议》中，都是一以贯之的。但皎然虽以佛家"中道"为论诗之旨，却并非以诗学论证佛学，而是借佛学以观诗学，也就是虽以"中道"为其方法，却落脚在诗歌的艺术规律与特征之上。大致

---

① 辛文房.唐才子传：卷四[M].郑州：中州古籍出版社，1987：191.
② 李壮鹰.诗式校注[M].北京：人民文学出版社，2003：6.

而言，皎然所说"诗家中道"，主要是以"无分别"的观念来标举诗歌的理想形态，即皎然所说的"造极之旨""造其极妙"等至高的诗歌境界。"无分别"是大乘中观学说的一个重要内涵。般若经典关于"无分别"的论述颇多，如鸠摩罗什译的《摩诃般若波罗蜜经》卷二十四中说："众生但住名相虚妄忆想分别中，中故菩萨行般若波罗蜜，于名相虚妄中拔出众生。……一切和合皆是假名，以名取诸法，是故为名。……诸众生是名，但有空名，虚妄忆想分别中生，汝等莫著虚妄忆想，此事本末皆无，自性空故，智者所不著。"①对唐宋时期作为禅宗的根本经典的《维摩诘经》而言，"无分别"的观念尤为突出。皎然还用"不二法门"的观念论诗，并以之作为诗歌创作最为理想的形态，他在《诗式序》中说："夫诗人造极之旨，必在神诣，得之者妙无二门，失之者邈若千里，岂名之所知乎？"②这段话并未引起学界关注，但其实是相当关键的。皎然这里表述的是其撰写《诗式》的宗旨所系，由此可见他对诗坛具有很强的使命感。他在这里所标举的"妙无二门"的"造极之旨"，在他看来是可以纠正偏嗜归于正气的导引，也是诗人培育修养增强功力的路向。皎然也将般若中观那种"无知"即超越名言概念的"文外之旨"，作为诗的至境，如评谢灵运诗所推崇的："评曰：两重意以上，皆文外之旨，若遇高手如康乐公览而察之，但见情性，不睹文字，盖诣道之极也。向使此道尊之于儒，则冠六经之首；贵之于道，则居众妙之门；精之于释，则彻空王之奥。"③"但见情性，不睹文字"，是诗歌的至境，即如同佛教空观之精奥。皎然还借助佛教中道方法，在诗学中提出一种"不 A 不 B"或"A 而非 B"的方式，如"四不""二要""二废""六至"等，以"不落二边"的思维方式，形成了独具特色的诗学理论。"诗有四不"谓："气高而不怒，怒则失于风流；力劲而不露，露则伤于斤斧；情多而不暗，暗则蹶于拙钝；才赡而不疏，疏则

---

① 姚卫群.佛教般若思想发展源流[M].北京：北京大学出版社，1996：5.
② 李壮鹰.诗式校注[M].北京：人民文学出版社，2003：2.
③ 李壮鹰.诗式校注[M].北京：人民文学出版社，2003：42.

损于筋脉。"① "诗有二要"："要力全而不涩；要气足而不怒张。"② "诗有六至"："至险而不僻，至奇而不差；至丽而自然；至苦而无迹；至近而意远；至放而不迂。"③ 诸如此类，通过中道式的否定，揭示了诗歌创作中的一些审美性质的要求。试析两例。"气高而不怒"，认为气格高健对诗来说非常重要，却又容易流于叫嚣怒骂，皎然主张气高不怒，以免失去诗的风韵。笔力遒劲则易于锋芒外露，皎然提出"力劲而不露"，意在使诗有着内在的笔力却不露斧斤之痕。皎然非常善于揭示诗歌创作中若干对相反却又相因的要素，这些要素都是从诗歌史上总结出来的，带有很强的针对性。皎然主张"不落二边"，不执于一端，使其诗论有着丰富的艺术辩证法在其内。

以上只是撷取几个个案进行一鳞半爪的简要分析。以中道观念谈诗的诗学资料随处可见，本文不可能"竭泽而渔"。另如王昌龄、司空图、苏轼、黄庭坚、吕本中、严羽、胡应麟、叶燮等人的诗论中也都或多或少地呈现中道色彩。我们只是通过以上的个案点评，指出中国诗学中蕴含着的佛学中道因素。

三

本文还将探讨的另一个问题在于：佛学的中道观念进入诗学后，对中国的诗学发展起到了怎样的作用？或者换一个追问方式，中道观念使中国诗学产生了哪些美学价值？如果前面所论是一种客观存在，那么，接下来的追问就是功能与价值问题。

首先是使诗人作为审美主体的把握对象的方式，由个别、局部把握变为整体性的把握，进而形成了创造浑然圆整之审美意境的能力。往往与大乘佛学有深层联系的诗人或诗论家，都尤为擅长创造涵容广大的诗境，或在诗论中提倡虚实相生、有无兼取的取境方式，如谢灵运、王昌龄、皎然、苏轼、叶梦得、严羽等。

---

① 李壮鹰.诗式校注 [M].北京：人民文学出版社，2003：17.
② 李壮鹰.诗式校注 [M].北京：人民文学出版社，2003：20.
③ 李壮鹰.诗式校注 [M].北京：人民文学出版社，2003：26.

在很大程度上，这也是佛学中的顿悟与诗学妙悟的内在关系。宋人叶梦得以禅宗三种语论诗云："其一为随波逐浪句，谓随物应机，不主故常；其二谓截断众流句，谓超出言外，非情识所到；其三为涵盖乾坤句，谓泯然皆契，无间可伺。其深浅以是为序。"①认为这种"涵盖乾坤"的境界是诗之至高之境。宋代诗论家严羽所说的"大抵禅道惟在妙悟，诗道亦在妙悟"。②是可以从诗人作为审美主体的意境创造能力来理解的。

中观学说认为要认识事物之性空，不能以分裂切割事物的方式来达到，而是要在整体把握中感受世界的"假有性空"。《肇论》中的《不真空论》中说："故《经》云：色之性空，非色败空。以明夫圣人之于物也，即万物之自虚，岂待宰割以求通哉？"③小乘佛教认为万物之空，乃是不断分割而成。大乘般若学则主张万物之空在于其自性之虚幻，而无须分割对象的部分。般若智慧，说到底，就是一种整体之悟的智慧，当然也是一种"无分别"的观照。《般若无知论》中讲："经曰：般若义者，无名无说，非有非无，非实非虚。虚不失照，照不失虚。斯则无名之法，故非言所能言也。"④具有般若之智的主体观照，是超语言的，也是整体性的，而非个别的局部的。慧达作《肇论疏》述顿悟之说："而顿悟者，两解不同。第一竺道生法师'大顿悟'（第二为支道林等'小顿悟'）云，夫称顿者，明理不可分，悟语极照。以不二之悟，符不分之理。"⑤大乘佛学的"顿悟"之说，出于般若中观，而对诗人而言，"顿悟"即在即物感兴中整体把握对象的方式。汤用彤先生由此而阐发道："盖真理自然，无为无造。佛性平等，湛然常照。无为则无有伪妄，常照则不可宰割。寻夫本性无妄，而凡夫因无明而起乖异；真理无差，而凡夫断鹤续凫以求通达。是皆迷之为不二之悟，符彼不分之理，豁然贯通，涣然冰释，是谓

---

① 叶梦得. 石林诗话：卷上 [M] // 何文焕. 历代诗话. 北京：中华书局，1981：406.
② 严羽. 沧浪诗话·诗辨 [M] // 郭绍虞. 沧浪诗话校释. 北京：人民文学出版社，1983：12.
③ 僧肇. 不真空论 [M] // 石峻. 中国佛教思想资料选编：第一卷. 北京：中华书局，2014：145.
④ 僧肇. 般若无知论 [M] // 石峻. 中国佛教思想资料选编：第一卷. 北京：中华书局，2014：148.
⑤ 汤用彤. 汉魏两晋南北朝佛教史 [M]. 北京：中华书局，1983：471.

顿悟。"① 汤先生的阐释是与诗人的创作感发时的顿悟形式相同的。刘勰作《文心雕龙》有《比兴》篇，其赞语有云："诗人比兴，触物圆览。物虽胡越，合则肝胆。"② 揭示了诗人在比兴中将不同的物象整合为一的思维过程。皎然在《诗式》中有"取境"一节，云："取境之时，须至难至险，始见奇句；成篇之后，观其气貌，有似等闲，不思而得，此高手也。"③ 诗人所取之境，是整体化的诗境。著名学者罗宗强先生于此指出："辨体中论及的'取境'，则已指'造境'而言，指完整的诗境的创造。"④ 司空图《二十四诗品》中有"含蓄"一品，最后二句所说"浅深聚散，万取一收"⑤ 更是道出了诗人那种整合式的创作思维方式。

其次，般若中观"假有性空"的观念，对中国诗学的渗透，使意象和意境的创造有着明显的幻象特征。

般若中观以"不真"为"空"，即假有性空，在非有非无的双重否定中将世界万象看作虚象。例如，僧肇所说："虽有而无，所谓非有；虽无而有，所谓非无。如此则非无物也，物则真物。物非真物，故于何而可物？"⑥ 以世间事物为幻象，僧肇更以"幻化人"为喻："象形不既无，非真非实有。然则不真空义，显于兹矣。故《放光》云：'诸法假号不真。'譬如幻化人，幻化人非真人也。"⑦ 作为中观思想集中体现的《维摩诘经》中以诸法为虚幻的说法比比皆是。例如，"如梦如炎，如水中月，如镜中像，以妄想生。"⑧ "维摩诘言：譬如幻师所幻人。菩萨观众生为若此。""如智者见水中月，如镜中见其面像，如热时炎，如呼声响，如空中云。""如水聚沫，如水上泡，如芭蕉坚。"⑨ 诗人

---

① 汤用彤.汉魏两晋南北朝佛教史［M］.北京：中华书局，1983：472.
② 范文澜.文心雕龙注［M］.北京：人民文学出版社，1958：603.
③ 李壮鹰.诗式校注［M］.北京：人民文学出版社，2003：39.
④ 罗宗强.隋唐五代文学思想史［M］.上海：上海古籍出版社，1986：181.
⑤ 司空图.二十四诗品［M］.陈玉兰，评注.北京：中华书局，2019：52.
⑥ 僧肇.不真空论［M］//石峻.中国佛教思想资料选编：第一卷.北京：中华书局，2014：145.
⑦ 僧肇.不真空论［M］//石峻.中国佛教思想资料选编：第一卷.北京：中华书局，2014：146.
⑧ 僧肇.注维摩诘所说经［M］.上海：上海古籍出版社，1990：64.
⑨ 僧肇.注维摩诘所说经［M］.上海：上海古籍出版社，1990：121.

们以此作为对诗境的审美性质的认识。正如王昌龄所说:"夫置意作诗,即须凝心,目击其物,便以心击之,深穿其境。如登高山绝顶,下临万象,如在掌中。以此见象,心中了见,当此即用。"① 这种幻象性质在司空图的诗论中更为典型,如其所说:"戴容州云:'如蓝田日暖,良玉生烟,可望而不置于眉睫之前也。'象外之象,景外之景,岂容易可谭哉?"② 宋代诗论家严羽更是将"以禅喻诗"作为自觉的方法论,其在论诗名著《沧浪诗话》中论盛唐诗的境界说:"诗者,吟咏情性也。盛唐诸人,唯在兴趣,羚羊挂角,无迹可求。故其妙处透彻玲珑,不可凑泊,如空中之音,相中之色,水中之月。镜中之像,言有尽而意无穷。"③ 严沧浪对这种盛唐诗境的描述,借镜于佛学中观甚为明显,而其对诗境的表述突出了它的幻象性质。对此,我曾有针对性的论述可以参看。苏珊·朗格以"基本幻象"来标示艺术的性质,并以此作为艺术分类的依据。苏珊·朗格认为,"每一种大型的艺术种类都具有自己的基本幻象,也正是这种基本幻象,才将所有的艺术划分成不同的种类。……每一种艺术品都是一个完整的创造物,而不是虚幻要素和现实材料的混合物,材料永远是真实的,但组成艺术的要素却永远是虚幻的,而艺术家用以构成一种幻象——一种表现性形式的东西却恰恰就是这些虚幻的要素。"④ 对于诗的幻象性质,苏珊·朗格这样说:"诗的语言基本上又不是一种通信性的语言。语言是诗的材料,但用这种材料构成的东西又不同于普通的语言材料构成的东西;因为诗从根本上说来就不同于普通的会话语言,诗人用语言创造出来的东西是一种关于事件、人物、情感反应、经验、地点和生活状况的幻象。"⑤ 苏珊·朗格对诗的本质的认识与中国古代诗论如此暗合,是可以互相参照的。

再次,中观的"不A不B"或"非A非B"的思维方式,进入诗论后发

---

① 王昌龄.诗格[M]//张伯伟.全唐五代诗格汇考.南京:凤凰出版社,2002:162.
② 司空图.与极浦书[M]//祖保泉,陶礼天.司空表圣文集笺校.合肥:安徽大学出版社,2002:215.
③ 严羽.沧浪诗话·诗辨[M]//何文焕.历代诗话.北京:中华书局,1981:688.
④ 朗格.艺术问题[M].滕守尧,朱疆源,译.北京:中国社会科学出版社,1983:39.
⑤ 朗格.艺术问题[M].滕守尧,朱疆源,译.北京:中国社会科学出版社,1983:142.

生了各种形态的变异,并以诗歌内部的不同风格或形式要素相对待,大大增加了古典诗歌的内在张力,也产生了非常丰富的内涵。一方面,皎然主张作诗要经过深层的苦心营构,也就是他所说的"作用";另一方面,诗的风貌又要如同"得若神授",自然天成。他还主张在取境时应是内在的"苦思"和成诗后的"神助"一体两面,不落二边。宋代大文学家苏轼论诗则将静与动、空与境纳为一体:"欲令诗语妙,无厌空且静。静故了群动,空故纳万境。阅世走人间,观身卧云岭。咸酸杂众好,中有至味永。诗法不相妨,此语当更请。"① 南宋诗人吕本中则主张作诗既有"定法"又"无定法",是谓"活法":"所谓活法者,规矩备具,而能出于规矩之外,而亦不背于规矩也。是道也,盖有定法而无定法,无定法而有定法。知是者,则可以与语活法矣。"② 这些观点以两种对立因素冶于一炉,而不泥于某一端。如此,使诗有了更大的内在张力,从而产生了更为隽永的审美韵味。

最后,中观的"无分别"与"不二法门"对语言名相的消解,使诗论进一步形成了超越语言之上的审美价值系统。

中道以否定的形态表达假有性空的观念,消解语言名相的执着。黑格尔在论述佛教徒有无双遣的本质时曾说:"只有就'有'作为纯粹无规定性来说,'有'才是无——一个不可言说之物;它与'无'的区别,只是一个单纯的指谓上的区别。"③ 所谓"般若无知",首要的便是无名言之知。般若所说的"观照",是超越语言的直觉观照。所谓"不二法门",也是"于一切法无言"。《维摩诘经》中有:"文殊师利叹曰:善哉善哉,乃至无有文字语言,是真入不二法门。"④ 魏晋玄学的"言意之辩",对于中国诗学影响至为深远,"言不尽意""得意忘言"的哲学命题,成为诗歌创作的价值追求。佛学进入中土之后,般若中观消解语言执着的态度,对于诗学中超越语言的审美价值的系统

---

① 苏轼.送参寥师[M]//王水照.苏轼选集.上海:上海古籍出版社,2014:115.
② 吕本中.夏均父集序[M]//李壮鹰.中华古文论释林·南宋金元卷.北京:北京大学出版社,2011:12.
③ 黑格尔.小逻辑[M].贺麟,译.北京:商务印书馆,1980:193.
④ 僧肇.注维摩诘所说经[M].上海:上海古籍出版社,1990:150.

的进一步成熟,起到了至关重要的作用。《二十四诗品》"含蓄"一品中所说的"不著一字,尽得风流。语不涉己,若不堪忧"[1]道出其中意思。北宋诗人梅尧臣论诗所说:"必能状难写之景,如在目前,含不尽之意,见于言外,然后为至矣"[2]是以此为诗歌的最高价值形态的。南宋严羽提出"不涉理路,不落言筌者,上也"。[3]尽管对这段话颇多争议,但是超越语言概念的局限的意思却是一种客观的存在。从美学的角度来看,这种超越语言而以"见于言外"的审美韵味为价值取向,似乎成为中国诗学的主线。般若中观,与力大焉。

中观或中道,作为大乘佛学的核心观念,对于中国古代士人而言,早已不限于宗教的范围,而成为一种具有普遍意义的方法论,这在相当一部分染禅较深的诗人的诗学观念中体现出来,是有迹可循的。中道之于诗学,当然不能简单等同或完全直接地呈现,因为那样便会造成"诗之一厄",对于诗学来说,成为"邪魔外道";在中道进入诗学的过程中,必然经过顺应和变异,使之适应诗学的审美规律,否则就无以谈论这个论题。事实上本文所涉及的一些相关诗学观念,虽有中道色彩,却使中国诗学产生了新的审美元素,因此没有必要大加谈论。我们毕竟是站在诗学的立场上来认识这个问题的。

---

[1] 郭绍虞.诗品集解[M].北京:人民文学出版社,1963:21.
[2] 欧阳修.六一诗话[M]//何文焕.历代诗话.北京:中华书局,1981:267.
[3] 严羽.沧浪诗话[M]//何文焕.历代诗话.北京:中华书局,1981:688.

"凡象,皆气也"*
——诗学意象观念与气论哲学

气论是中国哲学中的重要部分,"气"在中国哲学和美学中是贯穿始终、多元衍生的元范畴。中国美学的意象理论有着深刻的气论哲学背景,意象与气论的关系仍有待考量与探求。张载作为气论哲学的代表人物,曾有"凡象,皆气也"的著名命题,揭示了一般的"象"与"气"的内在联系。张载所言并非诗学中所说的"意象",而是借以说明气论哲学与意象观念的内在关系。作品中的意象都具有"气"的内力与底蕴,而"气"的内充作用使作品的意象鲜活充盈并构成完整的作品意境。

宋代哲学家张载是以气论哲学著称的,在中国哲学史上有着非常独特的地位。他的代表性著作《张子正蒙》,系统地阐述了其"气一元论"思想。张载在《正蒙·乾称》篇中提出的"凡可状,皆有也;凡有,皆象也;凡象,皆气也"①,对于我的美学思考产生了别具一格的启示。张载所说的"象",当然与我们所说的"意象"不能等同,但却触发我们去思考意象理论与气论哲学的内在联系。粗看起来,似乎二者之间并无明确的联系,实际上,中国美学的意象理论是有着深刻的气论哲学的背景的。我们对"凡象,皆气也"这个命题的意象理论理解,其实更多的是一种借用,旨在说明中国美学的核心范畴之一"意象"的内涵与发展,是与气论哲学有内在关系的。气论哲学

---

* 本文原载于《社会科学辑刊》2017 年第 6 期,收入本书时略有改动。

① 王夫之.张子正蒙注:卷九[M].王孝鱼,点校.北京:中华书局,1975:320.

是中国哲学史上的一个重要部分,从先秦到明清,以"气"作为根本范畴的思想家代不乏人,张载只是这个链条上的一个纽结。意象理论同样是源远流长,而且最能代表中华美学的民族特色。意象理论之所以在发展过程中逐渐形成了独特而丰富的内涵,是因为气论哲学给予了深厚的滋养。我们借用"凡象,皆气也"命题所要说明的是,由于有气论作为其深层背景,意象具有其广延性、运动性、互通性等审美功能;作品中的意象都是具有"气"的内力与底蕴,而"气"的内充作用使作品的意象鲜活充盈并构成完整的作品意境。

一

关于气论哲学的成果汗牛充栋,本文不一一涉及;而关于"气"之有形无形的话题却是无法绕开的。在中国哲学中,气是一个构成宇宙的原始物质,《老子》说:"道生一,一生二,二生三,三生万物。万物负阴而抱阳,冲气以为和。"① 这是老子哲学的宇宙生成模式。这里的气,即是一,是宇宙混沌未分的气,它由道而生,但是一种根本性的物质。所谓"冲气",即不停运动着的阴阳之气。汉代的《淮南子》以"气"为"道"所生之实体,并以"元气"作为根本之"气",其言:"道始于虚廓,虚廓生宇宙,宇宙生气。"② 又说:"宇宙生元气,元气有涯垠。"③《淮南子》还以"太一"指称"元气",认为"太一"乃本源之气,可以弥纶万物,却无具体之形,《本经训》中说:"太一者,牢笼天地,弹压山川,含吐阴阳,伸曳四时,纪纲八极,经纬六合。"④ 又说:"洞同天地,混沌为朴,未造而成物,谓之太一。"⑤ 可见,"太一"是与道同格的,但又是由"精气"充塞的。同时,《淮南子》认为"太一"是"不可为

---

① 陈鼓应.老子译注及评介[M].北京:中华书局,1984:232.
② 刘文典.淮南鸿烈集解[M].北京:中华书局,1989:79.
③ 刘文典.淮南鸿烈集解[M].北京:中华书局,1989:79.
④ 刘文典.淮南鸿烈集解[M].北京:中华书局,1989:258.
⑤ 刘文典.淮南鸿烈集解[M].北京:中华书局,2013:463.

形"的:"道也者,至精也,不可为形,不可为名强为之谓之太一。"①魏晋时期著名玄学家郭象主张万形变化,以气为本。他说:"一气而万形,有变化而无死生也。"②所谓"形",指万物的形体,"气"则指物的实质,存在的材料与内容。张载则以"太虚"为"气"的本然状态,散则为"太虚",无形无象;聚则为万物,成形成象。张载指出:"太虚无形,气之本体,其聚其散,变化之客形尔。"③在张载看来,气散而为"太虚","太虚"是无形的;气聚就成为万物,万物当然有形有象了。这其中还有一个形与象的关系。形是事物之形体,象为事物之样貌,有形斯有象,有象则呈形,其源皆在于气。张载指出:"天地之气,虽聚散、攻取百涂,然其为理也顺而不妄。气之为物,散入无形,适得吾体;聚为有象,不失吾常。太虚不能无气,万物不能不散而为太虚。循是出入,是皆不得已而然矣。"④对这段论述,本文不拟从哲学史上进行全面诠解,但它明白地揭示出这样的意思:气散则无形,气聚则有形,且成象。无形之时,并非真的虚无,而是气之散;有象之际,则是气之聚而成物。而其间之因,又在于"神化"。张载云:"气之聚散于太虚,犹冰凝释于水,知太虚即气,则无无。故圣人语性与天道之极,尽于参伍之神变易而已。"⑤"神"(神化)的概念,其中一个重要含义在于神妙无方、微妙难言,其源于《周易》。哲学史家张岱年先生于此有颇为全面的阐释,他说:"在先秦哲学中,'神'除了指神灵和精神作用之外,还有一种意义,指微妙的变化。这一意义的神往往与化相连并提。合称神化。以'神'表示微妙的变化,始于《周易大传》。《系辞上传》云:'阴阳不测之谓神。'又云:'神无方而易无体。'又云:'知变化之道者,其知神之所为乎!'《说卦》云:'神也者妙万物而为言者也。'这就是说:'神'表示阴阳变化的'不测'、表示万物变化的'妙'。何谓'不测'?何谓'妙'?《系辞下传》云:'易之为书也不可远,为道也屡迁,

---

① 惠栋.周易述:卷二十三[M].郑万耕,点校.北京:中华书局,2007:480.
② 郭庆藩.庄子集释[M].北京:中华书局,1961:629.
③ 张载.张载集[M].北京:中华书局,1978:7.
④ 张载.张载集[M].北京:中华书局,1978:7.
⑤ 张载.张载集[M].北京:中华书局,1978:8.

变动不居,周流六虚,上下无常,刚柔相易,不可为典要,唯变所适。'所谓'不测'即'不可为典要,唯变所适'之义,表示变化的极端复杂。'妙'王肃本作'眇',妙眇古通,即细微之意。'妙万物'即显示万物的细微变化。韩康伯《系辞注》云:'神也者,变化之极,妙万物而为言,不可以形诘也。故曰阴阳不测。尝试论之曰:原夫两仪之运,万物之动,岂有使之然哉?莫不独化于太虚,欻尔而自造矣。韩康伯以'变化之极'解释'神',基本上是正确的。神表示变化的复杂性。"①张岱年先生关于"神""神化"的解释是颇为准确的。张载讲气的聚散、阴阳变化,都是与《易传》所讲之"神"密切相关的。他明确指出:"知虚空即气,则有无、隐显、神化、性命通一无二,顾聚散、出入、形不形,能推本所从来,则深于《易》者也。"②"神化",即气的聚散变化规律,张载也认为,万物之象,即是"神化"之迹,如其所说:"凡天地法象,皆神化之糟粕尔。"③这里所说的"糟粕",不能以惯常的含义来理解,而是指"神化"的迹象。象的生灭,是以气的神化聚散而致。张载指出:"气有阴阳,推行有渐为化,合不一测为神。……天之化运诸气,人之化顺夫时,非气非时,则化之名何有?化之实何施?《中庸》曰:'至诚为能化',孟子曰'大而化之',皆以德合阴阳,与天地同流而无不通也。所谓气也者,非待其蒸郁凝聚,接于目而后知之;苟健、顺、动、止、浩然、湛然之得言,皆可名之象尔。然则象若非气,指何为象?时若非象,指何为时?"④气之生象,在于神化。

二

中国美学之意象理论,由来已久,意象之于诗,更是基本元素。刘勰所

---

① 张岱年.中国古典哲学概念范畴要论[M].北京:中国社会科学出版社,1987:97.
② 张载.张载集[M].北京:中华书局,1978:8.
③ 张载.张载集[M].北京:中华书局,1978:8.
④ 张载.张载集[M].北京:中华书局,1978:16.

说的"神用象通"①,深刻地概括了诗歌创作的"神思",是以意象作为联结的。意象是诗人的内心创造之象,而不应泛化为与诗歌文本相关的形象。新时期以来的文论界和诗学界对意象范畴的广泛使用,大有取代文艺理论中"形象"这个核心范畴之势,同时,造成了意象内涵的混乱状态。其实,从原初的意义来说,意象就是诗人内心营构之象。刘勰所说的"窥意象而运斤"②,才是意象的本意所在。这对于诗学本体论而言,是至关重要的。黑格尔论述诗的观念方式时说:"造型艺术通过石头和颜色之类千万可以眼见的感性形状,音乐通过受到生气灌注的和声和旋律,这就是按照艺术方式显现和内容的外表。诗却不然,它只能通过观念本身去表现,这一点是我们要经常回顾的。所以诗人的创造力表现于能把一个内容塑造成形象,但不外现为实在的外在形状或旋律结构,因此,诗把其他艺术的外在对象转化为内在对象。心灵把这种内在对象外现给观念本身去看,就采取它原来在心灵里始终要采取的那个样式。"③黑格尔这里所说的"观念方式",并非抽象的概念,而是指内在的意象形态。译者朱光潜先生对此有一个颇为清晰明白的注解:"'观念'这个词前已屡见,在德文是 Vorstellung,原意是摆在心眼前的一个对象,作为动词,指在心中见到或想到的一个对象,所以在中文里通常译为'观念'是正确的。观念应包括在广义的'思想'里,所以观念方式也就是思维方式,所不同者'思想'可以抽象的,经过推理的,诗的'观念'一般是具体的意象,是想象活动的产物。"④这其实正是中国美学中的"意象"的准确意义。

《周易·系辞》中借孔子之口所说的"书之尽言,言不尽意。然则,圣人之意,其不可见乎?子曰:圣人立象以尽意,设卦以尽情伪,系辞焉以尽其言,变而通之以尽利,鼓之舞之以尽神"⑤,可为之滥觞。魏晋玄学家王弼所讲之"夫象者,出意者也。言者,明象者也。尽意莫若象,尽象莫若言。言

---

① 刘勰.增订文心雕龙校注:卷六[M].北京:中华书局,2012:366.
② 刘勰.增订文心雕龙校注:卷六[M].北京:中华书局,2012:365.
③ 黑格尔.美学:第3卷[M].朱光潜,译.北京:商务印书馆,1979:56.
④ 黑格尔.美学:第3卷[M].朱光潜,译.北京:商务印书馆,1979:56.
⑤ 阮元.十三经注疏[M].北京:中华书局,2009:171.

出于象,故可寻言以观象;象生于意,故可寻象以观意。意以象尽,象以言著。故言者所以明象,得象而忘言;象者所以存意,得意而忘象"①,可以视为意象理论的正式奠基,是在《易经》基础上的发展。意象范畴的真正稳定成熟,则在刘勰《文心雕龙》的《神思》篇中。《文心雕龙》与《周易》的思维方式联系甚为密切,其"神思"亦是与《系辞》中的"阴阳不测之谓神"②相联通的。《神思》中提出的"意象",看似与气论没有直接联系,但却是以《周易》所说的"神"为其哲学基础的。《系辞上传》中所说的"阴阳不测之谓神","阴阳"即气的两极变化形态,也被视为化生万物的根据。《淮南子·天文训》说:"道曰规,始于一,一而不生,故分为阴阳。阴阳合和而万物生。"③《老子》即是用阴阳二气的冲和来说明道生成万物的过程。在气论哲学中,阴阳是气之运动的基本元素。周敦颐的观念中,太极阴阳为万物生成的根本,其《太极图说》中云:"无极而太极,太极动而生阳,动极而静,静而生阴,静极复动,一动一静,互为其根,分阴分阳,两仪立焉。……二气交感,化生万物,万物生生而变化无穷焉。"④明确指出阴阳即太极所生之二气。阴阳二气始终处在聚散、升降、浮沉的状态之中,其过程是神妙无方的,如张载描述这种状态说:"阴阳之精互藏其宅,则各得其所安,故日月之形,万古不变。若阴阳之气,则循环迭至,聚散相荡,升降相求,缊相揉,盖相兼相制,欲一之而不能,此其所以屈伸无方,运行不息,莫或使之,不曰性命之理,谓之何哉?"⑤刘勰的《神思》讲的是文学创作思维,"神思"即神妙无方、超越时空的思维状态。"神思"最重要、最基本的体现就是意象,神思的外显也是意象。因此,《神思》的赞语说"神用象通,情变所孕"⑥,认为神思是以意象联结为一个整体的。"神思"是创作思维的自

---

① 李鼎祚.周易集解[M].王丰先,点校.北京:中华书局,2016:574.
② 阮元.十三经注疏[M].北京:中华书局,2009:162.
③ 刘文典.淮南鸿烈集解[M].北京:中华书局,1989:112.
④ 周敦颐.太极图说[M]//周敦颐集.北京:中华书局,1990:4.
⑤ 张载.张载集[M].北京:中华书局,1978:12.
⑥ 刘勰.增订文心雕龙校注:卷六[M].北京:中华书局,2012:366.

我运行而非外力控制的状态,所以刘勰说:

> 古人云:形在江海之上,心存魏阙之下,神思之谓也。文之思也,其神远矣,故寂然凝虑,思接千载;悄焉动容,视通万里。吟咏之间,吐纳珠玉之声;眉睫之前,卷舒风云之色:其思理之致乎!故思理为妙,神与物游。神居胸臆,而志气统其关键;物沿耳目,而辞令管其枢机。枢机方通,则物无隐貌;关键将塞,则神有遁心。是以陶钧文思,贵在虚静,疏瀹五脏,澡雪精神,积学以储宝,酌理以富才,研阅以穷照,驯致以怿辞,然后使玄解之宰,寻声律以定墨;独照之匠,窥意象而运斤:此盖驭文之首术,谋篇之大端。①

这段非常有名的论述,从文学创作思维的角度,颇为深刻地揭示了文学作品中意象生成的机制。"神思"的自我运行、超越时空、神妙无方等特点,都在这里得到了彰显。范文澜先生的注释,指出了《神思》与《周易》之间的联系,其云:"《易》下《系辞》'精义入神,以致用也。'韩康伯注曰:'精义物理之微者也。寂然不动,感而遂通,故能乘天下之微,会而通其用也。'《正义》曰:'精义入神以致用者,言先静而后动。圣人用精粹微妙之义入于神化,寂然不动,乃能致其所用。精义入神,是先静也;以致用,是后动也;是动因静而来也。'彦和'陶钧文思贵在虚静'之说本此。"② 如果说《神思》篇所提出的"意象"通过"神思"与气论哲学中的"神"相通,那么,《养气》篇则将作品意象的转化生成与主体的"养气"直接联系在一起了。其赞语中说:"纷哉万象,劳矣千想。玄神宜宝,素气资养。水停以鉴,火静而朗。无扰文虑,郁此精爽。"③《养气》篇主张诗人作家在创作时蓄养充沛的精

---

① 范文澜. 文心雕龙注[M]. 北京:人民文学出版社,1958:493.
② 范文澜. 文心雕龙注[M]. 北京:人民文学出版社,1958:496.
③ 范文澜. 文心雕龙注[M]. 北京:人民文学出版社,1958:496.

力元气,而不宜"钻砺过分""神疲气衰"①。所谓"纷哉万象",还并非是作品中的审美意象,而是进入诗人作家视野中的纷纭物象,而它们正是作品意象的原料与基础。正如陆机在《文赋》中所说的"物昭晰而互进"②的过程。诗人作家通过"神思"进行选择加工,成为作品中的意象。刘勰认为"是以吐纳文艺,务在节宣,清和其心,调畅其气,烦而即舍,勿使壅滞。意得则舒怀以命笔,理伏则投笔以卷怀,逍遥以针劳,谈笑以药倦,常弄闲于才锋,贾馀于文勇,使刃发如新,腠理无滞,虽非胎息之迈术,斯亦卫气之一方也"③。"养气"之气,非天地之气,而是主体内在之气,既是身体之气,也是精神之气。

从本文的题旨来看,唐代司空图的《二十四诗品》,颇为值得注意。作者以四言诗的形式,描述了二十四种诗歌风格类型,或指为二十四种诗歌境界。但从《二十四诗品》看来,作者是有着自觉的意象创造意识的。这二十四种风格或境界,作者是以意象方式加以呈现的,并且,它们是与气的观念密切联系的,很多类型都是以气充满于其中的。作者以"雄浑"为其首章,以"流动"为其末章,都是与"气"密不可分的。《雄浑》一品云:"大用外腓,真体内充。返虚入浑,积健为雄。具备万物,横绝太空。荒荒油云,寥寥长风。超以象外,得其环中。持之匪强,来之无穷。"④"雄浑"这一章,以诗的形式描述了"雄浑"的诗境,而其中充满了气的力量。"真体内充",即以刚方正大之气充之于内。"返虚入浑"也是借太虚之气造浑全之境。"具备万物,横绝太空。荒荒油云,寥寥长风"⑤,很明显,是充盈于宇宙之间的元气运动。"超以象外,得其环中",也是通过气的虚实聚散而得到的。郭绍虞先生注释:"何谓雄?雄,刚也,大也,至大至刚之谓。这不是一朝袭取的,必积强健之气才成为雄。此即孟子所谓'以直养而无害,则塞于天地之间'的意

---

① 范文澜.文心雕龙注[M].北京:人民文学出版社,1958:496.
② 陆机.陆士衡文集校注:卷一[M].刘运好,校注整理.南京:凤凰出版社,2007:9.
③ 范文澜.文心雕龙注[M].北京:人民文学出版社,1958:647.
④ 郭绍虞.诗品集解[M].北京:人民文学出版社,1963:3.
⑤ 郭绍虞.诗品集解[M].北京:人民文学出版社,1963:3.

思。这是'雄',然而又正所以成其浑。"①再如《豪放》一品:"观花匪禁,吞吐大荒。由道反气,处得以狂。天风浪浪,海山苍苍。真力弥满,万象在旁。前招三辰,后引凤凰。晓策六鳌,濯足扶桑。"②《豪放》一品也十分明显地具有气论的内涵。所谓"吞吐大荒",是宇宙阴阳之气的动态。"由道反气",更为直接地道出了"豪放"境界的根由所在。"真力弥满,万象在旁",是由于元气淋漓而呈现的万象缤纷。《精神》一品标举诗的"气韵生动",其云:"欲返不尽,相期与来。明漪绝底,奇花初胎。青春鹦鹉,杨柳池台。碧山人来,清酒深杯。生气远出,不着死灰。妙造自然,伊谁与裁。"③"精神"即内在的生命。作者认为真正的诗应该是精神勃发而非如纸花。这正是因了自然之气作为内蕴。郭绍虞先生注释得甚为清楚:"生气,活气也。活泼泼地,生气充沛,则精神迸露,远出纸上。死灰,喻死气。《庄子·齐物论》:'形固可使如槁木,而心固可使如死灰乎?'有生气而无死气,则自然精神。"④《流动》一品同样与气论密不可分。"流动"本身就是元气的基本性质。清代学者杨振纲作《诗品解》,评此品谓:"其在《易》曰:变动不拘,周流六虚。天地之化,逝者如斯。盖必具此境界,乃为神乎其技,而诗之能事毕矣。故终之以流动。"⑤明确指出了其与《易经》气论的关系。《流动》一品云:"若纳水輨,如转丸珠。夫岂可道,假体如愚。荒荒坤轴,悠悠天枢。载要其端,载同其符。超超神明,返返冥无。来往千载,是之谓乎?"⑥"流动"可视为诗境的根本品性,却非一般言语可道。如果仅仅是以"若纳水輨,如转丸珠"为流动之象,未免流于表面。"夫岂可道,假体如愚"二句特具深义,指前面不过是"假体"而已。杨廷芝《诗品浅解》谓:"夫岂可道,甚言輨珠不足罄流动之义也。假体,輨珠之类也。如误以假体之流动为流动,则非愚而如愚矣。"⑦可

---

① 郭绍虞.诗品集解[M].北京:人民文学出版社,1963:4.
② 郭绍虞.诗品集解[M].北京:人民文学出版社,1963:23.
③ 何文焕.历代诗话[M].北京:中华书局,2004:41.
④ 郭绍虞.诗品集解[M].北京:人民文学出版社,1963:25.
⑤ 郭绍虞.诗品集解[M].北京:人民文学出版社,1963:42.
⑥ 刘熙载.艺概注稿:卷四[M].袁津琥,校注.北京:中华书局,2009:521.
⑦ 郭绍虞.诗品集解[M].北京:人民文学出版社,1963:43.

见，作者所言"流动"，当然不止于"輵珠"，而是深层的、整体的流动，这种流动应是气的流动。流动、流行，是气的根本属性，阴阳二气的和合、升降等运动形式，造成了气的流动不居。庄子以"野马也，尘埃也"形容气的状态，充分表现气的流动。张载指出："气，坱然太虚，升降飞扬，未尝止息，《易》所谓'生物以息相吹''野马'者与！此虚实、动静之机，阴阳、刚柔之始。"① 明清之际大思想家王夫之在《张子正蒙注》中发挥道："升降飞扬，乃二气和合之动几，虽阴阳未形，而已全具殊质矣。'生物以息相吹'之说非也，此乃太虚之流动洋溢，非仅生物之息也。引此者，言庄生所疑为生物之息者此也。"② 王夫之又指出太虚之气的流动，是形象所生的根源，其云：

> 虚者，太虚之量；实者，气之充周也。升降飞扬而无间隙，则有动者以流行，则有静者以凝止。于是而静者以阴为性，虽阳之静亦阴也；动者以阳为性，虽阴之动者亦阳也。阴阳分象而刚柔分形，刚者阳之质，而刚中非无阴；柔者阴之质，而柔者非无阳。就象而言之，分阴分阳；就形而言之，分柔分刚；就性而言之，分仁分义；分言之辨其异，合体以会通，故张子统言阴阳刚柔以概之。机者，飞扬升降不容已之几；始者，形象之所由生也。③

王夫之的气论思想，是先秦以来气论哲学的集大成。此处所言，明确揭示了太虚流动的机理，并提出流动而生象的观点。气论中的流动说对文论诗论有深刻之影响力，《二十四诗品》中的"流动"一品，是最非常典型的体现。"流动"之于诗之意象，是不可或缺的基本性质。相关学者对此颇有明鉴。郭绍虞先生注引杨廷芝的《诗品浅解》和《皋兰课业本原解》，并于此揭示其义说："流动既不可以迹象求，所以只有一任自然，如坤轴天枢之循环往复，千载不停，差为近似。《浅解》'往来千载，则千变万化不拘于一，往古

---

① 张载.张载集[M].北京：中华书局，1978：8.
② 王夫之.张子正蒙注[M].北京：中华书局，1975：12.
③ 王夫之.张子正蒙注[M].北京：中华书局，1975：13.

来今不滞于时，其是之谓乎？流动岂易言哉？'《皋解》'上天下地曰宇，往古今来曰宙，知者乐水，逝者如斯，鱼跃鸢飞，可以见道，皆动机也'文而不动，何以为文？故风气推迁，生新不已。然流而不息，又惟恐其敝也，是以超神明之观，返虚无之宅，一动一静互为其根，与天地并寿，与日月齐光，斯为神物欤！"① 流动非止于"珠"之表层含义，而在于太虚阴阳之气，诗之意象生成于此。《诗品》作者将《流动》一品置二十四品之终结，岂无收束提摄之意！

三

气论哲学与意象理论的内在有关系还有重要的一个方面，那就是由意象生成为整体意境的基本要素，便在于气的媒介功能。意象与意境联系密切，但又并非一回事。在诗学中，前者是个体的，后者是整体的。非意象无以生成意境，既不能形成意境的单独意象，也无法发挥诗的审美功能。中唐诗人刘禹锡的著名命题"境生于象外"②，得到了大多数治中国诗学或中国美学的学者们的认可，原因即在于其以特别明晰易晓的语言，精准地道出了意象与意境的基本关系。意境的生成，没有意象作为元素是不可想象的；而作为中国诗学最为核心的范畴，意境之具有整体性，是学者们所认同的。我对于刘禹锡的"境生于象外"有这样的表述："刘禹锡认为好诗一定是要超越于象的整体意境，也就是一首诗的诸多意象形成一个具有丰富意蕴的意境。"③ 这也是我对于意象和意境关系的基本表述。关于意境的整体性质，宋人严羽《沧浪诗话》中的著名论述最有代表性意义："盛唐诸人唯在兴趣，羚羊挂角，无迹可求。故其妙处，透彻玲珑，不可凑泊。如空中之音，相中之色，水中之月，镜中之象，言有尽而意无穷。"④ 我一向认为，严羽这段名言，正是描述了诗歌

---

① 郭绍虞.诗品集解[M].北京：人民文学出版社，1963：44.
② 刘禹锡.刘禹锡集[M].北京：中华书局，1990：10.
③《中国文学理论批评史》编写组.中国文学理论批评史[M].北京：高等教育出版社，2016：222.
④ 何文焕.历代诗话[M].北京：中华书局，1981：688.

佳作的浑融完整的审美意境。"透彻玲珑,不可凑泊"①,这种"以禅喻诗"的话语方式所表述的正是不可碎拆下来的整体意境。②王国维《人间词话》中以"隔"与"不隔"论诗词的境界(意境)并以"不隔"为境界之上乘,其云:

> 问隔与不隔之别,曰:陶谢之诗不隔,延年则稍隔矣。东坡之诗不隔,山谷则稍隔矣。"池塘生春草""空梁落燕泥"等二句,妙处唯在不隔,词亦如是。即以一人一词论,如欧阳公《少年游》咏春草上半阕云:"阑干十二独凭春,晴碧远连云。二月三月,千里万里,行色苦愁人。"语语都在目前,便是不隔。至云:"谢家池上,江淹浦畔",则隔矣。白石《翠楼吟》:"此地,宜有词仙,拥素云黄鹤,与君游戏。玉梯凝望久,叹芳草、萋萋千里。"便是不隔。至"酒祓清愁,花消英气。"则隔矣。③

王国维是将"不隔"作为意境的价值取向的,从这里可以看出,他所谓"隔",是词境之中的各个意象处于支离的状态,而"不隔",则是作品内诸多意象形成完整有机的境界。

意境虽以整体性为其特征,但绝非全部,另一个重要的特征则是,意象虽然是一个整体,但并没有清晰固定的边界。意境的审美功能是以引发读者的丰富联想为优势,而丰富的联想又与这种意境轮廓的不确定性有直接关系。司空图论诗境所谓"象外之象""韵外之致",所指即此。如说:"近而不浮,远而不尽,然后可以言韵外之致耳。"④"戴容州云:'诗家之景,如蓝田日暖,良玉生烟,可望而不可置于眉睫之前也。'象外之象,景外之景,岂容易可谭哉?"⑤都指出了诗境的边界不确定性。与此相对应,意象本身则较为明确,

---

① 刘熙载.艺概注稿·卷四[M].袁津琥,校注.北京:中华书局,2009:565.
② 张晶.美学的延展[M].北京:商务印书馆,2006:275.
③ 王国维.人间词话[M].上海:上海古籍出版社,1998:9-10.
④ 祖保泉,陶礼天.司空表圣诗文集笺校[M].合肥:安徽大学出版社,2002:194.
⑤ 祖保泉,陶礼天.司空表圣诗文集笺校[M].合肥:安徽大学出版社,2002:215.

中国古典美学所讲的"虚实相生",即从意象到意境的生成。虚实之间,则以"元气"为其内充的。明人谢榛《四溟诗话》说:"景乃诗之媒,情乃诗之胚,合而为诗,以数言而统万形,元气浑成,其浩无涯矣。"① 最能道其情状。韩林德先生曾以此作为华夏美学与西方美学之差异,他认为:"华夏美学和艺术则大异于西方。以元气论(以及阴阳五行说和易学)为其主要哲学背景的华夏美学,其核心是以意境为妙。艺术意境是对'象'(意象)的超越,是实(感性具体形象)的虚化(本体化),所展示的是整幅浩瀚无垠的宇宙生命图景,所奏鸣的整首永恒无限的宇宙生命交响曲。"② 这一番话道出了气论哲学与意象理论的深刻联系。

由若干意象生成而为完整的意境,其间的思维方式当然并非是逻辑思维方式,而是一种审美构形。审美构形是作为诗歌创作的内在思维阶段不可或缺的一个重要环节,它与想象关系密切,但却非想象可以取代。关于审美构形,我曾有不止一篇文章专论这个问题,"构形的一个重要特质就是它的独特性和创造性,这也是我们超越'模仿'说的一个依据。再现或反映都算不上构形,只有产生了以往的作品都未曾有过的表象而成为作品中的基本存在,这才是我们所说的审美构形。"③ 艺术表现情感,这是一个美学和艺术理论的基本命题。但这种表现并非抽象空洞地"直抒胸臆",而是通过构形产生出真正的审美效应。卡西尔指出:"艺术确实是表现的,但是如果没有构形(formative)它就不可能表现。"④ 构形当然并不是摒弃情感,而是为了最大限度地表现情感,使情感具有真正的审美性质。卡西尔由此认为,

> 审美的自由并不是不要情感,不是斯多葛式的漠然,而是恰恰相反,它意味着我们的情感生活达到了它的最大强度,而正是在这

---

① 丁福保.历代诗话续编[M].北京:中华书局,1983:1180.
② 韩林德.境生象外[M].北京:生活·读书·新知三联书店,1995:179.
③ 张晶.再论审美构形[M]//张晶.美学与诗学:第3卷.北京:中国社会科学出版社,2017:153.
④ 卡西尔.人论[M].甘阳,译.上海:上海译文出版社,2004:196.

样的强度中它改变了它的形式。因为在这里我们不再生活在事物的直接实在之中,而是生活在纯粹的感性形式的世界中。在这个世界,我们所有的感情在其本质和特征上都经历了某种质变过程。情感本身解除了它们的物质重负,我们感受到的是它们的形式和它们的生命而不是它们带来的精神重负。说来也怪,艺术品的静谧乃是动态的静谧而非静态的静谧。艺术使我们看到的人的灵魂最深沉和最多样化的运动。但是这些运动的形式、韵律、节奏,是不能与任何单一情感的情感性质,而是生命本身的动态过程,是在相反的两极——欢乐与悲伤、希望与恐惧、狂喜与绝望——之间的持续摆动过程。使我们的情感赋有审美形式,也就是把它们变为自由而积极的状态。在艺术家的作品中,情感本身的力量已经成为一种构成力量(formative power)①。

我颇为认同卡西尔的这种观念。这种构形力量,并非逻辑思维的方式可以奏效。宋代诗论家严羽的名言:"诗有别趣,非关理也"②,正此谓也。如果不是逻辑思维方式,又是一种什么样的因素成为将诸多意象构形为一个意境的整体呢?清代诗论家叶燮便举之以"气"。他说:

> 曰理、曰事、曰情三语,大而乾坤以之定位,日月以之运行,以至一草一木一飞一走,三者缺一,则不成物。文章者,所以表天地万物之情状也。然具是三者,又有总而持之、条而贯之者,曰气。事、理、情之所为用,气为之用也。譬之一木一草,其能发生者,理也。其既发生,则事也。既发生之后,夭矫滋植,情状万千,咸有自得之趣,则情也,苟无气以行之,能若是乎?③

---

① 卡西尔.人论[M].甘阳,译.上海:上海译文出版社,2004:206.
② 傅璇琮,程章灿.宋才子传笺证[M].沈阳:辽海出版社,2011:490.
③ 叶燮.原诗·内篇[M].清诗话.上海:上海古籍出版社,1999:576.

在叶氏看来，诗赋皆为万物赋形者，理、事、情是其三要素，气则是条而贯之的根本。

"神用象通"作为刘勰创作思维论的一个重要命题，并未受到学者们应有的关注，它既说明了意象在诗歌创作中是最基本的元素，也指出了作品应该是由诸多意象构成的一个有机整体。一个作品必须是有生命的，如谢榛所形容的"诗有造物，一句不工，则一篇不纯，是造物不完也。造物之妙，悟者得之。譬诸产一婴儿，形体虽具，不可无啼声也。赵王枕易曰：'全篇工致而不流动，则神气索然。'亦造物不完也"①。所谓"造物不完"，也就是徒有形似，而无生命。谢氏以婴儿啼声形容的正是作品的生命感。以画论而言，也就是谢赫所说的"气韵生动"，诗歌亦然。作品中的生命感，仅是以意象的连缀和堆积是远远不够的，还必须有气脉的充盈，同时与宇宙万物的贯通。《二十四诗品》中的"劲健"一品虽是一类意境的描述，却最能说明这种性质，其云："行神如空，行气如虹。巫峡千寻，走云连风。饮真茹强，蓄素守中。喻彼行健，是谓存雄。天地与立，神化攸同。期之以实，御之以终。"②诗论中常以"造化"的存在寓示作品的生命感，如《二十四诗品》中的"缜密"中有云："意象欲出，造化已奇。"③"造化"指谓的一种宇宙的生命力。它不是某一个体的生命，而是鼓荡于宇宙大化之中的生命！"造化"的具体存在是气的充盈。如果仅有意象的连缀而无气之充盈，诗的张力则无从谈起。诗之优劣，在很大程度上在于意境的张力。宋代诗论家叶梦得称赏杜诗说："诗人以一字为工，世固知之，惟老杜变化开阖，出奇无穷，殆不可以形迹捕。如'江山有巴蜀，栋宇自齐梁。'远近数千里，上下数百年，只在'有'与'自'两字间，而吞纳山川之气，俯仰古今之怀，皆见于言外。"④王夫之以"势"论诗，其中正在于气之充盈，其云："论画者曰：'咫尺有万里之势。'一'势'字宜着眼。若不论势，则缩万里于咫尺，直是《广舆记》前一天下图耳。五

---

① 丁福保.历代诗话续编[M].北京：中华书局，1983：1139.
② 郭绍虞.诗品集解[M].北京：人民文学出版社，1963：16.
③ 司空图.二十四诗品[M].陈玉兰，评注.北京：中华书局，2019：67.
④ 何文焕.历代诗话[M].北京：中华书局，1981：420.

言绝句,以此为落想时第一义。唯盛唐人能得其妙,如'君家住何处?妾住在横塘。停船暂借问,或恐是同乡。'墨气四射,四表无穷,无字处皆其意也。"① 诸如此类的说法,在中国诗学中到处可见。意象是其"显","无字处"是其"隐",气作为无形的存在,是流动充盈于其间的。

与之相关的气论哲学,在于"一气"的思想。所谓"一气",意谓以气作为万物之始基,世界构成一个完整连续的整体。《庄子》之《知北游》篇云:"通天下一气耳"②,认为世界是一个连续统一的整体。《淮南子·本经训》也说:"天地之合和,阴阳之陶化,万物皆乘一气者也。"③ 明代哲学家罗钦顺认为:"盖通天地,亘古今,无非一气而已。"④ 这些都是"一气"说的主张。当代哲学家李存山先生于此阐释道:"'一气'的含义之一是世界为一连续统一的整体,含义之二是世界万物的'底层相同',都是'气'所产生。这是中国气论哲学最基本的思想。"⑤ 宋明理学中"万物一体"成为核心的命题,如程颢所云:"仁者,以天地万物为一体,莫非己也。"⑥ 其客观的依据便在于"一气"的贯通。当代哲学家陈来先生指出:"仁者以天地万物为一体,是因为天地万物本来是一体,仁即是天地万物浑然的整体。这种一体性就其实体的意义说,与'气'密不可分,因为气贯通一切,是把一切存在物贯通为一体的基本介质。"⑦ "万物一体"的命题,是在理学的框架内提出来的,可以被视为"仁"的根本内涵。"仁体"即是"万物一体"。明道先生(大程子)"仁者以天地万物为一体"⑧ 的思想,为其高足传人杨时(龟山)等人所继承阐发:"'或从容问曰:万物与我为一,其仁之体乎?'曰:'然。'"⑨ 这是龟山对弟子的回答,

---

① 戴鸿森.姜斋诗话笺注[M].北京:人民文学出版社,1981:138.
② 吕惠卿.庄子义集校·卷第七[M].汤君,集校.北京:中华书局,2009:394.
③ 刘安.淮南子集释·卷八[M].何宁,撰.北京:中华书局,1998:565.
④ 北京大学哲学系中国哲学教研室.中国哲学史教学资料选辑[M].北京:中华书局,1981:173.
⑤ 李存山.中国气论探源与发微[M].北京:中国社会科学出版社,1990:122.
⑥ 程颢,程颐.二程集[M].王孝鱼,点校.北京:中华书局,2004:15.
⑦ 陈来.仁学本体论[M].北京:生活·读书·新知三联书店,2014:173.
⑧ 朱熹.四书章句集注[M].北京:中华书局,1983:92.
⑨ 黄宗羲.宋元学案:第2册[M].北京:中华书局,1986:973.

从这里可以看出龟山一派的"仁体"思想。陈来先生对此明确指出："而'万物与我为一'，有两种意义，一个是境界的意义，指万物一体的精神世界；另一个是本体的意义，指万物存在的不可分的整体就是仁体。"① 张载的"民吾同胞，物吾与也"②，是人所熟知的至高境界，也是"万物一体"思想的集中体现，而在张载的气论哲学中，是以气为根本内容的。作为"民胞物与"的前提，张载在《正蒙·乾称》篇里说："故天地之塞，吾其体；天地之帅，吾其性"，这两句正在"民胞物与"之前。体即人之体，性即人之性；前者是人的形体，后者是人的精神。王夫之的阐释是："塞者，流行充周；帅，所以主持而行乎秩叙也。塞者，气也，气以成形；帅者，志也，所谓天地之心也。天地之心，性所自出也。父母载乾、坤之德以生成，则天地运行之气、生物之心在是，而吾之形色天性，与父母无二，即与天地无二也。"③ 王夫之的阐发使我们看到，张载的"民胞物与"命题，是建立在气论的基础之上的。

  中国诗学中的意象理论具有非常丰富的美学价值，而且代表了中华美学的民族特色。它的形成与流变，有着深厚的中华传统文化的土壤，有着独特的哲学基因。气论哲学对于意象理论来说，影响是深刻而细微的，从表面上看，也许二者之间的联系并不那么直接，而其实又是无处不勾连的。本文只是找出其中的蛛丝马迹略加分析以见其深层内涵。美学思想中的哲学底蕴是客观的存在，发现之、阐发之，可以使中华美学研究走向深化。

---

① 黄宗羲.宋元学案：第 2 册［M］.北京：中华书局，1986：175.
② 章学诚.文史通义校注：卷四［M］.叶瑛，校注.北京：中华书局，1985：421.
③ 王夫之.张子正蒙注［M］.北京：中华书局，1975：315.

神思与辞令*
——刘勰论艺术思维与诗歌语言的关系

刘勰在其文论经典《文心雕龙》的创作论部分，非常精到地阐述了艺术创作思维和语言的关系，所谓"辞令管其枢机"，有其非常丰富而深刻的理论内涵。语言作为诗歌的媒介，不仅运用于外在表现阶段，而且在创作的内在发生与构思阶段，就成为艺术思维的基本工具。刘勰在其创作论中深刻阐述了创作的内在思维过程中语言的关键作用。其中有三方面的立意值得我们重视：第一，诗歌语言（"辞令"）是开启整个创作过程、形成完整意象链条的基本要素；第二，诗歌语言具有连接创作从内在思维到外在表现的唯一的媒介功能；第三，诗歌语言具有特殊的"体物"功能。

"言不尽意""韵外之致""不着一字，尽得风流"[①]等，似乎成为中国诗学的审美价值系统的标志，在某种意义上，也可以视为中国美学的重要民族特征。这在不可胜数的关于文论与美学的研究著述中，已经形成共识。从诗学角度看，关于诗歌语言与其艺术思维的关系及其功能的论述随处可见，从这些论述中我们可以认识到中国美学的独特贡献所在。

我们不妨从刘勰《文心雕龙·神思》篇里有关论述进入话题。"神思"所指并非一般写作构思，而是指文学创作的艺术思维。请以我对于"神思"的内涵揭示作为论述之起点，我曾对其作过这样的概括：

---

* 本文原载于《社会科学战线》2018年第1期，收入本书时略有改动。
① 司空图.二十四诗品[M].陈玉兰，评注.北京：中华书局，2019：52.

"神思"论可视为艺术创作思维的核心范畴。它可以包含狭义和广义两个层面：狭义是指创作出达于出神入化的艺术杰作的思维特征、思维规律和心意状态；广义则是在普遍意义上揭示了艺术创作的思维特征、思维过程和心理状态。它包含了审美感兴、艺术构思、创作灵感、意象形成及至于审美物化这样的重要的艺术创造思维的要素，同时，它是对艺术创作思维过程的动态描述。①

《神思》篇关于"辞令"在"神思"中的功能的论述，具有根本的性质。《神思》篇中所说："故思理为妙，神与物游。神居胸臆，而志气统其关键；物沿耳目，而辞令管其枢机。枢机方通，则物无隐貌；关键将塞，则神有遁心。"②刘勰关于语言与文学的艺术思维（以诗歌创作思维为代表）的论述颇多，而《神思》篇作为创作论的首篇，绾合其他篇章及其他诗论家的有关论述，可以看到中国古代诗论的语言观具有独创性的美学内涵。择其要者，一是诗歌语言（"辞令"）是开启整个创作过程、形成完整意象链条的基本要素；二是诗歌语言具有连接创作从内在思维到外在表现的唯一的媒介功能；三是诗歌语言具有特殊的体物功能，诗人运用诗歌语言吸纳外在物象，成为具有个性化性质和独特性价值的审美意象。诗歌语言的这三个方面的审美特质，体现在刘勰《文心雕龙》中的有关论述之中。

一、诗歌语言（"辞令"）是开启整个创作过程、形成完整意象链条的基本要素

从诗歌创作的实践来看，诗人往往因受到外物变化，情感受到触发波动而兴发起创作灵感。这一点，在中国古代诗论的感兴论中成为最为根本的认识。诗学"六义"中的赋、比、兴之"兴"，发展为作为创作论基本理论的

---

① 张晶.神思：艺术的精灵［M］.南昌：百花洲文艺出版社，2009：6.
② 范文澜.文心雕龙注［M］.北京：人民文学出版社，1958：493.

感兴论，就是这种认识成为主流的佐证。《礼记·乐记》中所谈到的"凡音之起，由人心生也。人心之动，物使之然也。感于物而动，故形于声。声相应，故生变；变成方，谓之音"①。虽是谈乐，但也可用来谈诗歌的发生，诗乐在早期本来就是一体化的。刘勰在谈诗歌发生时也是这么说的："人禀七情，应物斯感，感物吟志，莫非自然。"②其实这是很一般的说法。但是，我们又不能不进一步追问：情感受到外物（包括自然物和社会事物）的兴发感动，就一定有诗歌灵感并写出好诗来吗？或者说，情感兴发是诗歌创作的唯一动因吗？我们觉得，这是相当不充分的。刘勰的"物沿耳目，而辞令管其枢机"③，则是将诗歌语言问题提升到了不可或缺的重要地位。"神思"作为创造出佳作的艺术思维，可以"思接千载""视通万里"，然而打破身观的限制，超越时空的局束，却不能仅凭情感的胡思乱想，而须以"辞令"为其"枢机"。"神思"绝不等同于一般人的自然情感，而是包含了从情感发动到意象诞生、结构形成的艺术创造过程。"物沿耳目"，指外在的物象充盈诗人的耳目视听，诗人的"神思"并非空洞无物，而恰是以物象为材质的。所以刘勰说"故思理为妙，神与物游"④。"枢机"是什么？它是启动"神思"、运转"神思"的关键。《周易》的《系辞》有言："言行君子之枢机。"注云："枢机，制动之主。"孔疏："枢机者，枢谓户枢，机为弩牙，户枢之转，或明或暗，弩牙之发，或中或否，犹言行之动，从身而发，以及于物，或是或非也。"⑤由此可见，"枢机"不仅是一般所谓的"关键"，而是"神思"启动、运行的关纽。刘勰关于"辞令管其枢机"的观念，并非一时之想，更非心血来潮，而是贯穿其创作论的基本思想。刘勰讲"神思"，就是以"辞令"即诗歌语言作为其运行的基本载体。或者说，没有辞令，也就没有所谓"神思"。刘勰论述"神思"，处处紧扣语言问题来讲。例如，讲虚静的"陶钧文思"状态时，他说："是以陶钧文

---

① 李壮鹰.中华古文论释林：先秦两汉卷[M].北京：北京大学出版社，2011：234.
② 范文澜.文心雕龙注[M].北京：人民文学出版社，1958：65.
③ 刘勰.增订文心雕龙校注：卷六[M].北京：中华书局，2012：365.
④ 刘勰.增订文心雕龙校注：卷六[M].北京：中华书局，2012：365.
⑤ 阮元.十三经注疏[M].北京：中华书局，1979：79.

思,贵在虚静,疏瀹五藏,澡雪精神,积学以储宝,酌理以富才,研阅以穷照,驯致以怿辞,然后使玄解之宰,寻声律以定墨;独照之匠,窥意象而运斤;此盖驭文之首术,谋篇之大端。"①"驯致以怿辞",是通过规范而具有审美性质的"辞令"表现诗的神思。

刘勰在《神思》等篇章里讲的一个重要概念是"契",这是特别值得我们关注的。"契"在刘勰的创作论中并非是一个个别的、局部的概念,只是未能引起足够的重视而已。"契"指的是什么呢?就是创作思维与语言的契合程度。能使艺术思维与语言辞令达到出神入化的自由契合,方是理想的状态。"是以意授于思,言授于意,密则无际,疏则千里,或理在方寸而求之域表,或义在咫尺,而思隔山河。是以秉心养术,无务苦虑,含章司契,不必劳情也。"②思维如果和语言不能高度契合,就会形成生硬呆板甚至失之千里的现象;而真正的契合,却是"无务苦虑""不必劳情"的。《神思》的赞语也将"司契"提升到空前的高度,如其最后四句所言:"刻镂声律,萌芽比兴。结虑司契,垂帷制胜。"③司契,就是神思与辞令的高度契合,在刘勰看来,达到"结虑司契"的程度,自然就成功了!《附会》篇是讲作品应文理贯通,和谐一致,成为一个有机的整体。开篇所说的"何谓附会?谓总文理,统首尾,定与夺,合涯际,弥纶一篇,使杂而不越者也"④。可见,"附会"讲的是作品的整体协调,结构的和谐。《附会》篇也尤为重视文意与辞令的契合,其赞语后四句云:"道味相附,悬绪自接。如乐之和,心声克协。"⑤他认为佳作应如同一首美好的乐曲一样,情感与声音协调契合。刘勰所强调的"契",是在诗歌创作中的一个具有重要理论价值及实践意义的概念。诗歌语言在何种程度上与诗人的思维契合无间,关系到作品的成败优劣。杜甫所说的"读书破万

---

① 范文澜.文心雕龙注[M].北京:人民文学出版社,1958:493.
② 范文澜.文心雕龙注[M].北京:人民文学出版社,1958:494.
③ 范文澜.文心雕龙注[M].北京:人民文学出版社,1958:495.
④ 范文澜.文心雕龙注[M].北京:人民文学出版社,1958:650.
⑤ 范文澜.文心雕龙注[M].北京:人民文学出版社,1958:652.

卷，下笔如有神"①，"有神"即指这种高度契合状态。黑格尔谈诗时说过，"诗必须使内在的（心里的）形像适应语言的表达能力，使二者完全契合"②，说的就是这种情形。

在"神思"和"辞令"，即艺术思维和诗歌语言的关系上，似乎应该前者为里，后者为表。在一般的理解中，应该是如同其在《情采》篇里讲"情"与"采"的关系时所说的："水性虚而沦漪结，木体实而花萼振，文附质也。虎豹无文，则鞟同犬羊；犀兕有皮，而色资丹漆，质待文也。"③事实上，艺术思维与诗歌语言的关系，比情采关系的契合度更高，它们之间是一体化的。"神思"必以"辞令"来运行（这在后面讲其媒介性质还要论及）。基于此种情形，刘勰特别强调诗歌语言的创造性质和构形功能，而并非认为诗歌语言只有描述的作用。从这个意义上看，《比兴》篇的赞语有着特别深刻的内涵，尤其是"断辞必敢"的说法，大有深意。赞语是讲"比兴"的，其实涉及诗歌语言的普遍功能。请看《比兴》篇的赞语："诗人比兴，触物圆览。物虽胡越，合则肝胆。拟容取心，断辞必敢。攒杂咏歌，如川之涣。"④ 关于"断辞必敢"，不知是觉得难解还是忽略了其意义所在，看"龙学"诸家注本，大多是不注或语焉不详，即便是注了也言不及义。我从来没有做过这种文献注释的工作，但我认为从《文心雕龙》创作论的一贯思想加以理解，并作美学方面的诠释，"断辞必敢"不但是可以说得通的，而且是刘勰在创作论上特别重要的命题所在。我认为：

> 诗人是以语言来把握世界，吸纳物象，并加以整合或剪裁的，仅凭亦步亦趋的描摹是远远不够的。果断地使用比兴手法的词语，是创构新意象或意境的关键，舍此别无他途。现在，我从诗歌语言的角度进一步认为，"断辞必敢"指诗人以果断的魄力、充分的主体

---

① 杜甫.杜诗详注·卷之一[M].仇兆鳌，注.北京：中华书局，1979：79.
② 黑格尔.美学：第3卷下册[M].朱光潜，译.北京：商务印书馆，1981：17.
③ 范文澜.文心雕龙注[M].北京：人民文学出版社，1958：537.
④ 范文澜.文心雕龙注[M].北京：人民文学出版社，1958：603.

能动作用，通过"辞令"来整合物象，创构出新的意象或境界。这是通过对赞语进行整体把握和分析后得出的认识，并非我的臆断。"诗人比兴，触物圆览"，是说诗人运用比兴手法时的审美创造方式。"触物"是典型的感兴方式。①

"比""兴"作为诗歌的创作方式固有不同，"兴"的内涵也远较"比"复杂，②但在刘勰看来，它们都是在与赋的区别中突出了诗人通过"触物兴情"进行意象创造的整合能力。"圆览"，多有注家释为"周密观察"，而我认为这种解释未切刘勰原意。所谓"圆览"在我看来是通过触物兴情的方式，创造出完整的意境。因为下面的"物虽胡越，合则肝胆"，本身就可以作为注脚。"胡越"是指外在物象本来是相距甚远的，然而在诗人的创作中，却将其合为一个完整的意象或意境了。关于"拟容取心"，学界也是有着不同看法的。"拟容"无甚争议，是指摄取、描绘外在物象的形貌；而关于"取心"，一般认为是提炼对象自身的精神实质。著名文艺理论家王元化先生曾经系统阐述了这种认识，并且上升到了美学高度：

"拟容取心"这句话里面的"容""心"二字，都属于艺术形象的范畴，它们代表了同一艺术形象的两面：在外者为"容"，在内者为"心"。前者是就艺术形象的形式而言，后者是就艺术形象的内容而言。"容"指的是客体之容，刘勰有时又把它叫作"名"或叫作"象"；实际上，这也就是针对艺术形象所提供的现实的表象这一方面。"心"指的是客体之心，刘勰有时又把它叫作"理"或叫作"类"；实际上，这也就是针对艺术形象所提供的现实意义这一方面。"拟容取心"合起来的意思就是：塑造艺术形象不仅要摹拟现实的表

---

① 张晶.触遇：中国诗学感兴论的核心要素[J].复旦学报（社会科学版），2016（6）：94-102.
② 王齐洲，李晓华."兴于诗"：儒家君子人格养成的逻辑起点[J].江西师范大学学报（哲学社会科学版），2017（2）：60-71.

象，而且还要摄取现实的意义，通过现实表象的描绘，以达到现实意义的揭示。①

我对王元化先生充满了崇敬，在自己的学术道路上受到王先生思想的很多启发；然而，在这个问题上，我却有着自己的看法。我认为取心之"心"，是诗人之心。取自于主体之心，也正如画论中所谓"外师造化，中得心源"②，否则的话，前面的"物虽胡越，合则肝胆"③，就被忽略了它非常重要的美学价值；后面的"断辞必敢"，也没了着落。如果解释为主体之心、诗人之心，则不仅符合诗歌创作的艺术实践和审美规律，而且彰显了诗人之心的主体地位。"断辞必敢"更是出于诗人之心，与客体之"心"没什么关涉。

《物色》篇是《文心雕龙》的创作论里美学价值尤为突出的一篇，讲的是诗人与外在物象的关系。一般从写实的角度来说，都是讲诗人以外物为镜，刻画描摹物象的形貌；《物色》篇里当然也论及诗人对外在物象的规摹。但是《物色》篇最有价值的地方并不在此，而在于诗人与物象的互动。诗人受到外物的感发而兴发情感，这种感物并非是被动的，而是主动的。更值得注意的是，这个过程中，诗歌语言——"辞"，成为关键的因素。"岁有其物，物有其容，情以物迁，辞以情发。"④情的发动是伴随着"辞"的。对于诗人与外物的关系，刘勰主张双向的互动，其言："是以诗人感物，联类不穷。流连万象之际，沉吟视听之区；写气图貌，既随物以宛转；属采附声，亦与心而徘徊。"⑤"写气图貌"，是规摹外物，"与心徘徊"，则是主体之心对外物的把握驾驭。外在物象进入诗人的艺术思维时，就已经经过了改造、升华，呈现在诗人内心中已是意象，而且这意象已是经过语言的构形了。刘勰尤为重视语言在这个过程中的关键作用："皎日嘒星，一言穷理；参差沃若，两字穷形。并

---

① 王元化. 文心雕龙创作论 [M]. 上海：上海古籍出版社，1984：179–180.
② 张彦远. 历代名画记：卷第十 [M]. 杭州：浙江人民美术出版社，2019：161.
③ 范文澜. 文心雕龙注 [M]. 北京：人民文学出版社，1958：603.
④ 刘勰. 增订文心雕龙校注：卷十 [M]. 北京：中华书局，2012：563.
⑤ 刘勰. 增订文心雕龙校注：卷十 [M]. 北京：中华书局，2012：563.

以少总多，情貌无遗矣。"① 这也正是佳作的审美效应所在。因此，刘勰认为如此方能传之千载，成为经典："虽复思经千载，将何易夺。"② 离开了诗歌语言（辞），这是无法想象的。《隐秀》篇则通过作品中的"隐"与"秀"的关系，揭示了诗歌语言对于那种意在言外的审美效应的本体功能。其中说："夫心术之动远矣，文情之变深矣，源奥而派生，根盛而颖峻，是以文之英蕤，有秀有隐。"③ "心术之动""文情之变"是作品的感染力所在，而其中的要素有二：一曰"秀"；二曰"隐"。"隐"即中国诗学中一贯看重的"意在言外"，"秀"则是文本中卓异的语言表现。有了"秀"的卓异，才有了"隐"的深远。因而，"源奥""根盛"指的是"秀"，"派生""颖峻"指的是"隐"。后面对"隐""秀"的含义，作了正面的表述，其云："隐也者，文外之重旨者也；秀也者，篇中之独拔者也。隐以复意为工，秀以卓绝为巧，斯乃旧章之懿绩，才情之嘉会也。"④ 这里对"隐""秀"内涵的揭示实在是精确而又精彩。"隐"体现在"文外"，"秀"表现在"篇中"。"隐"呈现出多重意蕴，"秀"则是卓绝精彩的"辞令"。"隐"以"秀"为本体，"秀"以"隐"为效应，二者是一个自然的显现，而非刻意求取。因此，刘勰又说："夫隐之为体，义主文外，秘响傍通，伏采潜发，譬爻象之变互体，川渎之韫珠玉也。故互体变爻，而化成四象；珠玉潜水，而澜表方圆。"⑤ 看起来是讲"隐"的"秘响傍通"，实则是认为"隐"是篇中秀句自然显发的效果。接着刘勰又论其"隐秀"是自然的结果，而非雕削之功。其言："朔风动秋草，边马有归心，气寒而事伤，此羁旅之怨曲也。凡文集胜篇，不盈十一；篇章秀句，裁可百二；并思合而自逢，非研虑之所求也。或有晦塞为深，虽奥非隐，雕削取巧，虽美非秀矣。故自然会妙，譬卉木之耀英华；润色取美，譬缯帛之染朱绿。朱绿染缯，深

---

① 刘勰. 增订文心雕龙校注：卷十［M］. 北京：中华书局，2012：563.
② 范文澜. 文心雕龙注［M］. 北京：人民文学出版社，1958：693-694.
③ 刘勰. 增订文心雕龙校注：卷八［M］. 北京：中华书局，2012：491.
④ 刘勰. 增订文心雕龙校注：卷八［M］. 北京：中华书局，2012：491.
⑤ 刘勰. 增订文心雕龙校注：卷八［M］. 北京：中华书局，2012：491.

而繁鲜；英华曜树，浅而炜烨；秀句所以照文苑，盖以此也。"① 刘勰认为篇中秀句，不可多得，不是刻意求取而致的。"思合而自逢"，是诗人的思致与辞令高度契合的产物。以刻意"雕削"的态度求取"秀句"，只能产生"晦塞"之感，而无"隐秀"之功了。"自然会妙"，是秀句的特征，而刘勰对于秀句的功能高度重视，于此可见。在文学的宝库中，秀句如同"英华曜树"一样，秀出众作，成为佳作的标志。对于诗歌而言，如果没有"秀句"，经典也就无从谈起。"秀句"，应是"辞令"中的上乘，由此可见刘勰对诗歌语言价值的彰显。《隐秀》的赞语则更为精粹地道出了"隐秀"的美学内涵："深文隐蔚，余味曲包。辞生互体，有似变爻。言之秀矣，万虑一交。动心惊耳，逸响笙匏。"② 刘勰认为"秀"高度浓缩了诗人对人生和世界的感受，而且产生了"动心惊耳"、令人惊奇的效果，这也是诗歌的思维和诗歌语言高度契合的最佳呈现。

二、诗歌语言具有连接创作从内在思维到外在表现的唯一的媒介功能

任何艺术种类都离不开表现媒介。诗歌作为语言艺术，当然也是如此。诗的媒介就是语言（用刘勰的话来说，是"辞令"或"辞"），语言作为媒介不同于绘画、雕塑等物质性的媒介，但同样是有物性的。物性是艺术作品存在的依据，没有物性，艺术品也就无从谈起。人们很容易理解艺术媒介的物性化特征，如绘画、雕塑或其他造型艺术的媒介，都是具有明显的物性的。当然，物性并非是艺术媒介唯一的性质，因为仅有物性，就只是创作中所使用的材料，还不能成为媒介。媒介是以材料为显现的一套符号形式。一般情况下，人们是从外在表现方面来认识媒介的，并且认为艺术创作是将内在的构思通过媒介表现出来。在这方面，意大利著名美学家克罗齐主张"直觉即

---

① 刘勰. 增订文心雕龙校注：卷八 [M]. 北京：中华书局，2012：492–493.
② 范文澜. 文心雕龙注 [M]. 北京：人民文学出版社，1958：632–633.

表现"①，认为在艺术家、诗人的内心呈现出直觉，就是艺术品的形成了，至于通过媒介进行表现，那只是外在的过程，并不重要。但实际上，媒介是在艺术家或诗人的内在思维过程中就已经存在并且不可分离的。我一向主张，媒介是艺术家从内在思维到外在表现的唯一通道和依凭。我在专门探讨艺术媒介时这样界定："'艺术媒介'是指艺术家在艺术创作中凭借特定的物质性材料，将内在艺术构思外化为具有独创性的艺术品的符号体系。艺术创作并非克罗齐所宣称的'直觉即表现'，而是有一个由内及外、由观念到物化的过程，任何艺术作品都是物性的存在，艺术家的创作冲动、艺术构思和作品形成这一联结，其主要的依凭就在于媒介。"②很明显，媒介并非仅存在于创作的外在表现阶段，而是在艺术家感知世界、产生创作冲动时就已经产生了，只不过这时其尚存在于艺术家的观念形态之中，姑且可以称之为媒介感。

诗的语言作为艺术媒介，具有明显的观念性，与绘画、雕塑乃至音乐等艺术门类都有不同，它也不同于哲学或其他科学所运用的语言，它是用语言创造出具有内在视觉性质的意象。正如黑格尔所说的"诗也不能停留在内心的诗的观念上，而是要用语言把臆造的形象表达出来"③。也正是在这种意义上，诗歌的艺术媒介更具有由内及外的连贯性和一致性。

诗人对外在的物象，并非仅是模仿和反映，还要通过语言创造出新的形式，至少是将外在的杂乱的东西整合、改造为一个完整的图景和形式。黑格尔关于诗的这种观念也是符合创作实际的，他认为："因为语言在唤起一种具体图景时，并非用感官去感知一种眼前外在事物，而永远是在心领神会，所以个别细节尽管是先后承续的，却因转化为原来就是统一的精神中的因素而消除了先后承续的关系，把一系列形形色色的事物统摄于一个单整的形象里，而且在想象中牢固地把握住这个形象而对它进行欣赏。"④黑格尔指出诗歌语言在唤起一个具体图景时并非仅是感知，而是在整合创造。

---

① 曾繁仁.西方美学范畴研究［M］.济南：山东人民出版社，2018：129.
② 张晶.艺术媒介论［J］.文艺研究，2011（12）：50-58.
③ 黑格尔.美学：第3卷下册［M］.朱光潜，译.北京：商务印书馆，1981：17.
④ 黑格尔.美学：第3卷下册［M］.朱光潜，译.北京：商务印书馆，1981：6.

诗人、艺术家并不等艺术构思完成后再用媒介来表现，他们在感知这个世界时就已经以媒介的眼光和感觉来进行感知了。著名的美学家鲍桑葵说过这样一段非常富有启示意义的话："任何艺人都对自己的媒介感到特殊的愉快，而且赏识自己媒介的特殊能力。这种愉快和能力感当然并不仅仅在他实际进行操作时才有的。他的受魅惑的想象就生活在他的媒介的能力里；他靠媒介来思索，来感受；媒介是他的审美想象的特殊身体，而他的审美想象则是媒介的唯一特殊灵魂。"① 鲍桑葵的观点非常明确，认为诗人或艺术家对世界的感受和思索，就是凭着媒介进行的。20世纪杰出的思想家卡西尔在谈到艺术创作时，特别反感模仿的观念，而力主心灵的构形功能。他谈到感知的创造能力时说：

> 关于一般的感知，我们可以在一定程度上接受感伤主义的理论，我们可以像休谟那样说，每一观念都是印象的模本。但在艺术经验中，这个理论破产了。事物的美学不是一个仅用消极的方式就可以来知觉和享受的属性。为了理解美，我们总是需要一种基本的活动，一个人心的特殊能力。在艺术中我们不是对外来刺激作简单的反映，不是简单地再造我们头脑的叙述。为了欣赏事物的形式，我们必须创造它们的形式，艺术是表现，但是一个积极的而不消极的表现，它是想象，但是创造的而不是再造的想象。②

卡西尔也明确讲到以形式媒介来感知现实的观点，他说："在艺术中，不仅我们的感性经验范围扩大了，而且我们对现实的景象和景色的看法发生了变化，我们用一种新的眼光，用一种活生生的形式媒介来看待现实。"③ 这也就是我所主张的，艺术媒介并不止于外在的表现阶段，而是在艺术创作的发生

---

① 鲍桑葵.美学三讲[M].周煦良，译.上海：上海译文出版社，1983：31.
② 卡西尔.语言与神话[M].于晓，等，译.北京：生活·读书·新知三联书店，1988：140.
③ 卡西尔.语言与神话[M].于晓，等，译.北京：生活·读书·新知三联书店，1988：140-141.

阶段，已经通过媒介来感知外在现实，并且以外在物象为原料，形成内在的意象或意境。

　　受外在物象的感发，形成作品中的意象或意境，刘勰不是主张一般的描述或反映，而是主张发挥语言的功能，使之形成作品内的意象与形式。从诗的发生阶段开始，外在物象就已进入诗人的视听感官，而刘勰谈到以声律化的语言来创造意象，这是专门对中国的诗歌创作而论的，他把这个过程说得特别清晰。《神思》篇中所说的"然后使玄解之宰，寻声律而定墨；独照之匠，窥意象而运斤"①，就具有非常重要的理论价值。前后这两句，其实具有内在的逻辑联系。"意象"正是当代美学理论中的"意象"说的最原始、最本真的渊源，而且正是"意象"说最准确的内涵。这两句指出了诗歌创作的内在艺术思维阶段的基本环节。"玄解之宰"谓难以分解的玄奥之思，即诗人在形成创作冲动之后进入酝酿诗作时的微妙心理。这时的语言当然是内在的，但它已经在寻求符合声律美感的辞令了。"独照之匠"类于"玄解之宰"，但是更突出了诗人的专业化个性化的价值。意象即"意中之象"，这才是"意象"的本质。当代文论中使用"意象"的概念已颇为泛滥，并且在很大程度上偏离了"意象"的本义。在一段时间内，文论界甚至出现了言必称"意象"的情况，对"意象"的真源却不甚了了。很多人觉得"形象"概念已经过时，"意象"用起来感觉较为新潮。其实，"意象"是有其特定意义的，而这种特定意义就来自《文心雕龙·神思》篇，这才是真源所在。"意象"是专指呈现于诗人内心的形象，这是作品生成的基础。"意象"在诗人头脑中的形成，已经是诗人运用声律的语言进行构形的结果，而非仅仅是想象。"定墨"已经是诗歌作品的物化表现阶段了，但却恰恰说明了刘勰的艺术思维理论包含了内在的诗歌语言作为诗人观念形态的媒介的内容。刘勰在理论上的独特贡献在于，他指出意象的创造，是具有声律的内在语言的构形所致，这是此前的诗论不曾有过的，也是后来的诗论所不曾有过的。我认为，在这个问题上，刘勰所提供的诗学思想具有重要的美学和艺术心理学价值，直至今日，

---

① 陆侃如，牟世金.文心雕龙译注［M］.济南：齐鲁书社，2009：378.

谈论"意象"的美学和诗学著述车载斗量，却没有对此做出应有的阐释，并将其纳入意象理论的有机构成，这不能不说是一个大大的缺失！媒介有其质感，或者说有其物性，而内在于诗人或艺术家的内在思维阶段的媒介，我称之为媒介感。刘勰对这个问题的论述，是对创作经验的升华，并没有心理学的实验，但这正是我们今天认为其可以成立的结论，通过诗人的创作经验即可确认，经验事实足可资证。后面所说的"夫神思方运，万途竞萌，规矩虚位，刻镂无形"①，也是说在艺术思维运行之时，各种物象纷至沓来，如陆机所描述的"情瞳胧而弥鲜，物昭晰而互进"②，黑格尔这样谈到诗人要创造出一种内在的秩序，"诗人的任务就在于在这种无规律之中显出一种秩序，一种感性的界限，因而替他的构思及其结构和感性美界定出一种固定的轮廓和声音的框架。"③刘勰这段话与此意思非常相近。诗人以符合诗歌艺术规律的语言，进行结构与构形，使之在头脑中呈现出较为稳定的意象与结构。

或许有人质疑，刘勰的创作论只是讲内在思维过程而没有艺术表现吗？从我的认识来看，《文心雕龙》中的《神思》《物色》乃至《比兴》《体性》等篇，都有一个从内在思维到外在表现的问题。《神思》是尤为明显的。《神思》是讲创作的内在艺术思维的，但并不排除诗的表现。诗歌语言既存在于创作的发生阶段，更存在于表现阶段。在诗歌创作中，这是难以截然分开的。刘勰在《体性》的开篇处说得非常明确："夫情动而言形，理发而文见，盖沿隐以至显，因内而符外者也。"④这几句话的理论意义也未受到充分重视。在创作论中，这里谈到的一个非常重要的问题，就是内在思维和艺术表现的联结问题。刘勰这里讲的就是创作中艺术表现从内在的神思（隐）到外在的写作（显），内外是贯通而联结着的。语言是一直贯穿于内外的，这也就更加证明了诗歌创作中的媒介是由内及外的。当然，在内在的思维过程中，语言尚有不够确定、较为朦胧的情况，言与意之间的关系存在着不够契合的情形，如

---

① 刘勰.文心雕龙［M］.王志彬，译注.北京：中华书局，2012：322.
② 欧阳询.艺文类聚：卷第五十六［M］.汪绍楹，校.上海：中华书局上海编辑所，1965：1014.
③ 黑格尔.美学：第3卷下册［M］.朱光潜，译.北京：商务印书馆，1981：71.
④ 范文澜.文心雕龙注［M］.北京：人民文学出版社，1958：505.

刘勰所说的"方其搦翰，气倍辞前，暨乎篇成，半折心始"的状况，刘勰分析其原因在于"意翻空而易奇，言征实而难巧也"①。这说明了艺术创作中思维与语言之间关系的复杂性，而从艺术媒介的意义上看，也正说明了媒介存在于诗人的内在思维阶段的特征。

三、诗歌语言具有特殊的"体物"功能

在中国诗学中，"体物"是一个没有得到重视和发展的范畴，但它又是一个特别重要的基本范畴。相对而言，"感物"作为诗学范畴，得到的阐发与重视程度远远高于"体物"。二者之间有密切的联系，却又有着相当大的差别。二者构成了互补的关系，展示了审美主客体之间的不同趋向。"感物"说着眼于客观外物对创作主体心灵的触引感发，引发创作冲动，同时，为诗人创作提供了必要的资源。"体物"则侧重于传达过程，更注重的是对客观外物形貌的摹写。"体物"最早见于陆机的《文赋》，其中有"诗缘情而绮靡，赋体物而浏亮"②的名句，将"缘情"作为诗的特征，以"体物"作为赋的特征。其实，这二者也不妨互文以观，诗也需要"体物"，赋也需要"缘情"，只是侧重点不同而已。陆机之后，刘勰对"体物"范畴做了更为充实丰满的展开，并且使其理论内涵得到更深刻的发掘。

在刘勰的创作论中，"体物"要形神毕肖地摹写物象的特征，正所谓"物无隐貌"。也就是将作为对象的"物"的客体特征，清晰地、具有内在视觉感地摹写出来。刘勰所说的"写物图貌，蔚似雕画"③虽是论赋，但赋与诗都是审美化的文学创作，可以通观。刘勰所说的"物"，基本上是自然景物的物象，而鲜有涉及社会事物。同时期的钟嵘在其《诗品序》中所说的"气之动物，物之感人，故摇荡性情，形诸舞咏"④，其内涵就不仅有自然事物，还有

---

① 范文澜.文心雕龙注［M］.北京：人民文学出版社，1958：494.
② 欧阳询.艺文类聚：卷第五十六［M］.汪绍楹，校.上海：中华书局上海编辑所，1965：1014.
③ 范文澜.文心雕龙注［M］.北京：人民文学出版社，1958：136.
④ 周振甫.诗品译注［M］.北京：中华书局，1998：15.

社会事物。刘勰讲"体物",是与语言问题密切联系在一起的。在《物色》篇中,刘勰说:"体物为妙,功在密附。故巧言切状,如印之印泥,不加雕削,而曲写毫芥。故能瞻言而见貌,印字而知时也。"① "密附"指诗歌语言能够在"体物"中非常准确地摹写出对象的形态特征。体物之妙还表现在其内在视觉感,也就是前面所说的"蔚似雕画"。诗歌语言的精确,能使读者在阅读中"瞻言而见貌",即后来梅尧臣所说的"状溢目前","体物"的上乘,也非刻意求得,而是"不加雕削"却能"曲写毫芥"。诗是以语言作为媒介的,因此语言在"体物"中的作用异常重要。语言作为媒介,与那些造型艺术的门类颇有不同,它没有绘画、雕塑等艺术的媒介那样感性质感,是要诉诸人们的想象,并将其呈现于人们的心灵屏幕。黑格尔对此有深刻的阐述,他认为:

> 造型艺术通过石头和颜色之类造成可以眼见的感性形状,音乐通过受到生气灌注的和声和旋律,这就是按照艺术方式显现一种内容的外表。诗却不然,它只能通过观念本身去表现,这一点是我们要经常回顾的。所以诗人的创造力表现于能把一个内容在心里塑造成形象,但不外现为实在的外在形状或旋律结构,因此,诗把其他艺术的外在形象转化为内在对象。心灵把这种内在对象外现给观念本身去看,就采取它原来在心灵里始终要采取的那个样式。②

诗需要通过想象力和语言去塑造形象,而诗所呈现的图像是通往人们的心灵的。诗人通过吸纳外在物象对形象加以塑造,从而成为人们的审美对象。黑格尔又指出:"诗用外在的现成事件(机缘)不是作为基本目的,而是作为手段,而且对吸收进来的现实材料,要运用想象力的权利和自由去加以塑造和琢磨。这样办,诗就不是临机应景和处于依存地位的,现实材料对诗人是一种外在机缘,诗人在这种机缘推动之下,对这种材料进行深刻的体验和精

---

① 范文澜. 文心雕龙注 [M]. 北京:人民文学出版社,1958:694.
② 黑格尔. 美学:第3卷下册 [M]. 朱光潜,译. 北京:商务印书馆,1981:56-57.

细的洗练，从而从他自己心灵里创造出在当前情况下没有他这位诗人就不能有以这样自由的方式表现出来的作品。"① 黑格尔对于外在的材料所做的论述，是可以用来理解中国诗学中的"体物"观念的。

"体物"是要借助外在的物象，创造出作品的审美意象，从而使人们在对意象的观照中，获得审美愉悦，并取得共鸣。"诗纵然也诉诸感性观照，也进行生动鲜明的描绘，但是就连在这方面诗也还是一种精神活动，它只为提供内心观照而工作。"② "体"者，体验也。诗人是以自己的心灵观照和体验外物的，在这种观照和体验中，物象已经带上了诗人的主体印迹。刘勰在论述"体物"时，紧紧围绕着如何用语言来表现物的特征以及如何通过物象唤起人们的情感。《物色》篇云：

> 然物有恒姿，而思无定检，或率尔造极，或精思愈疏。且诗骚所标，并据要害，故后进锐笔，怯于争锋。莫不因方以借巧，即势以会奇，善于适要，则虽旧弥新矣。是以四序纷回，而入兴贵闲；物色虽繁，而析辞尚简；使味飘飘而轻举，情晔晔而更新。古来辞人，异代接武，莫不参伍以相变，因革以为功，物色尽而情有余者，晓会通也。若乃山林皋壤，实文思之奥府，略语则阙，详说则繁。然屈平所以能洞监风骚之情者，抑亦江山之助乎！③

这段话的内涵非常丰富。一是物象虽然客观存在，但诗人的心情是瞬间变化的，描写物象，要抓住物象的要害，即物象在主体特定心情映照下呈现的瞬间特征；二是"入兴贵闲"，要在心态闲适时才能真正把握物色之美；三是物色繁杂，不应面面俱到地描写，而要运用简省的语言表现，使作品情味弥新；四是物色有尽而情味无穷，物色描写的佳作，可以通达人的心灵。刘勰关于"体物"和诗歌语言关系的论述，至今具有令人深思的美学理论意义。

---

① 黑格尔.美学：第3卷下册［M］.朱光潜，译.北京：商务印书馆，1981：50-51.
② 黑格尔.美学：第3卷下册［M］.朱光潜，译.北京：商务印书馆，1981：19.
③ 范文澜.文心雕龙注［M］.北京：人民文学出版社，1958：694-695.

在以往的"龙学"研究中,关于艺术思维和语言的关系,尚未得到学界的充分关注,但刘勰所表述的有关思想,具有深刻而独到的理论意义。即便是在当今的美学理论中,也鲜有学者从这个角度进行深入系统研究。对于文学创作的艺术思维及其与物象的关系,刘勰所见所论尤为深刻,而且是与"辞令"即语言表达密切相关的。语言作为诗的媒介,不仅存在于外在的艺术传达,而且与诗歌创作的发生并行。"神思"的运行,必以"辞令"为其枢机,意象的内在生成,也是由语言构形的。在"神思方运"之时,诗人已是"寻声律而定墨",这对文艺心理学而言,难道不是一个重要的裨补吗!

文艺创新是文化自信的审美之源*

文化自信是习近平新时代中国特色社会主义思想的核心内涵之一，而文化自信又是与文艺创新关系非常密切的。习近平总书记在文艺座谈会上的讲话和在中国文联十大、中国作协九大开幕式上的讲话，都将文艺创新问题与文化自信密切联系起来。习近平总书记关于文艺的论述，一直把文化自信作为文艺创新的前提之一。文艺创新是抵制和消除抄袭模仿、千篇一律、机械化生产、快餐式消费等弊端的有效手段。文化自信并不是一个空洞的口号或抽象的概念，对于一个作家或艺术家来说，就是要以精深博大的中华文化传统为其深厚底蕴，"真体内充"，创造出既有鲜明民族特点，又有个性神采的优秀作品。

党的十九大报告提出："提升文艺原创力，推动文艺创新。"原创力的提升，是作家、艺术家创造精品、走向成功的唯一途径，也是我国文艺"高峰"迭起、再创辉煌的关键。原创力的提升，内在于创作主体，而且不是一朝一夕的事情。有没有充分的文化自信，对于原创力的提升是至关重要的。习近平总书记指出，"没有文化自信，不可能写出有骨气、有个性、有神采的作品"，可见对于作家、艺术家的原创力提升，文化自信是其根基所在。

如果将文化自信理解为一个理论命题的话，从文学艺术的角度看，它是源头活水，即由中华民族瑰丽灿烂的文艺经典的宝库及丰富独特的审美意识传统为其基础，以当代的文艺精品及积极高远的审美取向为其活力，以未来

---

* 本文原载于《光明日报》2018 年 8 月 22 日，收入本书时略有改动。

为数众多文艺经典的铸就及优异的民族审美生态为其目标,从中华文艺的层面来考虑,文化自信在我的臆测中是有着这种历史感的,但它的指向仍在于当下的文艺创作现实。

我们会看到,举凡在文艺发展史上占有一席地位、具有创新性成就的作家、艺术家,都有着植根于民族文化传统的强烈自信;而我们的文化自信,正是建立在中华民族层出不穷的文艺经典的基础之上。离开这些给国人带来历久弥新的审美享受的文艺经典,文化自信就成了无源之水、无本之木。经典是文艺创新的果实。文学艺术发展史上的经典之作,必然是有超越前人的创新因素在其中的。

什么是真正的文艺创新?什么样的文艺创新能够为文化自信注入活力?文化自信是"更基础、更广泛、更深厚的自信,是更基本、更深沉、更持久的力量"。它不仅是具有历史感的,而且是更具有现实感的。文化自信本身就具有强劲的动力、生命力和创造力。作为文化自信的审美之源,文学艺术的创新是使文化自信具有时代动能、审美标志的主要因素。文艺创新最为突出彰显的应是艺术个性,而文化自信要从博大精深的民族文化传统中汲取,并且与民族复兴的伟大事业息息相关。

文艺创新对创作主体来说,应该植根于人民生活和时代精神,以宽广博大的爱国胸襟与追求真善美的价值观进行审美感兴,以厚积薄发的原创力进行建构,绝非故作猎奇、胡编乱造,也不是异想天开,而是建立在深厚的生活基础之上。真正的文艺创新,很少是主题先行、刻意求取的,而是在直面现实的审美感兴中获得的。遍观中外文艺经典,真正能为当时及其后的人们所挚爱、所推崇的作品,并非局限于狭隘的个人的自然情感,而是由艺术家的个人体验,上升到与国家民族和人民的命运、与造化自然息息相关的"人类情感"。习近平总书记所批评的"只写一己悲欢、杯水风波,脱离大众、脱离现实"的创作倾向,是无论如何也不能成为创新之作的。

充分发挥创作主体的艺术个性,远离跟风抄袭,以其独特的观察世界、把握世界的方式,创造出不同以往的艺术形象,讲好引人入胜的中国故事。艺术创新必须开创出、彰显出艺术家与众不同的艺术个性。坚持艺术训练,熟练乃至出神入化地运用本艺术门类的艺术语言，在进行临机的创作过程中臻于艺术化境。仅有创新意图是远远不够的，创作主体还必须具有纯熟的艺术表现技巧及对艺术语言的精准运用。

　　创新是文艺的生命。只有创新，才能给中华民族的文化自信注入源源不断的活水。文化自信以文艺创新为动能，文艺创新以文化自信为信念。如是可观二者之关系。

中国古代美学命题研究的意义何在*

> 各门科学的认识通常用命题表达出来，并且被当作触手可及的成果端给人类，供人类使用。
>
> ——海德格尔

习近平总书记在2014年10月15日召开的文艺座谈会上的讲话中提出，"我们要结合新的时代条件传承和弘扬中华优秀传统文化，传承和弘扬中华美学精神"①，并且对"中华美学精神"的内涵作了概括。"中华美学精神"成为新时代美学研究的核心内容，也成为当代美学发展的指南。如何弘扬中华美学精神，这是中国美学界的重要课题；同时，为美学研究的发展提供了突破性的契机。作为中国古代美学的研究者，在这个问题上更是责无旁贷。在习近平新时代中国特色社会主义思想的指导下构建具有自身特质的学科体系、学术体系、话语体系，是我们每一个从事社会科学研究者的使命，在中国美学研究领域，以命题研究的推进，实现研究范式的转换，可谓恰逢其时。

一

中国美学研究应当以切实的整体性推进使中华美学精神得到进一步的彰

---

* 本文原载于《社会科学辑刊》2020年第1期，收入本书时略有改动。
① 习近平.在文艺工作座谈会上的讲话[N].人民日报，2015-10-15（2）.

显。我以为，改革开放四十余年来，中国美学研究赶上了一个最好的时代，中国美学研究取得了举世瞩目的成就，在世界美学舞台上充分展示了中国美学的独特魅力。

在方法论上，范畴研究取得的成果是尤为显著的。不仅数量庞大、思维层次提升，而且使中国美学研究进入了一个理论自觉的新时期。当然，中国美学范畴研究是与中国古代文论的范畴研究联袂而行的，甚至很多学者的古代文论范畴研究也是从美学的角度进行的。例如，蔡钟翔先生主持的"中国美学范畴丛书"，已经出版第一、二辑计20种，成为中国美学范畴研究的标志性成果。丛书中各专著的作者，都是中国美学研究界的核心人物，这些著作代表了美学范畴研究的当代水准。美学范畴丛书中的每一种，都是以一个美学范畴或二三个互相密切相关的范畴构成的范畴群为研究对象，如蔡钟翔《美在自然》中的"自然"；涂光社《原创在气》中的"气"；袁济喜《兴：艺术生命的激活》中的"兴"；古风《意境探微》中的"意境"；胡雪冈《意象范畴的流变》中的"意象"；张晶《神思：艺术的精灵》中的"神思"；张方《虚实掩映之间》中的"虚""实"；曹顺庆、王南《雄浑与沉郁》中的"雄浑""沉郁"；陶礼天《艺味说》中的"艺味"；胡家祥《志情理：艺术的基元》中的"志""情""理"等。中国美学范畴当然远不止于这些，"美学范畴丛书"的第三辑本来已经组稿，而且若干书稿已近完成，遗憾的是随着蔡先生的辞世，第三辑被搁置下来。范畴研究作为中国美学研究的主流方式，则是显见的事实。

与范畴研究同时并已有所成就的是命题研究。与范畴相比，命题无疑是更为复杂也更为深刻地表达思想观念的短语。从中国古代美学的角度来看，范畴往往是一个单词，如感兴、含蓄、意象、意境、中和、风骨、文气、法度、意、逸、妙、味、韵、简、化境、天机、冲淡、广大、精微、本色、家数、空灵、格调等。也有许多是相对的单个范畴合体为一个复合性的范畴，如形神、虚实、雅俗、真幻、文质、情景、动静、巧拙、正变、奇正、隐显、真伪等。至于中国美学的命题，习近平总书记在《在文艺座谈会上的重要讲话》中对于"中华美学精神"的系统表述，给了我深刻的启示，他指出："我们要结合新的时代条件传承和弘扬中华优秀传统文化，传承和弘扬中华美学精神。中华美学讲求托物言志、寓理于情。讲求言简意赅、凝练节制，讲求形神兼备、意境深远。强调知、情、意、行相统一。我们要坚守中华文化立场，展现中华审美风范。"无疑地，这段论述是对中华美学精神最为集中的表述。三个"讲求"，是最为核心的内涵。这三个"讲求"，可以认为是由美学命题组成的，而且有着深刻的内在逻辑联系。我曾尝试着对这三个"讲求"进行美学意义上的诠解，认为：托物言志、寓理于情，属于审美运思的独特方式；言简意赅、凝练节制，属于审美表现的独特方式；形神兼备、意境深远，属于作品审美存在的独特方式。习近平总书记以这样一组为人们所熟知的美学命题，彰显了中华美学精神的内核，这对当前的中国美学研究来说，真是一个再好不过的示例。我们是可以用美学命题来进行当代美学理论体系的建构的。美学研究当然不止一种路径或方法，但命题表达是可以作为开拓性的进路的。

命题从语言学的意义来看，不是一个单词或并列性的词组，而是一个有意义的短语，在这个短语内部，已经有了相对复杂一些的语法关系。我们不妨从中国美学的层面上举一些例子，如"观物取象""绘事后素""澄怀味象""以形传神""感物吟志""诗言志""修辞立诚""诗无达诂""外师造化，中得心源""气韵生动""神与物游""窥意象而运斤""拟容取心""率志委和""执正驭奇""以少总多""入兴贵闲""言有尽而意无穷""超以象外、得其环中""意与境浑""宁拙勿巧""意在笔先""美不自美、因人而彰""气盛言宜""文以载道""立主脑""有境界最上"等。命题表达了主体的思想观念，命题是精神活动的意向对象。率先从古代文论的框架明确提倡命题研究的吴建民对于命题的概括指出：

> 古代文论命题作为判断性、陈述性的短句、短语，具有简明判断、客观陈述的特征，文论家一旦产生了较为成熟的思想观点，就非常适合使用这种简明的判断性陈述性的短句、短语来表达，并且古代文论家的思想观点通常来源于自己的切身经验，他们对自己的

思想观点一般不作逻辑论证，而是直接陈说或作出判断，这种情况也容易使他们乐于运用命题来表达自己的思想观点。①

这种言说，同样适合于我们对古代美学命题的认知。

要在中国美学理论建设上有突破性进展，并且构建中国哲学社会科学话语体系，仅停留在范畴研究的层面上已经难以充分发挥古代文艺理论的资源功能，难以承载这样的历史使命了。对于古代美学命题的梳理与研究，就在这种时代背景下提到了我们的面前。在中国古代的文艺理论资源中，存在着大量的命题，而且它们在美学思想的发展中起着极为重要的传承作用。我们的古代文论或美学研究，并非没有关于具体命题的研究，著作如成复旺的《神与物游》，论文如汤一介的《"命题"的意义——浅说中国文学艺术理论的某些"命题"》、我的《入兴贵闲——关于审美创造心态的一个重要命题》等。但与范畴研究相比，命题研究的成果数量远远少于前者，而且处于自在的状态，也就是并未对命题进行具有明确自觉意识的研究。在很大程度上，还存在着将范畴与命题相混同的问题。美学范畴研究丛书中的《文质彬彬》（陈良远著）《心物感应与情景交融》（郁沅著）就是命题而非范畴。在很多学者的研究中，都存在着将命题作为范畴研究的现象。这说明我国古代文论和美学的命题研究还处在附庸于范畴研究的阶段，对于命题研究还没有自觉的意识。

中国古代美学文献中命题的大量客观存在，以及之前关于美学命题研究的众多成果，为当下将命题研究作为自觉的、建构性的美学研究范式提供了坚实的基础；而传承和弘扬优秀中华传统文化，构建中国特色的学科体系、学术体系、话语体系的时代需求，又为命题研究提供了千载难逢的契机；中国美学发展的自身要求，同样是命题研究的内生动力。对于中国美学来说，范畴研究当然还没有完全地、充分地展开，还有许多范畴的理论内涵并未得到全面的解析，范畴之间的逻辑关系也没有得到全面的梳理与建构，这本身就是一个很大的难题。这也是当代研究中国美学的学者应担负的历史使命。

---

① 吴建民.中国古代文论命题研究［M］.南京：南京大学出版社，2017：18.

中国古代并没有"美学"之名，当然也不存在这样的学科意识，然而，不能说中国古代的文艺理论文献及文艺作品中没有审美意识和美学思想。事实上，中国古代的文艺理论（如诗论、画论、词论、曲论、乐论、书论等）及文学艺术作品中蕴含着非常丰富且颇有民族特色的审美观念和美学思想。中国美学研究的丰硕成果及其在当代所生发的绚丽光彩，明白无误地昭示了这种情形。如果缺少了中国文艺理论中的美学建构，当代中国美学也就没有了格局，不成其为中国美学。

二

"命题"源于逻辑学，指判断性的句子，如果句中无判断，就无法构成命题。命题虽然处于概念与推理的中间环节，但很多命题因其在哲学史或美学史上内涵丰富、影响深远而具有了独立的意义。苏格拉底所说的："我们经常用一个理式，来统摄杂多的同名的个别事物，每一类的杂多的个别事物各有一个理式。"[1] 谢林所说的："通过自我意识的活动，自我使自己成为自己的对象。"[2] 黑格尔的："美是理念的感性显现。"[3] 席勒所说的："只有当人是充分意义的人的时候，他才游戏；并且只有当他游戏的时候，他才是完全的人。"[4] 康德所说的："一个关于美的判断，只要夹杂着极少的利害感在里面就会有偏爱而不是纯粹的欣赏判断了。"[5] 马克思所说的："人的本质的全部异化不过是自我意识的异化。"[6] "关于艺术，大家知道，它的一定的繁盛时期决不是同社会的一般发展成比例的，因而也决不是同仿佛是社会组织的骨骼的物质基础

---

[1] 朱光潜，译.柏拉图文艺对话集［M］.北京：人民文学出版社，1959：55.
[2] 谢林.先验唯心论体系［M］.梁志学，石泉，译.北京：商务印书馆，1976：45.
[3] 黑格尔.美学：第一卷［M］.朱光潜，译.北京：商务印书馆，1979：130.
[4] 席勒.审美教育书简［M］.张玉能，译.南京：译林出版社，2009：48.
[5] 康德.判断力批判［M］.宗白华，译.北京：商务印书馆，1964：41.
[6] 马克思.1844年经济学哲学手稿［M］.北京：人民出版社，2000：103.

的一般发展成比例的。"① 克罗齐所说的:"直觉是表现,而且只是表现。"② 克莱夫·贝尔所说的:"艺术是有意味的形式。"③ 苏珊·朗格所说的:"每一门艺术都有它自己特有的基本幻象。"④ 这些都是为人所熟知的哲学美学命题。这些命题都已经不再囿于形式逻辑的范围,而是由于在人类思想史上受到人们的广泛关注和反复阐发,而成为哲学史或美学史的重要纽结。

从这个层面来看中国美学的命题,可以作如是观。由于美学命题的大量存在,也由于汉语传统所形成的简洁而完整的命题形式,中国美学史上的命题对于中国美学研究来说,意义更为重要,辐射的延展性更强。无论是在西方抑或是在中国,哲学、美学的命题探讨和研究的空间都相当之大,由命题所涵盖的理论系统可以得到尤为清晰的呈现。对于中国美学而言,命题研究的时代意义以及对美学研究的提升功能,是值得我们高度重视并且深入思考的。20世纪八九十年代,在中国古代文论及美学研究中,范畴研究异军突起,涌现了一大批范畴研究的论著,大大提升了研究层次,更新了研究方法,成为改革开放以来学术界一个突出的"景观"。范畴研究不仅使很多中国美学范畴得到系统的梳理与建构,同时,深刻改观了文论史和美学史的研究模式。陈良运的《中国诗学体系论》(中国社会科学出版社1992年版),就是以"志""情""境""神"四个主要范畴来构筑他的诗学体系;由黄霖主持的"马克思主义理论研究和建设工程"教材之《中国文学理论批评史》(高等教育出版社2016年版),通过史的脉络与范畴研究相结合,开创了文学批评史写作新的模式,这是课题组反复思考后的创获。

从命题研究的角度来看,最有典范意义的是著名文艺理论家王元化先生。元化先生所著《文心雕龙创作论》(上海古籍出版社1984年版),可以视为命题研究的经典之作。"释《物色篇》心物交融说""释《神思篇》杼轴献功说""释《比兴篇》拟容取心说""'离方遁圆'补释""再释《比兴篇》拟容

---

① 马克思.马克思恩格斯选集:第2卷[M].北京:人民出版社,1966:223.
② 克罗齐.美学原理[M].朱光潜,译.北京:外国文学出版社,1983:18.
③ 贝尔.艺术[M].周金环,马钟元,译.北京:中国文联出版公司,1984:6.
④ 朗格.艺术问题[M].滕守尧,译.北京:中国社会科学出版社,1983:82.

取心说""释《养气篇》率志委和说"诸篇,都是我们所说的命题研究之作。元化先生既有精深的理论见解,又有坚实的文献功力,因此,在对这些命题进行阐释时,都是以文献辨析为基础提出令人信服的理论观点。

中国美学研究如何突破,如何提升?如何在研究范式上有一个富有实效的改观?由范畴到命题,也是研究范式的转换的路径。中国美学文献中的命题资源非常丰富,而且体现了不同的思想流派以及不同艺术门类的背景。例如,"以意逆志"有着儒家文艺思想的色彩,而"不着一字,尽得风流"就在感觉上具有道家的意味;"诗缘情而绮靡"源自诗学,"以形写神"则带有明显的画论痕迹。与我们前面举过的西方哲学美学的命题相比,其共同之处在于:一是它们都在长期的阐释与评价中成为思想史、美学史上的亮点,并因其学术根源的渊深而具有广阔的阐释空间;二是无论是西方命题,还是中国命题,都兼具客观性和意向性。

作为判断句的命题,客观性是其最为基本、最为重要的品格。如果失去了客观性,命题也就失去了真实性,即"伪命题"。对于一个有效的命题而言,它的客观性也就是它的含义。海德格尔曾指出命题的真实与客观性。他说:"现在相符的不是事情(Sache),而是命题(Satz)。真实的东西,无论是真实的事情还是真实的命题,都是相符、一致的。在这里,真实和真理就意味着符合(Stimmen)。而且是双重意义上的符合:一方面是事情与关于事情的先行意谓的符合;另一方面则是陈述的意思与事情的符合。"① 在这个意义上,命题是与直观想象难以分开的。美国《哲学百科全书》认为:"事实无非是一个真命题,是真理,这真理是某些命题具有而别的命题不具有的简单的、不可分析的和可直观想象的性质。一切知识,甚至感官知觉得来的知识,都无非是命题的被认识的东西。"② 中国美学命题,基本上都是源自一些著名的文学家或艺术家的切身审美经验,有的属创作论,有的属作品论,也有的属鉴赏论。一经提出,便受到人们的广泛认同,因而在文艺理论发展史上成为亮

---

① 海德格尔.路标[M].孙周兴,译.北京:商务印书馆,2000:208.
② 孙小礼.科学方法[M].北京:知识出版社,1990:220.

点。它们的客观性是真实无误的。

与客观性相联系而又不可缺少的是它的意向性特征。"意向性"是现象学哲学最为基本的观念。现象学的一个基本命题就是"意识总是关于某物的意识"。现象学的先驱、著名哲学家布伦塔诺主张：所有的意识活动都针对一个对象，这种针对性称作意向关系（intentional relation），命题本身是精神活动的意向对象。命题必然针对某个内容，同时，它在表述中先挂了某种统一的指向。现象学的鼻祖胡塞尔指出了表述与其内容之间的矛盾：

> 每个表述都不仅仅是表述某物（etws），而且它也在言说某物，它不仅具有其含义，而且也与某些对象发生关系。这种关系在一定的情况下是多层次的关系。但对象永远不会与含义完全一致。当然，含义与对象这两者只是因为给予表述以意义的心理行为的缘故才同属表述。如果人们在这些"表象"方面区分"内容"和"对象"，那么这指的也就是在表述方面区分：表述所意指的或"所陈述的"和表述所言说的。①

命题的意向性则必然地表现为表述的选择性和同一性上。含糊不清的表述是不能成为命题的。"含义的观念统一"，这是胡塞尔所明确主张的。命题应该具有胡塞尔所揭示的这种性质："在我们看来，意指的本质并不在于那个赋予意义的体验，而在于这种体验的'内容'，相对于说者和思者的现实体验和可能体验的散乱杂多性而言，这个体验内容是一种同一的、意向的统一。"② 任何一个命题都应该是有着同一的含义，而不应是歧义纷呈的。对于命题的理论价值而言，意向性是尤为重要的品格。美学命题在客观有效的基础之上，表达着主体的取向。如果只是事实陈述，那么，命题就是缺少理论内涵的。哲学家斯托特（G.F.Stout）这样阐述命题的客观性与意向性，他认为："在判

---

① 胡塞尔.逻辑研究：第2卷[M].倪梁康，译.上海：上海译文出版社，1998：48.
② 胡塞尔.逻辑研究：第2卷[M].倪梁康，译.上海：上海译文出版社，1998：102.

断中,心灵有一个在它之前的真实的对象,这个对象是由具有并非在一个对象的纯粹集合中找到的特殊统一性的复合物构成的。……心灵则从这些真正的可能性中选择一个作为现实的。选择的取舍是一个与确定的事实相关联的真正的可能性,并且它作为判断的独立对象起作用"[1]。罗素则强调命题是一个复合统一体。他认为:"通过判断的多元关系形成一个复合统一体(判断复合句)。如果存在一个实际的复合物,在如下意义上与判断复合句相对应,即那些作为判断复合句中对象的东西是以它们自己内部的统一性以及有着同一次序的判断复合句之外的统一性而存在的,那么这个判断就是真的。"[2] 我们所举出的美学命题之所以称为"命题",就是它们都是在作为真实有效的判断基础之上,有着明确的意向性。例如,刘勰的"陶钧文思,贵在虚静"(《文心雕龙·神思》)以主体的心灵澄明虚静,作为创作的根本条件,其意向性是明确的;王国维在《人间词话》中提出的"有境界则自成高格"的命题,在诸多的词学价值中唯选境界为其根本,也是一种鲜明的意向性。此外,命题具有不可重复性或唯一性。我们这里指的是在中外思想史上经过长期积淀而成为具有很强辐射力的重要命题。它们经过了多层次、多角度的阐释与淬炼,倘若有人"克隆"或模仿它们,那么其不仅不能成为有效的命题,而且会成为笑柄。

三

对于中国美学的特性的探讨,也许会被人视为大而无当或已陈刍狗,然而,如欲谈论中国美学命题之于中国美学研究的意义,却又不能不涉及这个问题。欲使中国美学的研究得到实质性的进展,就必须对中国美学的特性有一个基本的判断。与西方的美学比较,中国美学自有其独特的形态与结构,自有其特殊的话语方式。那么,命题在其中究竟充当了何种角色?

---

[1] 孙小礼.科学方法[M].北京:知识出版社,1990:224.
[2] 孙小礼.科学方法[M].北京:知识出版社,1990:225.

一种普遍性的看法是,西方美学是以思辨的严密性和系统性为其思维特色,其体系非常完整,范畴的内涵与外延都颇为严密。一些在哲学史和美学史上占有重要地位的思想家,大多数都有体系严密的著作,而他们的论证,也多是围绕着核心命题展开的。对于中国美学,经验的、直观感悟的性质居于主导。例如,在范畴体现方面,多是描述性的、比喻性的,内涵与外延都缺少明确的规定性。这在某种意义上是客观存在的,中国古代的美学资源,大多出于文学家、艺术家之手,而以思辨见长的理论家所著述的文艺理论和美学著述,如刘勰的《文心雕龙》、刘熙载的《艺概》、章学诚的《文史通义》等,则是很少的。从范畴的方面来看,提出和使用各种范畴的人非常之多,却又处在较为随性的状态之下;同一范畴在不同使用者那里有不尽相同的内涵,不同的范畴却也许有相同相近的内涵。

在我看来,中国美学自有其独特形态的体系,这种体系不能以形式逻辑的眼光来衡量。西方的美学家大都有系统的哲学观点,如柏拉图、亚里士多德,德国古典哲学时期的康德、黑格尔以及谢林,乃至20世纪的海德格尔、德里达、伽达默尔等,都是以其独树一帜的哲学体系见称的。这种体系,是以逻辑严密、思辨力强见长的。那么,中国美学就没有特性了吗?其实不然。中国的哲学美学,并非不存在体系,而是有着属于自己的特殊体系性,这种体系显现为以中国文化背景为其根基的,贯穿的、流变的特性。从个体来看,这种体系并不明显,而从整体看来,中国美学的体系性是包含在中国文艺史上的诸家论述及其流变之中的。这种体系的个人色彩也许并不突出,甚至是很淡化的,但若沿着历史的轨迹来看,这种体系的脉络还是颇为清楚的。例如,儒家文艺思想的体系、道家文艺思想的体系、佛家文艺思想的体系,都是一脉相承的。从范畴的角度来看,中国美学更有着贯穿的、流变的体系性质。具体的范畴往往从经验中提升出来,却并无论证的过程,如感兴、情志、形神、风骨、意象等,而通过文学家、艺术家的反复运用,踵事增华,这些范畴的内涵不断深化,从而形成了一以贯之的范畴,当然也不乏产生某些变异。

对于中国美学来说,命题的特性与功能尤能为之增添其独特的风采。中国美学命题的普遍特性之一是命题自身的完整自足，使之深入文学家、艺术家的创作观念，而且具有明晰而丰富的理论内涵。这些命题已经由人们反复运用，并从原来的语境中脱颖而出，在语法和句式上都经过了淬炼，从而形成了简洁而完整的命题形式，如"诗言志""诗无达诂""大象无形""心斋坐忘""观物取象""涤除玄鉴""澄怀味象""思与境偕""发愤著书""神与物游""应物斯感""窥意象而运斤""吐纳英华，莫非情性""各师成心，其异如面""写气图貌，随物宛转；属采附声，与心徘徊""以少总多""入兴贵闲""得意忘言""质有趣灵""气韵生动""以形传神""迁想妙得""外师造化，中得心源""咫尺万里""虚实相生""计白当黑""境生象外""不着一字，尽得风流""不平则鸣""言有尽而意无穷""以俗为雅，以故为新""气韵非师"等。这些命题在语法上都相对完整，其价值判断是颇为明确的。与古代文论与美学的范畴相比，其主体性与意向性都是昭然可见的。这里所说的美学命题，往往揭示着完整、系统的美学观念，具有了范畴所不能完整表达的美学意蕴。这些命题已经经过了历代艺术家或理论家们的运用，经过整合与熔炼，使之突出在原典中的语境中，并在中国人的审美意识史上得到了内涵上的统一与确定。例如，"涤除玄鉴""心斋坐忘"来自《老子》《庄子》，有着明显的道家哲学思想的底色，其本来义是对于道本体的体认，但在人们的审美认知中，已经成为人们对审美态度的确定性的命题，认为审美主体的形成及审美对象的呈现，应该是去除内心的种种私欲杂念，使自己的内在世界无欲无求，心无挂碍，这是进入审美过程的主体条件。"澄怀味象"与之意思接近，但使动的意思更为鲜明，同时，将这个命题框定在山水画的创作前提上。味象，是品味并呈现于内心的山水之象，它来源于作为对象的山水对象，但又是呈现在心灵屏幕上的意象。"以形写神"源自南朝著名画家顾恺之的画论《魏晋胜流画赞》，它明确地表述了画家关于绘画领域中如何处理形神关系的观点，另一个与之非常相近的命题是"传神写照"，揭示了人物画的美学旨归。其中的佛学意蕴也是很容易领悟出来的。这些美学命题在表达主体的审美观念和美学思想方面，都是完整自足的。对它们的理解，当然要更为全面地把握其思想系统的背景，但这些经过了人们反复运用和淬炼的命题，在语言方式上更加整饬,其语法关系因其完整性而给人以强烈、深刻的印象。

与西方的哲学、美学命题相比,中国美学命题有着一个突出的特征,那就是它的自明性。前者以某一命题为其核心展开阐述与认证,它的思辨性和阐发性因而十分鲜明。往往一位思想家的一部经典名著,就是围绕着一个核心命题展开,终其全书都在阐明这个命题。例如,克罗齐的《美学原理》,如果概括来看,就是认证他的"直觉即表现"的核心命题;杜威的《艺术即经验》,也是以整部著作都在认证"艺术即经验"这个核心命题。这样说当然不免有些简单化或以偏概全,但我是在与中国美学命题的比较中来考察其特征的。中国美学的命题,如我们上述那些,是从艺术家或理论家的文章及作品中突显生发出来的。其原本并非全是为阐发此一命题而为,也不会全文乃至全书专为阐发此一命题,往往只是最能表述作者思想的一个亮点;而经过了读者或艺术家们的反复运用与阐发之后,其内涵愈加明晰,一读之下,令人心智顿开。与西方的命题相比,它的自明性特征非常显豁。例如,"各师成心,其异如面"(《文心雕龙·体性》)这个命题,是说作家的主体因素是决定风格的根本原因,主体因素的丰富多样,导致了风格特征的多姿多彩。这是一读之下就能明白它的意思的;"神与物游"(《文心雕龙·神思》)是讲作家的内在运思是与外在物象相伴而行的。"咫尺万里"出于杜甫的题画诗《戏题王宰画山水图歌》:"尤工远势古莫比,咫尺应须论万里。"经过读者的认同,"咫尺万里"成为人们在审美价值方面的重要尺度,在非常有限的篇幅内,蕴含着特别大的审美张力。这个意思也是不言自明的。"不平则鸣"源于韩愈《师说》中的"大凡物不得其平则鸣",是说诗人作家创作的动因是因其遭遇不平,"发愤著书"的意思与之相近。"境生象外"源自唐代诗人刘禹锡的《董氏武陵集序》:"诗者,其文章之蕴邪!义得而言丧,故微而难能。境生于象外,故精而寡和。"作为美学命题的"境生象外",其意蕴就是指意境的整体性是由意象生成的。这个理论内涵是非常确定的。这种自明性,是中国美学命题的一个鲜明特征,也是贯通中国美学发展史的一个重要条件。

四

在中国美学研究中，如何发挥命题研究的作用，以推进中国美学的开拓进展？中国美学已有若干重要著作问世，如李泽厚的《美的历程》、敏泽的《中国美学思想史》、叶朗的《中国美学史大纲》、李泽厚、刘纲纪的《中国美学史》(第一、二卷)、张法的《中国美学史》、陈望衡的《中国古典美学史》、祁志祥的《中国美学通史》等。此外相关的还有曾繁仁主编的《中国美育思想通史》、朱志荣主编的《中国审美意识通史》等。还有许多研究中国美学的著作，如宗白华的《美学散步》、梁宗岱的《诗与真》、韩林德的《境生象外》等。研究文章就更可以说是汗牛充栋。胡经之主编的《中国古典美学丛编》，以"作品""创作""鉴赏"三大编，汇集了中国美学的经典论述，基本是以美学范畴为主题，如"情志""形象""形神""比兴""中和"等。蔡钟翔主编的"中国美学范畴丛书"两辑共20种，大大推动了中国美学范畴的梳理与研究。时至今日，我们认为，中国美学从命题研究的范式进行切入，或许可以给中国美学开掘出新的层面。美学命题在中国美学文献中比比皆是，处处可见。也有一些从命题的角度进行研究的论著，如汤一介的《"命题"的意义——浅说中国文学艺术理论的某些"命题"》[1]，体现出自觉的命题研究意识。韩林德的《境生象外》(三联书店1995年版)作为"三联·哈佛燕京学术丛书"之一，其中多有对华夏美学主要范畴、命题的研究，如第一章"华夏美学的主要范畴命题和论说"，其中的"言志说与缘情说""气韵生动论""外师造化，中得心源说"，都是美学命题研究的重要成果。我近年来有多篇从哲学命题切入美学的文章，如《"万物一体"与中华诗学的审美特征》《"理一分殊"思想及其诗学价值》《"如在目前"与"见于言外"》《"凡象，皆气也"》《"鸢飞鱼跃"与中国诗学中的审美理性》等，这些文章都是自觉地以命题研

---

[1] 汤一介."命题"的意义——浅说中国文学艺术理论的某些"命题"[J].文艺争鸣，2010(2): 9-11.

究为其方法论的。吴建民近年出版的《中国古代文论命题研究》一书，是对命题研究最为系统的专著，对于古代文论的命题之特征、功能都作了明确阐述，并将命题与范畴之间作了区别。这是迄今为止第一部系统论述命题的学术专著，虽然是就古代文论的命题进行理论建构，但在相当大地程度上是契合美学命题的。吴建民的《中国文论"命题"之理论建构功能》，也是一篇倡导命题研究的重要论文。詹杭伦在《文章理论命题四论》中，举"文如其人""文无常体""文章本色""文章之妙"等四个文章学命题为个案进行探讨。上举研究例证，说明美学命题研究开始进入一种理论自觉阶段。相关美学和文论的学者，不仅具有鲜明的命题意识，而且已经有若干美学命题的重要成果问世。这对中国美学研究来说，不啻为一股强劲的推动力。

如果作为一种研究范式转换来看待命题研究，并欲以此为契机推动中国美学的整体性进展，依我之见，对于命题研究的现状，还应进一步梳理与反思，以便在后面的研究工作中进一步彰显作为研究范式的独特性和规范性。对于如何使命题研究提升到更高的水准，从而推出一批标志性的成果，我也有一二浅见。

从现有的命题研究成果来看，一是具有强烈而明确的方法论的关于命题的本体研究相当匮乏。现有的命题本体研究的论著寥若晨星，而且对以人生为美学命题的自身规律缺少正面研究；二是当代学者关于命题的研究成果从整体看数量颇少，基本上处于起步阶段，还是"小邦"，未成"大国"。

从建设性的意义上，我认为可以从这样几个方向推进美学命题研究提升到一个新的局面。一是对中国美学文献中蕴含着的大量命题进行整理性研究。对于那些普及程度不够高但具有丰富理论价值的命题，进一步在句式上进行提炼，使之上升为经典形态的美学命题。如果能以《中国美学命题辞典》的研究方式进行梳理并加以严谨的阐释，会大大提升美学命题研究的规范性，并使其理论成就得以进一步彰显。二是对美学命题的本体研究进行学术建构。命题本来是逻辑学的专业术语，在哲学和美学中又是大量的客观存在。美学命题在西方多数脱胎于哲学体系，研究其命题当然要从其哲学体系的"母体"中把握其美学内涵；中国的美学命题也有一部分具有深广的哲学背景，如

"大巧若拙""大象无形""言不尽意""以意逆志""万物一体"等，因而要寻找哲学母体，使之渊源脉络清晰，还要揭示其由文学艺术创作而形成的审美内涵。很多美学命题具有普遍性的美学理论价值，但又兼具某一门类艺术的专业背景，如"思与境偕""言有尽而意无穷"的诗学根基，"传神写照""笔妙墨精"的绘画源头，这些都是在命题研究中可以寻绎的学术线索。三是借助当前国家人文社科研究体制机制推进美学命题研究。例如，在国家社会科学基金立项及教育部、各省市社会科学基金立项上设置美学命题研究选题，相关专业的博士论文和硕士论文以中国美学命题个案为研究选题，以立项、立题的方式使美学命题研究本体及个案成为深入研究的对象，同时推出、培育一批年轻的学者进入美学命题研究领域。

  中国古代美学命题，其积也厚，其理也深，有待于在新时代的人文科学视野中加以发掘与理论建构。习近平总书记《在哲学社会科学工作座谈会上的讲话》明确提出："只有以我国实际为研究起点，提出具有主体性、原创性的理论观点，构建具有自身特质的学科体系、学术体系、话语体系我国哲学社会科学才能形成自己的特色和优势。"构建"三个体系"，中国美学命题研究是一个具体可行的突破口。期待有更多的学者以自觉的命题意识投入中国美学命题研究，使中国美学的研究迎来一个新局面，上升到一个新的境界。

从范畴到命题*
——从文艺美学回望中国古代文艺理论

党的十九届五中全会,审议通过了《中共中央关于制定国民经济和社会发展第十四个五年规划和二〇三五年远景目标的建议》,文化强国是这个远景目标的重要内容。

文化强国战略中的一个主要元素是国家文化软实力,而软实力的基本资源在于中华优秀传统文化。如何传承和弘扬优秀传统文化?习近平总书记提出的"创造性转化"和"创新性发展"是传承与弘扬优秀传统文化的基本原则,这对于中国古代文艺理论的研究来说,也是完全适用的①。中国古代文艺理论的研究,一方面要融入中华民族伟大复兴的事业中,成为文化强国的重要元素;另一方面不要采取实用主义的态度,简单地以今释古。本文的思路在于:以中国古代文艺理论为资源,通过研究范式的转换,使当代的文艺美学突破时下的僵局,成为具有鲜明时代色彩的文艺美学话语体系。实现这种突破的入手之处在哪里呢?我以为,中国古代文艺理论的研究推进,可以使文艺美学的现状产生质和量的飞跃;而以文艺美学为着眼点,会使中国古代文艺理论更为顺畅、更为自如地进入当代文艺批评,成为中国特色哲学社会科学学术体系和话语体系的有机部分。

---

* 本文原载于《文学遗产》2021年第1期,收入本书时略有改动。
① 我以为"中国古代文艺理论"这个核心概念,内涵要比古代文论更为宽泛,包含诗歌、小说、绘画、书法、音乐等方面的理论资源。

一、文艺美学以"弘扬中华美学精神"实现自身发展

当下的美学研究,呈现出多元并存、异彩纷呈的格局,一方面是对以李泽厚先生为代表的实践美学的反思;另一方面是生活美学、生态美学及身体美学等美学流派的崛起与活跃。但是,值得注意的是,已成为学科体系的、成果颇丰的文艺美学,却在近年来罕见突破性的成果问世,并且缺少学理性的进展。从已有的论著来看,文艺美学基本上完成了学术体系和学科体系的建构,关于文艺美学的学科定位、研究对象等基本问题,都有了充分的研究,关于文艺美学的本体研究,关于文学艺术的一般性审美特征,都有了较为深入的考察。但从目前的状态而言,文艺美学似乎具有了"自足"的色彩,而少见开放式的拓展。从我的角度来认识的话,文艺美学以文学艺术的审美特征与规律为研究对象,这是其他美学分支所无法取代的,同时,有突破原来的"文艺学"学科内涵的重要意义。文艺美学自身的突破和提升,是中国美学发展的重要途径。文艺美学的突破性进展,与中国古代文艺理论是密切相关的。文艺美学对于世界意义的美学研究而言,具有鲜明的中华民族色彩。著名文艺理论家杜书瀛先生有一个人们熟知的命题,那就是:"文艺美学诞生在中国!"这个命题的含义不仅是指提出文艺美学和建构文艺美学者,都是中国学者,如李长之、王梦鸥、胡经之、周来祥、杜书瀛、王世德、曾繁仁等,正如杜书瀛先生所提出的那样"中国学者拿出了文艺美学,文艺美学这一学科的提出和理论建构,是具有原创意义的。虽然它还很不完备,但它毕竟是由中国学者首先提出来的,首先进行理论建构思考的。这可以算得上是中国当代学者对世界学术的贡献"[①];更在于文艺美学虽以西方美学原理作为基础和骨架,但从文艺美学的经验内核来看,中国古代文艺理论则是文艺美学最重要和最切近的资源。哲学美学或一般美学,侧重于对人类的审美心理、审美现象、美的本质的研究,而文艺美学则是对文学艺术的审美特征和审美规律

---

① 杜书瀛.文艺美学诞生在中国[J].文学评论,2003(4).

的研究，必然以文学艺术的审美经验作为反思的对象。中国古代文艺理论具有突出的经验色彩，从这个意义上说，它与文艺美学有着天然的血缘联系。

文艺美学研究现阶段大致上处于停滞状态，这在很大程度上是由文艺美学现有体系的封闭性形成的。由于对文艺美学学科化的追求，几位对文艺美学作出杰出贡献的著名美学家，如胡经之、周来祥、杜书瀛、曾繁仁等，都以体系建构的形态出版了文艺美学的著作，还有一些学者，就文艺美学的对象和学科定位等问题进行了辨析，使文艺美学在学科化的道路上得到了长足的发展。但在这个阶段之后，文艺美学似乎缺少了充沛的活力。如果暂且放下学科化的思维，而以文艺美学作为一种方法论，可能会使文艺美学的生命力得到很大的释放。中国古代文艺理论的活性存在，如果以范畴和命题的形式进入文艺美学，可以大大丰富和深化它的内在结构。

我个人以为，习近平总书记在2014年10月15日召开的文艺座谈会上的讲话中所提出的"中华美学精神"，对于文艺美学的发展，是一个具有重要意义的契机。习近平总书记指出："我们要结合新的时代条件弘扬中华优秀传统文化，传承和弘扬中华美学精神。中华美学讲求托物言志、寓理于情，讲求言简意赅、凝练节制，讲求形神兼备、意境深远。强调知、意、行的统一。"①"中华美学精神"的内涵与外延，应该是大于文艺美学的研究对象的，而这里所提出的三个"讲求"，却完全是以文学艺术的审美特征为对象的。我曾经这样尝试着对这三个"讲求"作了文艺美学方式的初步阐释，认为托物言志、寓理于情，属于审美运思的独特方式；言简意赅、凝练节制，属于审美表现的独特方式；形神兼备、意境深远，属于作品审美存在的独特方式②。可以认为，这三个"讲求"，正是文艺美学的命题，对于我们从审美角度理解文学艺术，进行了新的凝练和升华。"中华美学精神"当然不是既往的历史形态，而是活在当下的美学灵魂。习近平总书记提出"传承与弘扬中华美学

---

① 习近平.论党的宣传思想工作：在文艺座谈会上的讲话[M].北京：中央文献出版社，2020：115.
② 张晶.三个"讲求"：中华美学精神的精髓[J].文学评论，2016（3）：30-34.

精神",并且以文学艺术的三个"讲求"作为标志性的命题,这就给我们提升和发展文艺美学以深刻的启示。"中华美学精神"是在中华民族的审美生活中传承着的和发展着的内在精髓,同时,勃发在当下的文学艺术的审美经验中。三个"讲求",当然是从三个向度所显示的价值取向。它们不仅是在文学活动中的,也是在其他门类的艺术中的,这就为我们深入考察文学与艺术之间的内在审美关系,提供了观照的路径。

二、从范畴到命题:中国古代文艺理论研究中的范式转换

关于中国古代文论,近几十年来范畴研究成为成果卓著的领域。在中国古代文学批评史上,范畴不仅是大量存在的,而且它们是有着内在的发展变化脉络和逻辑关系的。中国古代文论中的范畴研究,是将研究水平提升到前所未有的水平的。在这方面,汪涌豪先生的《中国文学批评范畴及体系》,陈良运先生的《中国诗学体系论》,蔡仲翔先生主持的"中国美学范畴丛书"计20种著作,都是颇具代表性的成果。一部中国文学批评史,在某种意义上,也可以视为范畴的发展演变史。中国古代文论的范畴,与中国哲学史上的范畴,有很多渊源和联系,如言意、形神、理、气象、自然、妙悟、动静、自得等。所谓"范畴",如张岱年先生所指出的:"简单说来,表示存在的统一性,普遍联系和普遍准则的可以称为范畴,而一些常识性的概念,如山、水、日、月、牛、马等等,不能叫范畴。"[1] 张先生的这个界说,也可以移之理解文论范畴的本质性特征;而中国文论范畴还有很多是生长于文学创作的自身土壤中,以诗人作家或鉴赏者的审美经验作为基础而升华出来的,如感兴、意象、物色、中和、风骨、体性、平淡、典雅、含蓄、韵味、神韵、格调、体物、化境、活法、兴寄、精微等。如果从文艺美学建构的意义上来看,这些古代文论的范畴,是进入文艺美学构架的一个重要的途径,如意象、意境、风骨、形神、神韵等范畴,已在文艺美学的学术体系中成为有机的元素。中

---

[1] 张岱年. 中国古典哲学概念范畴要论[M]. 北京:中华书局,2017:5.

国古代文论的范畴，数量众多，因其产生于不同文体、不同时代等原因，彼此交集、相互缠绕者颇多，正如党圣元先生所指出的那样：

> 有些文论概念范畴之间往往可以互释，如"志"与"情"、"象"与"境"、"兴寄"与"比兴"、"趣"与"味"、"韵"与"味"、"气"与"神"与"韵"，等等。当然，这并非是说它们在定义上完全等同。作为不同的概念范畴，它们有各自的形成过程，亦有各自的内涵界定，在理论诠释和指述上也有不同的向度。但是，当一些文论家使用它们来描述创作或阅读接受过程的美感体验，或指述作品内在之审美意蕴时，往往又不加区分，在此一批评语境中使用这个，在彼一批评语境使用那个，但所指述和论释的对象却是同一个，这就使得一些概念范畴在一定的理论界域内意义等同，互通互用，这种情况在唐宋以来的文论著作中是相当普遍的。①

这里所指涉的文论范畴现象是一种客观的存在，如果从文艺美学的角度来考虑，这种范畴的存在样态，呈现了中国古代文论范畴的经验属性。文论范畴之所以蕴含着这样的交集与纠葛，是因为在很大程度上与使用范畴的文论家，并非是那些以思辨和抽象著称的哲学家，往往本身就兼具诗人和文学家的身份有关。如欲使这些范畴进入文艺美学的系统，就必须对现有的文论范畴进行选择和整合，并对若干基本范畴的内涵，进行较为准确的阐释与界定。这一点，在陈良运和汪涌豪的范畴研究中已有充分的体现，即将很多范畴纳入有机的结构。尤为值得关注的是，胡经之先生主编的《中国古典美学丛编》，其实正是从文艺美学的格局，将诸多中国古代文艺理论的范畴纳入了"作品""创作"和"鉴赏"这三大版块。现在看来，这也许是将中国古代文论范畴引入文艺美学最为切实的路径。《中国古典美学丛编》的第一编"作品"，包含了"美丑""情志""形象""形神""气韵""文质""虚实""真

---

① 党圣元. 中国古代文论的范畴和体系 [J]. 文学评论，1997（1）: 19.

幻""文气""情景""意境"（境界）"动静""中和""比兴"等诸多范畴，这些范畴都作为作品存在这个领域；胡经之先生又将若干重要的范畴纳入"创作论"，如"感物""感兴""愤书""情理""神思""凝虑""虚静""养气""立身""积学""法度"等，这些都是属于创作论领域的。胡经之先生还将几个范畴纳入"鉴赏论"，如"兴会""体味""教化""意趣"等。胡经之先生将这些文艺理论范畴纳入"作品""创作"和"鉴赏"这三大版块，这也正是文艺美学通行的基本格局。胡经之先生自道其编选宗旨时如是说："全书分为三编，围绕着创作—作品—鉴赏这三个环节展开。每一范畴之下，先作一提要说明，略说此一范畴的基本含义及历史发展，然后按历史顺序罗列理论资料。在创作—作品—鉴赏这个系统中，艺术作品是最中心的环节，所以把它列为第一编，第二编为创作，第三编为鉴赏。"①《中国古典美学丛编》看似只是一个编选，实际上开辟了一条以文艺美学的现有格局吸纳中国古代文艺理论范畴的先例，具有深刻的方法论意义。胡经之先生与李健先生合著的《中国古典文艺学》一书，也是以更具整合性、代表性的范畴为其基本骨架的。这个"古典文艺学"，也还是文艺美学的内在模式。其中的顺序，仍是作品—创作—鉴赏的结构，且看其各章目录：第一章，绪论；第二章，文与道：形而上观念与文艺本体理念；第三章，言志与缘情：文艺本质的双重规定；第四章，形与神：艺术形象的审美创造；第五章，言与意：言尽意与言不尽意；第六章，文气：文学艺术创造的内驱力；第七章，神思："文之思也，其神远矣"；第八章，应感：不以力构，风飞电起；第九章，物化：审美创造的最高境界；第十章，比兴：称名也小，取类也大；第十一章：法无定法：艺术法度之魅力；第十二章：知音：文学艺术的审美接受；第十三章，境、象、意：艺术意境的美学品格；第十四章：风骨：古典艺术的美学风范；第十五章：趣味：艺术的审美评判②。胡经之先生精选了这些古代文论范畴，并将其放入古典文艺学（其实是文艺美学）的框架。

---

① 胡经之.中国古典美学丛编：前言[M].南京：凤凰出版社，2009：3.
② 胡经之.胡经之文集：第2卷[M].深圳：海天出版社，2015.

从文艺美学的视角来看，还有一个问题，就是古代文论的范畴与其他艺术门类的通约和贯通问题。文艺美学以文学艺术的审美特征与规律为研究对象，这个基本的共识，却停留在教科书的定义层面，而我以为，文学与其他门类的艺术，是在哪个层面、什么途径上有着共同的审美规律的，这个问题，恰恰是文艺美学可以深化、向前推进的突破口。以"感兴"这个范畴为例。感兴这个范畴起源于诗学，这是无庸置疑的。感兴源自先秦诗学中赋比兴之"兴"，却在中国诗学的发展中，形成了一个关于文学艺术的审美发生的基本范畴。关于"感兴"，看似一个颇为古旧的话题，却是可以揭示中华民族在审美创造上的根本理念。以比兴而论，有各种定义，这里不一一辨析，兴的主要含义在于唤起情感，

《毛诗正义》在《大雅·大明》的"维予侯兴"句下注曰："兴，起也。"①"起"的内容是什么？是主体的情感。故刘勰对"兴"有了更明确的定义："兴者，起也"，"起情故兴体以立"②。"兴"又是如何引发的呢？答曰：触物。从物我关系上来阐明比兴者颇有人在，如汉代大儒郑玄所说"比者，比方于物也；兴者，托事于物也"③，朱熹的"先言他物以引起所咏之词也"④，宋人李仲蒙对兴的界定是"触物以起情，谓之兴，物动情也"⑤。我则认为，如以"感兴"作为一个基本范畴，那么，李仲蒙对它的阐释是最为准确的，因为感兴就是以触物为前提的。刘勰在《文心雕龙·比兴》的赞语中以"诗人比兴，触物圆览"为其基调。刘勰虽是通论比兴，却是以兴为落脚点的。在《比兴》中，刘勰指出："若斯之类，辞赋所先，日用乎比，月忘乎兴，习小而弃大，所以文谢于周人也。"（《文心雕龙注》，第602页）刘勰是更为看重兴的功能。触物圆览，也主要是指兴的本质特征。触物起情，是中国美学关于文学艺术

---

① 李学勤，十三经注疏整理委员会整理.十三经注疏：毛诗正义［M］.北京：北京大学出版社，2000：1142.

② 范文澜.文心雕龙注［M］.北京：人民文学出版社，1958：601.

③ 郑玄注，贾公彦疏.周礼注疏［M］.彭林，整理.上海：上海古籍出版社，2010：880.

④ 朱熹.朱子全书：诗集传（卷一）［M］.朱杰人，严佐之，刘永翔.上海：上海古籍出版社、合肥：安徽教育出版社，2010：402.

⑤ 胡寅.崇正辨·斐然集：下册［M］.容肇祖，点校.北京：中华书局，1993：386.

创作冲动产生的根本观念，"感物""天机"等范畴，都应包含于其中。关于感兴状态的描述，与西方美学中的灵感状态非常类似，都是指文学创作发生时那种不可控御、倏然来去的情形。正如陆机《文赋》中所描述的："若夫应感之会，通塞之纪，来不可遏，去不可止。藏若景灭，行犹响起。方天机之骏利，夫何纷而不理？"[①]这种触物兴情所获致的，往往是不可重复的独创性作品。苏轼论陶诗之妙，就是从这个意义着眼："陶潜诗：'采菊东篱下，悠然见南山。'采菊之次，偶然见山，初不用意，而境与意会，故可喜也。"[②]在西方的文论传统中，对于灵感现象，对于独创性的作品，或归之于神赐的迷狂，或归之于天才，或归之于无意识。中国的诗学，主张的是受外物的触发而唤起审美情感，引发诗人的创作冲动，并把这种不可重复的审美创造情境，归之于诗人与外物偶然的触发。正如明代诗论家谢榛所说的那样："诗有天机，待时而发，触物而成，虽幽寻苦索，不易得也。如戴石屏'春水渡傍渡，夕阳山外山'，属对精确，工非一朝，所谓'尽日觅不得，有时还自来'。"[③]触物兴情，感于物而动，这在中国古代诗学中是非常普遍的观念。

这种感兴论的创作观，不仅存在于诗学中，而且存在于其他艺术门类中。《礼记·乐记》中的名言："凡音之起，由人心生也。人心之动，物使之然也。感于物而动，故形于声。"[④]这是以感兴的观念来讲音乐的发生。所谓"感于物而动"，在中国古代的艺术批评中经常是以"触""遇"来表达触物起情的感兴创作观。"触物"并非以身体与外物相触碰，而是以耳目直接感知外物；外物不仅是指自然事物，也包括社会事物。关于这点，钟嵘在《诗品序》中是有明确的表述的，兹不赘述。"触物"是主体以何种方式与外物的触遇？这是直接关系到感兴论审美创造性质的理解的。我曾有这样的表述："触物是诗人以耳目的感官直接感知，把握外物，使物的那种带着鲜活

---

① 李壮鹰.中华古文论释林：魏晋南北朝卷［M］.北京：北京大学出版社，2011：63.
② 苏轼.苏轼文集：第5册［M］.孔凡礼，点校.北京：中华书局，1986：2098.
③ 谢榛.四溟诗话［M］//丁福保.历代诗话续编：下册.北京：中华书局，1983：1161.
④ 李学勤，十三经注疏整理委员会整理.十三经注疏：礼记正义［M］.北京：北京大学出版社，2000：1074.

生命力的形态,作为物象进入诗人的心灵;同时,诗人以其独特的情志和语言造诣,生成诗的审美意象。"① 不唯在文学创作过程,感兴的审美创造观念处处可见,而且,其他艺术门类的批评,多有这种感兴的创作论。例如,唐代书论家张怀瓘评大书法家王献之时说:"人有求书,罕能得者,虽权贵所逼,了不介怀,偶其兴会,则触遇造笔,皆发于衷,不从于外,亦由或默或语,即铜鞮伯华之行也。"② "触遇",即书法家与外物的偶然遇合。宋代著名画论家董逌以"天机"论画,所谓"天机",即感兴论的一种特殊的说法,如其评李伯时画时所说:"伯时于画,天得也。常以笔墨为游戏,不立寸度,放情荡意,遇物则画,初不计其妍蚩得失。至其成功,则无毫发遗恨。此殆进技乎道,而天机自张者耶?"③ 所谓"遇物则画",是说画家在与外物偶遇时即发画兴。又评燕肃画时说:"山水在于位置,其于远近阔狭,工者增减,在其天机。务得收敛众景,发之图素。惟不失自然,使气象全得,无笔墨辙迹。然后尽其妙。故前人谓画无真山活水,岂此意也哉?燕仲穆以画自嬉,而山水尤妙于真形。然平生不妄落笔,登临探索,遇物兴怀。胸中磊落,自成丘壑。"④ 在中国古代文艺理论的创作论思想中,感兴是非常普遍的。它不止于文学的创作发生观念,而且在乐论、画论、书论等领域,也是作为基本的观念存在。如果说西方的创作灵感是以"神赐""回忆""天才""无意识"等为其内涵,中国的感兴论,则离不开"触物"。西方文论中的灵感说,从未谈到这种发生的契机问题,而中国的感兴论,以外物触发主体心灵,作为灵感发生契机的基本解释。文学艺术的创作发生,以"情"的唤起为决定性的契机,感兴论都是落实在主体的情感发动上。刘勰在谈到诗歌创作起因时便说:"人禀七情,应物斯感。感物吟志,莫非自然。"(《文心雕龙注》,第65页)明代徐祯卿也说:"情者,心之精也。情无定位,触感而兴,既动于

---

① 张晶.触遇:中国诗学感兴论的核心要素[J].复旦学报(社会科学版),2016(3):95.
② 张怀瓘.法书要录·卷八:书断[M].张彦远,辑录.北京:人民美术出版社,1964:267.
③ 于安澜.画品丛书:书李伯时县霤山图[M].北京:人民美术出版社,1964:267.
④ 于安澜.画品丛书:广川画跋卷五[M].北京:人民美术出版社,1964:297.

中，必形于声。"① 触物感兴的落脚点在于主体情感的唤起与形式化，这是中国的感兴论的普遍认识。

三、进入命题研究的自觉状态

现在要说的是超越范畴研究的另一个问题，那就是命题研究。范畴研究既久，且有很多高水平的成果，但是目前的中国古代文论研究尚可向前推阐一步，那就是进入命题研究的自觉阶段。命题与范畴密切相关，但并非可以等同。对于范畴研究而言，进入命题研究决非否定范畴的价值，而是一种"升级版"。中国古代文论中有相当多的命题，可以梳理、阐释、归类，从而也可以使当代的文艺美学得到更多的充实。

命题研究当然并非起于今日，而是久已有之。王元化先生的名著《文心雕龙创作论》，可以认为是古代文论命题研究的典范之作。例如，其中的"释《神思篇》杼轴献功说""释《比兴篇》拟容取心说""释《附会篇》杂而不越说""释《养气篇》率志委和说"等专论，都是剖析建构《文心雕龙》提出的若干重要命题的研究论著。韩林德先生曾概括性地论述范畴与命题在中国美学中的功能，他说：

> 在中国古典美学形成和发展的历史长河中，一代代美学思想家和文艺理论家，在探索审美和艺术活动的一般规律时，创造性地运用了一系列范畴和命题。如道、气、象、神、妙、逸、意、和、味、赋、比、兴、意象、意境、境界、神思、妙悟、一画、法度、美与善、礼与乐、文与质、有与无、虚与实、形与神、情与景、言与意、阳刚之美与阴柔之美、立象尽意、得意忘言、涤除玄鉴、澄怀味象、传神写照、迁想妙得、气韵生动，等等。这些范畴与命题，既相互区别，又相互联系和相互转化，彼此形成一种关系结构，共同建构

---

① 徐祯卿. 谈艺录[M]//何文焕. 历代诗话. 北京：中华书局，1981：765.

起中国古典美学的宏大理论体系。一定意义上讲，中国古典美学史，也就是上述系列范畴、命题的形成、发展和转化的历史。可以说，如果我们把握了这些范畴、命题的主旨，也就大体了解中国古典美学的基本面貌了。①

韩林德先生将范畴与命题在中国古典美学理论体系中的地位和功能作了概括性的说明。在他所举的例子中，从"立象尽意"之后便都是命题了。范畴往往是一个单词，如自然、沉郁、天机、家数、意象、格调、味、逸、文气、法度等，有些是复合性的或相对的，如虚实、形神、动静、雅俗、隐显等；而命题的字数更多，内部的语法关系更为复杂，它们所表达的含义更为明确，往往能够代表着某一文论家的核心观念。命题必须是具有陈述性的，如金岳霖先生对于命题的界定："命题的定义就是思议内容之有真或假者，或意思内容中之肯定事实或道理者，或一句陈述句子之所表示而又断定事实或道理，因此而为有真假的思议底内容者。此处之所谓陈述句子相当于英文中的 declarative。不是陈述句子不能表示一命题。"②从哲学和美学的意义上看，陈述与价值判断，应该是命题的核心性质。

中国古代文艺理论中命题的大量存在，给文艺美学研究提供了广阔的空间。金岳霖先生曾将命题分为三类：一、特殊命题，"特殊的命题要求这句子底主词指示一特殊的事体"，"表示特殊命题不在谓词而在主词"。二、有时代或地域的限制的普遍命题，指的是"主词不容易视为普遍名词，如清朝人"；限于时地的命题，如"清朝人有发辫"。三、普遍命题，金岳霖先生的解释是："普遍的命题既不肯定或否定特殊的事实，也不肯定或否定限于时地的普遍情形。表示普遍命题的句子底主词之所表示的是抽象的，就所思的内容说，它是意念或概念，就所思的对象说，它是种类或共相。我们要懂这类的命题我们可以从意念底图案或结构去懂它，而不必求助于手指目视。"（《知识论》，

---

① 韩林德.境生象外［M］.北京：生活·读书·新知三联书店，1995：1.
② 金岳霖.知识论［M］.北京：商务印书馆，1983：831.

第837—838页）我们所说的古代文艺理论的命题，则是从文艺美学的层面，提升出普遍的理论价值，而且这些命题都是经过了很多理论家的使用，经过了历史的淘炼凝结而成的。它们虽然出自不同的文体或艺术门类，出自不同文学家或艺术家的具体创作或评论背景，但经过了不同时代、不同地域的人运用之后，隐含了它的特殊的具体的含义，凝结成具有普遍理论价值的命题。

举一些例子来看。陆机《文赋》中提出的"诗缘情而绮靡"的命题，"强调诗是'缘情'而发，有情而有诗，无情则无诗，'情是诗之本体'。绮靡即绮艳靡丽之美，是诗之审美特征，诗之特征在于美，不美亦非诗，就此而言，美对于诗来说，也具有本体意义"①。"陶钧文思，贵在虚静"，出于《文心雕龙·神思》，是关于创作心态的经典命题，指排除琐屑的日常功利干扰，使心灵处在一种莹澈空明的状态，以利于审美意象的产生。"神用象通，情变所孕"，也是出于《文心雕龙·神思》，是对艺术运思的基本性质的规定，意谓艺术构思的整个过程，都是以意象作为连接的要素的，而这种意象的结构与链条，则是情感变化所孕育的。"各师成心，其异如面"，出于《文心雕龙·体性》，指作家因其个性与内心世界的差异，呈现的风格各异，如同人的不同形貌。"隐也者，文外之重旨者也；秀也者，篇中之独拔者也"，出于《文心雕龙·隐秀》，意谓"隐"是蕴含在文字表层之下的深层含义；"秀"是文本中风标独拔的警策之句。"思与境偕"，出于司空图的《与王驾评诗书》，说的是诗人的艺术灵感与想象，不能脱离客观之境。"境生于象外"，出于刘禹锡的《董氏武陵集纪》，是说意境的生成是在意象的整体关系中。"以俗为雅，以故为新"，出于黄庭坚的《再次韵杨明叔并序》，是江西诗派的诗学理念，以俗为雅，是指诗歌创作中把原本带有市民文化色彩的题材或话语加以诗化或雅化，以造成"陌生化"的审美效果。"以故为新"则是以古人陈言作为原料，用以抒写诗人自我的艺术感受。"夫诗有别材，非关书也；诗有别趣，非关理也。然非多读书，多穷理，则不能极其至。"②出于严羽《沧浪诗

---

① 吴建民.中国古代文论命题研究［M］.南京：南京大学出版社，2017：32.
② 严羽.沧浪诗话校释［M］.郭绍虞，校释.北京：人民文学出版社，1983：26.

话·诗辨》，是说诗有独特的审美性质，非书本知识堆砌出来的；"别趣"是说诗的特殊趣味，并非逻辑理性所能呈现。但如欲达到诗之极致，又要多读书，多穷理。这是一个复合型的命题。

中国古代文艺理论的命题，有一个重要的特征，那就是因其具有深刻的美学内涵，而与其他艺术门类的相通性。例如，古代文论中的很多命题，可以为书论、画论所借鉴，反之亦然。文学创作论中的"气之动物，物之感人，故摇荡性情，形诸舞咏"①所提出的感兴观念，不仅适合于诗歌创作的发生，也适合于其他门类艺术创作的发生。"入兴贵闲"是刘勰在《文心雕龙·物色》中所主张的文学创作心态，而这一心态同时适合其他门类艺术的创作契机的产生。有的学者以"规矩法度"来训释"闲"，认为这是说："因此，一年四季的景色虽然多变，但写到文章中去要有规则。"②这个训释放在《物色》的语境中，是扞格不通的。联系《文心雕龙·养气》中所说的"是以吐纳文艺，务在节宣，清和其心，调畅其气，烦而即舍，勿使壅滞；意得则舒怀以命笔，理伏则投笔以卷怀，逍遥以针劳，谈笑以药倦，常弄闲于才锋，贾余于文勇，使刃发如新，凑理无滞，虽非胎息之迈术，斯亦卫气之一方也"，很明显，这里所说的"闲"，就是心态的闲适优游。这对诗书画等艺术的创作都是大有道理的。关于艺术鉴赏，刘勰提出："凡操千曲而后晓声，观千剑而后识器。故圆照之象，务先博观。"（《文心雕龙注》，第714页）这里关于鉴赏的命题，是在文学范围内提出来的，但显而易见的是，这对所有的艺术门类的鉴赏，都是具有指导意义的。

反过来亦是如此。在其他艺术门类中的很多理论命题，虽是起于特定的艺术背景，但因其所包含着的美学因素，可以成为普遍性的美学命题。举例来说，南朝著名画家宗炳提出的"应会感神"，是出于山水画论，但超越了山水画，成为艺术创作非常重要的命题。在《画山水序》中，宗炳开篇便说："圣人含道映物，贤者澄怀味象，至于山水，质有而趣灵。"③ "含道映物"和

---

① 钟嵘.诗品注[M].陈延杰，注.北京：人民文学出版社，1961：1.
② 刘勰.文心雕龙译注[M].陆侃如，牟世金，译注.济南：齐鲁书社，1995：554.
③ 沈子丞编.历代论画名著汇编[M].北京：文物出版社，1982：14.

"澄怀味象"可以视为互文，而后者主张画家以澄明的心境品味山水之象。谢赫作《古画品录》，提出"绘画六法"："六法者何？一、气韵生动是也；二、骨法用笔是也；三、应物象形是也；四、随类赋彩是也；五、经营位置是也；六、传移模写是也。"①"六法"皆为画论之命题，而其排在首位的"气韵生动"的理论价值，已越出了一般的绘画理论的层面，成为最具美学内涵的普遍性命题。著名的美术史家王世襄先生曾这样指出："是则气韵生动，诚为最名贵而卓然独立之一法，乃画家之极诣。气韵为读者只可以精神灵感领会画中所流露之活跃动态，超越五法之上，而不可与之排比者。"②作为中国古代文艺理论中最具代表性的命题，"气韵生动"已成为文学艺术创作的最重要的价值尺度。大画家顾恺之提出的"传神写照"的命题，也超越了一般绘画的局限。它的本义是通过人物画的"点睛之笔"，表现人物的精神气韵，洞烛人的灵魂，而它已经具有了普遍的美学意义。苏轼对于诗画的内在审美特征的一致性提出的"诗画本一律，天工与清新"（《书鄢陵王主簿所画折枝》）的命题，也是不拘泥于特定的艺术门类的。关于书论，杜甫在诗中提出"书贵瘦硬方通神"（《李潮八分小篆歌》）的命题，表达了特定的书法审美风格的取向，其实这也不仅是关于书法的，杜甫在题画时同样明确地表现这种审美观念。他在《丹青引赠曹将军霸》一诗中，嘲讽当时画马名家韩幹"幹惟画肉不画骨，忍使骅骝气凋丧"。杜甫还在评画中有"尤工远势古莫比，咫尺应须论万里"（《戏题王宰画山水图歌》）这样的名句，于是产生了"咫尺万里"的美学命题，成为中国艺术的理想审美追求。王夫之以此命题论诗道："论画者曰：'咫尺有万里之势。'一'势'字宜着眼。若不论势，则缩万里于咫尺，直是《广舆记》前一'天下图'耳。五言绝句，以此为落想时第一义，唯盛唐人能得其妙。如：'君家住何处？妾住在横塘。停船暂借问，或恐是同乡。'墨气四射，四表无穷，无字处皆其意也。"③王国维以"境界"作为词的最高审美标准，他提出这样的命题："词以境界为最上。有境界则自成高格，自有名

---

① 谢赫著，于安澜编著.画品丛书[M].郑州：河南大学出版社，2015：6.
② 王世襄.中国画论研究[M].北京：生活·读书·新知三联书店，2013：25.
③ 王夫之.清诗话：姜斋诗话[M].丁福保，辑.上海：上海古籍出版社，2015：19.

句。"① 这不仅是静安先生论词的审美标准,也是评价所有文学艺术创作,如小说、戏曲的最高审美标准。

不唯是能够贯通于其他艺术门类的命题才有重要的美学理论价值,很多仅是在本门艺术中提出的命题,仍然有着非常丰富的理论蕴含,存在着渊深的美学阐释空间。例如,刘勰在《文心雕龙·物色》中提出的"目既往还,心亦吐纳"的命题,深刻地揭示了审美主客体之间彼此往还的关系。情与物之间,主体与客体之间,吐纳往还,似同赠答,也类似于现象学所说的"互为主体性"。《文心雕龙·神思》中提出的"独照之匠,窥意象而运斤",是尤为值得深入探研的命题。这个命题,不仅将"意象"凝结成为一个稳定的成熟的审美范畴,而且使"意象"这个范畴有了明确的渊源与内涵。这个命题昭示了意象的内在性,作家通过反观内心生成的形象,即"意象"进行"郢人运斤"般的艺术表现。对于文学艺术的创作心理来说,这是最为核心的命题。杜甫的"别裁伪体亲风雅,转益多师是汝师"(《戏为六绝句》之六)指出在诗史领域"别裁伪体"正本清源的必要性,同时,要求学诗者应该"转益多师"。沈括在其名著《梦溪笔谈》中提出的"书画之妙当以神会,难可以形器求也"的命题,具有深刻的时代因素,包含着超越形似的审美要求。中国绘画发展到北宋时期,以文人画的价值观为导向,主张在形似之外,蕴含更为微妙的旨意。沈括阐发道:"世之观画者多能指摘其间形象位置、彩色瑕疵而已,至于奥理冥造者罕见其人。如彦远《画评》言:'王维画物,多不问四时,如画花,往往以桃、杏、芙蓉、莲花同画一景。'予家所藏摩诘画《袁安卧雪图》,有雪中芭蕉,此乃得心应手,意到便成,故造理入神,迥得天意,此难可与俗人论也。"② 苏轼也提出"论画以形似,见与儿童邻"的命题,其意与此相近。欧阳修《六一诗话》中记载诗人梅尧臣之语谓:"必能状难写之景,如在目前;含不尽之意,见于言外,然后为至矣。"③ 这是具有丰富美学意蕴的命题。梅尧臣将"如在目前"和"见于言外"的结合,作为诗歌创造

---

① 王国维.人间词话[M].黄霖等,导读.上海:上海古籍出版社,1998:1.
② 沈括.全宋笔记(第二编):梦溪笔谈[M].郑州:大象出版社,2017:126.
③ 欧阳修.欧阳修全集:第五册[M].李逸安,点校.北京:中华书局,2001:1952.

的最高境界。词学家周济提出"夫词，非寄托不入，专寄托不出"①的命题，要求词人将自己特定的内心幽思通过一物一事得到具体而微的表现。叶昼评点《水浒传》，提出了"天下文章当以趣为第一"②，揭示了小说美感的核心内涵所在。

四、命题的双重属性及美学功能

在我看来，美学命题是陈述的客观性和价值的取向性的双重属性的合体。命题的陈述必须是客观真实的，否则就成了虚假命题，也就不可能经受时间的考验而成为文艺理论史或美学史上的经典之论。海德格尔谈到命题时说："真实的东西，无论是真实的事情还是真实的命题，就是相符、一致的东西。在这里，真实和真理就意味着符合（Stimmen），而且是双重意义上的符合：一方面是事情与关于事情的先行意谓的符合；另一方面则是意思与事情的符合。"海德格尔认为"命题真理"应该是建立在"事情真理"的基础之上的，他也谈到命题的取向性，尤为值得我们在讨论命题研究时参考。海德格尔认为："传统的真理定义表明了符合的这一双重特性：venritasestadaequatio rei et intellectus。这个定义的意思可以是：真理是物（事情）对知的适合。诚然，人们往往喜欢把上述本质界定仅仅表达为如下公式：veritas estadaequatiointellectus ad rem（真理是知与物的符合）。不过，这样被理解的真理，即命题真理，却只有在事情真理（Sachwahrheit）基础上，即在 adequatio rei ad intellectum（物与知的符合）的基础上，才是可能的。真理的两个本质概念始终就意指一种'以……为取向'，因此它们所思的就是作为正确性（Richtigkeit）的真理。"③海德格尔对命题的这种"双重特性"的论述，我认为是适合我们来讨论中国的美学命题的。"命题真理"建立在"事情

---

① 周济.中华古文论释林·清代下卷：宋四家词选目录序论［M］.李壮鹰，党圣元，分卷.北京：北京大学出版社，2012：443.
② 叶朗.中国小说美学［M］.北京：北京大学出版社，1982：31.
③ 海德格尔.路标［M］.孙周兴，译.北京：商务印书馆，2000：208.

真理"的基础之上，这是对命题的基本规定。"在己为情，情动为志，情志一也"（《春秋左传正义·昭公二十五年》孔颖达疏）、"文以气为主"（曹丕《典论·论文》）、"两重意以上，皆文外之旨"（皎然《诗式》）、"言有尽而意无穷"（严羽《沧浪诗话·诗辨》）、"文章自得方为贵"（王若虚《山谷于诗，每与东坡相抗，门人亲党，遂有言文首东坡、论诗右山谷之语。今之学者亦多以为然，漫赋四诗为商略之云》）、"凡画山水，意在笔先"（王维《山水论》）、"画之逸格，最难其俦"（黄休复《益州名画录》）等文学艺术的命题，都是具有充分的客观性的，也是可以被证实的。

命题的另一面的特性在于它的价值取向性，也就是说，很多命题具有颇为鲜明的价值取向，包含着主体的意志，为文学艺术的创作设立了某种标准。借用现象学的基本概念就是所谓"意向性"。命题是精神活动的意向对象。这种意向性，在我们所探讨的古代文艺理论的命题中，其实就是一种价值取向，乃至一种理想化的标准。美国哲学家斯托特主张，"它是与某种现实性有关的事物的本性固有的真正的可能性。在判断中，心灵知道某种确定的事实，这一事实可进一步加以确定，心灵则从这些真正的可能性中选择一个与确定的事实相关联的真正的可能性，并且作为判断的独立对象起作用"[①]。斯托特的论述解决了命题的客观性与价值取向性的统一问题。这对于我们理解中国古代文艺理论的命题性质，是颇有借鉴意义的。例如，钟嵘《诗品序》中提出的"使味之者无极，闻之者动心，是诗之至也"（《诗品注》，第4页），这既符合诗歌的创作实践，又表达了作者关于诗的理想形态。严羽提出"盛唐诸人惟在兴趣"（《沧浪诗话校释》，第26页）的命题，以盛唐时期的诗歌作为"透彻之悟"的典范，既有对唐宋诗的优劣判断，又有其对诗的理想预设。李渔论词，提出了"文字莫不贵新"[②]的命题，这既是对文学创作规律的概括，又体现了李渔的文学价值观。宋代画家郭若虚提出了"气韵非师"[③]的命题，一方面是对"气韵生动"命题的阐发；另一方面更是体现了他的文人画价值观。

---

① 孙小礼.科学方法[M].北京：知识出版社，1990：224.
② 李渔.词话丛编·第一册：窥词管见[M].唐圭璋，编.北京：中华书局，1986：551.
③ 郭若虚.图画见闻志：卷一[M].邓白，注.成都：四川美术出版社，1986：49.

有些命题，带有颇具个性化的审美取向，如元代画家倪瓒所提出的"仆之所谓画者，不过逸笔草草，不求形似，聊以自娱耳"①，还有汤显祖提出的"因情成梦，因梦成戏"②的命题，带有典型的汤显祖的色彩。这类命题的审美价值取向是十分鲜明的，成为文学艺术中特有的价值形态。

　　超越一般逻辑学层面的命题含义，而就中国古代文艺理论大量客观存在的命题作形态化的分析，这是从文艺美学角度所进行的理论尝试。范畴研究已经有了卓越的成就，向前一步，就到了命题研究。我们以往也有过相关研究，但从整体上讲，还是自在的，而非自觉的。命题研究当然离不开范畴分析，但从建构中国特色的哲学社会科学话语体系的意义上看，范畴研究是远远不够的。之所以借助文艺美学的框架和视角，是因为文艺美学有明显的当代性和民族性。从文艺美学的角度来观照，命题研究是可以将中国古代文艺理论作整合性的建构的，而这又是有助于文艺美学的突破的。一举两得，何乐而不为！

---

① 倪瓒.清阁集：答张仲藻书［M］.江兴祐，点校.杭州：西泠印社出版社，2010：319.
② 汤显祖.汤显祖集全编·第四册：复甘义麓［M］.徐朔方，笺校.上海：上海古籍出版社，2015：1941.

"丘壑"论*

——兼谈中国山水画论中的艺术图式

一、问题的提出

在中国古代画论尤其是山水画论中,"丘壑"是一个随处可见的概念。但这个概念是描述性的,并不具有明确的内涵,反之,因为画论家基本上都是著名画家,"丘壑"都是在创作论中所涉及的,这个概念倒是充分体现出它的经验特征与鲜活魅力。其实,画论家们在使用这个概念时也没有统一的意涵,而是因语境不同而意味有别。从字面上看,"丘壑"乃深山幽谷,如谢灵运诗中的"昔余游京华,未尝废丘壑"。画论中间或也有指谓客观山水景物者,但这是极少数,绝大多数论者都指画家的内在山水构形,所言之丘壑,都是持存于画家内心之中的。较早以"丘壑"论画者如黄庭坚(山谷),在评苏轼枯木竹石画时就说:"胸中元自有丘壑,故作老木蟠风霜。"[1]这里所称苏轼(子瞻)的"丘壑",就是胸中所有。宋代著名画论家董逌评画多以"胸中丘壑"称山水画之创作典范,如评燕肃所画《写蜀图》:"然平生不妄落笔,登临探索,遇物兴怀。胸中磊落,自成丘壑。至于意好已传,然后发之。"[2]《宣和画谱》评高克明山水画:"喜游佳山水间搜奇访古,穷幽探绝终日忘归。

---

* 本文原载于《北京大学学报》(哲学社会科学版) 2021 年第 4 期,收入本书时略有改动。
[1] 任渊等.黄庭坚诗集注[M].北京:中华书局,2003:349.
[2] 董逌.广川画跋[M].于安澜.画品丛书.上海:上海人民美术出版社,1982:297.

心期得处即归，燕坐静室，沉屏思虑，庶与造化者游。于是落笔则胸中丘壑尽在目前。"① 可知，大多数画论家所言之"丘壑"，都是画家胸中所营，即"丘壑内营"，而并非指外在的山水物象。正如伍蠡甫先生所指出的："尤其是画中丘壑，都经过'内营'，决非复制自然。"② 当然，"胸中丘壑"并不是与画家所面对的山水物象无涉的臆造之象，而是画家在面对山水物象反复观赏、揣摩乃至写生的过程中而生成于内心的基本图式。唐代大画家张璪的名言"外师造化，中得心源"，是"胸中丘壑"得以生成的不刊之论！明代大画家董其昌所言也道出其中奥妙，他说："画家六法，一气韵生动。气韵不可学，此生而知之，自有天授。然亦有学得处。读万卷书，行万里路，胸中脱去尘浊，自然丘壑内营，立成鄞鄂。随手写出，皆为山水传神矣。"③ 董其昌也是将"丘壑"作为画家创作的基本主体要素，他认为丘壑是可以后天熔炼养成的，其途径一在于"读万卷书"，即知识储备；二在于"行万里路"，对名山大川饱游饫看。《宣和画谱》的《山水叙论》中说："岳镇川灵，海涵地负。至于造化之神秀，阴阳之明晦，万里之远可之得之于咫尺间，其非胸中自有丘壑发而见诸形容未必知此。"④ 由这些论述可以看出，山水画论所说的"丘壑"，对于山水画的创作而言，是至关重要的。倘然画家胸无丘壑，只是面对山水临机模仿，或只是以笔墨畦径加以勾勒，那是不可能创作出杰出的山水珍品的。

"丘壑"这样一个普遍存在于中国古代画论中的概念，其意蕴非常丰富，内涵具有重要的美学理论价值，但人们对它习焉不察，尤其是罕见对它的学理性考察及美学角度的阐释。在某种意义上，它还是"沉睡"在画论研究领域。我认为，现在是到了应该"唤醒"它的时候了！

---

① 宣和画谱：第十一卷［M］. 卢辅圣. 中国书画全书：第二册. 上海：上海书画出版社，2009：367.
② 伍蠡甫. 中国画论研究［M］. 北京：北京大学出版社，1983：65.
③ 董其昌：画禅室随笔：卷二［M］// 卢辅圣. 中国书画全书：第五册. 上海：上海书画出版社，2009：140.
④ 宣和画谱：卷十［M］// 卢辅圣. 中国书画全书：第二册. 上海：上海书画出版社，2009：361.

二、"丘壑"是什么？

那么读者不禁要问：丘壑究竟是什么？

首先，丘壑是画家将山水物象作为审美对象吸纳于内心，并以"脱去尘滓"的精神气韵加以运化，同时，须向前人名迹临摹学习，以前人已有的山水图式为蓝本，再以眼前山水物象为感兴契机，进行矫正，而在画家心中形成的内在山水图式。

画家的丘壑，并不仅仅是从当下的物象中得来的，而是有着前人已经形成的图式为其蓝本。清初画家王翚（石谷）有这样的名言："以元人笔墨，运宋人丘壑，而泽以唐人气韵，乃为大成。"① 清代画家唐岱主张学画应该是"模仿旧画，多临多记，古人丘壑，融会胸中"②。清代画家沈宗骞所说的："是以胸中丘壑原非我所固有，平时摹遍各家渐识其承接掩映去来虚实之故。"③ 这些论述都是要求学画者从前人名迹中习得已经形成的山水图式。

其次，如果没有一个饱览自然物象、山水奇观的过程，"胸中丘壑"是无从得到的。这种观赏，只有以画家作为审美主体与客体的"物化"式的投入才能真正获得山水形胜入"我"怀抱的意境。正如刘勰在《文心雕龙》中论及诗人与"物色"的双向关系，恰是画家观览自然物象的态度。《文心雕龙·物色》篇的赞语说："山沓水匝，树杂云合。目既往还，心亦吐纳。春日迟迟，秋风飒飒。情往似赠，兴来如答。"④ 画家在对自然物象进行观览时的心胸亦当如是。宗炳在谈到画家用自己的眼睛摄取山水之美时说："夫以应目会心为理者，类之成巧，则目亦同应，心亦俱会。应会感神，神超理得，虽

---

① 王翚.清晖画跋［M］.沈子丞.历代论画名著汇编.北京：文物出版社，1982：317.
② 唐岱.绘事发微［M］//俞剑华.中国古代画论类编：第2版.北京：人民美术出版社，2000：849.
③ 沈宗骞.芥舟学画编［M］//卢辅圣.中国书画全书：第十五册.［M］//上海：上海书画出版社，2009：138.
④ 刘勰.文心雕龙·物色［M］//范文澜.文心雕龙注.北京：人民文学出版社，1958：695.

复虚求幽岩,何以加焉。"①宋初著名山水画家范宽初学李成,后来潜心观察自然,自成一家。《圣朝名画评》对此记述道:"居山林间,常危坐终日,纵目四顾,以求其趣。虽雪月之际,必徘徊凝览,以发思虑。学李成笔,虽得精妙,尚出其下。遂对景造意,不取繁饰,写山真骨,自为一家。"②

在观览自然物象的同时,以心揣摩,"神游物外",渐而成家。南宋画家李澄叟以自身的学画经历,谈到画花竹及画山水都要广览物色,精研对象的特征,是谓"各从其类"。他说:"画牛虎犬马一切飞走,要皆从类而得之者真矣!不然则劳而无功,远之又远矣。韩幹画马,云厩中万马皆吾师之说明矣。画花竹须访问于老圃,朝暮观之,然后见其含苞养秀,荣枯雕落之态无阙矣。画山水者须要遍历广观,然后方知著笔去处。何以知之?澄叟自幼而观湘中山水,长游三峡夔门,或水或陆尽得其态,久久然后自觉有力。"③明代画家唐志契认为学画山水"当法自然",他说:"画不但法古,当法自然。凡遇高山流水,茂林修竹,无非图画。又山行时见奇树,须四面取之。树有左看不入画、而右看入画者,前后亦然。看得多,自然笔下有神。传神者必以形,形相与心手凑而相忘,未有不妙者也。夫天生山川,亘古垂象,古莫古于此,自然莫自然于此。孰是不入画者!宁非粉本乎!"④所谓"粉本",即画稿,元代汤垕对此解释说:"古人画稿,谓之粉本,前辈多宝蓄之。盖其草草不经意处有自然之妙。宣和、绍兴所藏之粉本多有神妙者。"⑤可见粉本指前代名家可供临摹的稿本。

清代画家盛大士主张画家一定要抓住眼前好景,他认为这是画家获得"独得之秘"的基本功夫:

---

① 宗炳.画山水序[M]//沈子丞.历代论画名著汇编.北京:文物出版社,1982:14.
② 刘道醇.圣朝名画评:卷二[M]//于安澜.画品丛书.上海:上海人民美术出版社,1982:132.
③ 李澄叟.画山水诀[M]//卢辅圣.中国书画全书:第三册.上海:上海书画出版社,2009:249.
④ 唐志契.绘事微言[M]//卢辅圣.中国书画全书:第五册.上海:上海书画出版社,2009:470.
⑤ 汤垕.古今画鉴[M]//卢辅圣.中国书画全书:第三册.上海:上海书画出版社,2009:476.

画家惟眼前好景不可错过，盖旧人稿本皆是板法，惟自然之景，活泼泼地。故昔人登山临水每于皮袋中置描笔在内，或于好景处见树有怪异，便当模写记之，分外有发生之意。登楼远眺，于空阔处看云彩，古人所谓天开图画者是已。夫作诗必籍佳山水，而已被前人说去，则后人无取赘说。若夫林峦之浓淡浅深，烟云之灭没变幻，有诗不能传而独传之于画者，且倏忽隐现，并无人先摹稿子，而惟我遇之遂为独得之秘，岂可睹面失之乎？若一时未得纸笔，亦须以指画肚，务得其意之所在。①

这无疑是画家的经验之谈。清代画论家唐岱作《绘事发微》，专有"游览"一节，其中说："古云，不破万卷不行万里无以作文，即无以作画也。诚哉是言。如五岳四镇太白、匡庐、武当、王屋、天台、雁荡、岷峨巫峡，皆天地宝藏所出，仙灵窟宅，今以几席笔墨间欲辨其地位，发其神秀，穷其奥妙，夺其造化，非身历其际，取山川钟毓之气，融会于中，又安能办此哉！——故欲求神逸兼到，无过于遍历名山大川则胸襟开豁，毫无尘俗之气，落笔自有佳境矣。"②画家面对名山大川的游历观察，对于自然物象的观览谛视，并非一般性地游览，而是与自然晤对，与心灵吐纳。

"丘壑"并不是一个中性的概念，而是包含着论者对画家的品格及画艺的高度肯定。黄庭坚以其对苏轼的推崇，评子瞻的枯木画为"胸中元自有丘壑"，足见其赞美之意。黄庭坚在文人画的立场上，与苏轼全然一致。黄庭坚的审美价值观首在于"不俗"，认为"俗"是不可救药之病。如其所言："余尝为少年言，士大夫处世可以百为，唯不可俗。俗便不可医也。"③他对苏轼书画艺术成就的推崇，首在于"无尘埃气"，如其评子瞻书体："东坡独以翰墨妙天下，盖其天资所发耳，观其少年时字画已无尘埃气，那得老年不造微入妙

---

① 盛大士.溪山卧游录[M]//俞剑华.中国古代画论类编.北京：人民美术出版社，2000：262.
② 唐岱.绘事发微[M]//卢辅圣.中国书画全书：第十二册.上海：上海书画出版社，2009：472.
③ 黄庭坚.书缯卷后[M]//卢辅圣.中国书画全书：第一册.上海：上海书画出版社，2009：689.

也。"① 黄庭坚又为东坡《卜算子·缺月挂疏桐》一词作跋云:"东坡道人在黄州时作。语意高妙,似非吃烟火食人语,非胸中有万卷书,笔下无一点尘俗气,孰能至此。"② 在黄庭坚看来,"丘壑"是与主体的高洁"胸次"不可分割的。他认为仅有笔墨而无不俗的心胸,是谈不到"丘壑"的。所以他说:"或谓七人皆诗人,此笔乃少丘壑耶?山谷曰:一丘一壑自须其人胸次有之,但笔间那可得?"③ "丘壑"不等同于笔墨,然须笔墨发之;丘壑不等同于"气韵",但无气韵也无以成丘壑。因而,谈丘壑又多与气韵联系越来。例如,清初画家龚贤提出"画家四要",包括笔法、墨气、丘壑、气韵。他说:"先言笔法,再论墨气,更讲丘壑,气韵不可说,三者得则气韵生矣。"④ "丘壑"意味着从画家的性灵中流出,成于画家灵府。胸有丘壑,意味着作品一定会是气韵生动的,充满生机的,气势飞动的,而非呆板的、僵死的。

不同的画家有不同的丘壑。每一个有造诣的画家,在饱游饫看山水胜迹时,所吸纳的都是属于自我的审美境界;运之以主体性的心胸,必有独特的丘壑在胸中生成。吸取外来的观感,是为了增加属于自我的独特个性。王昱就曾说:"知有名迹遍访借观,嘘吸其神韵,长我之识见。而游览名山,更觉天然图画,足以开拓心胸,自然丘壑内融,众美集腕,便成名笔矣。"⑤ 王昱所说的"丘壑内融",是融于自我,众美集于自己一腕。清代画家华翼纶也是在这种意义上主张"孤行己意",以写自我之丘壑,他说:"画必孤行己意乃可自写吾胸中之丘壑,苟一徇人,非俗即熟。子久、云林、梅道人辈,其品高出一世,故其笔墨足为后世师。此其人岂肯一笔徇人?"⑥ 华氏所力主的即是画家的个性,其所言之"丘壑",有着突出的主体色彩。画之高下,以此见出。山水画家的丘壑,既从前人的名迹中学习、掌握相关题材的程式性画法,又

---

① 黄庭坚.论子瞻书体[M]//卢辅圣.中国书画全书:第一册.上海:上海书画出版社,2009:700.
② 黄庭坚.跋东坡乐府[M]//卢辅圣.中国书画全书:第一册.上海:上海书画出版社,2009:673.
③ 卜寿珊.心画[M].皮佳佳译.北京:北京大学出版社,2017:80-81.
④ 龚贤.柴丈画说[M]//俞剑华.中国古代画论类编.北京:人民美术出版社,2000:790.
⑤ 王昱.东庄论画俞剑华.中国古代画论类编.北京:人民美术出版社,2000:188.
⑥ 华翼纶.画说[M]//俞剑华.中国古代画论类编.北京:人民美术出版社,2000:315.

以自己的胸次加以融会，因而形成它的特殊性所在。德国古典哲学时期的大哲学家谢林谈到艺术家的特殊性力量时说：

> 特殊性决不只凭其局限而存在；而总是通过一种内在的力量，它借此以自立作为一个特殊的整体，以别于万有。这种特殊性的力量，从而也是个性的力量，表现为生气蓬勃的性质，对这种力量的消极的想法必然会带来对艺术特征的片面的和错误的看法。艺术，如果目的只在于呈现个体的空壳或界限，就会成为毫无生气和生硬不堪了。当然，我们希望不仅看到个体，而且还要更多些，看到它的生气蓬勃的理式。然而，如果艺术家已经抓住了理式的内在创造精神和精髓，而且把这点显示出来，他便使个体成为一个自在的宇宙，一个永恒的原型。①

谢林所说的这种艺术家面对自然所显示出的"特殊的力量"以及他所说的"理式"，对于我们理解画家的"丘壑"的个性化特征是颇有启示意义的。

三、丘壑：图式与矫正

现在要说的是另一个问题，丘壑以笔墨外显，但非笔墨；丘壑以气韵充之，却又非气韵。那么，丘壑究竟又是什么？我所给出的命题便是：画家内心的艺术审美图式。

之所以用"图式"来说明"丘壑"为何物，是因它是生成于艺术家的内心世界的。从认知心理学的意义上讲，"图式"是人们在认知过程中，通过对同一类客体或活动的基本结构的信息进行抽象概括，在大脑中形成的框图。在瑞士心理学家皮亚杰的发生心理学理论中，图式是一个最为基本的概念。

---

① 谢林.论造型艺术对自然的关系[M]//缪灵珠.美学译文集：第二卷.北京：中国人民大学出版社，1998：304–305.

现象学美学家茵加登将"图式化外观"作为文学作品的多层次构成的一个基本层次。茵加登以意向化的方式来分析文学作品,认为:"文学作品是一个多层次的构成。它包括:① 语词声音和语音构成以及一个更高级现象的层次;② 意群层次:句子意义和全部句群意义的层次;③ 图式化外观层次,作品描绘的各种对象通过这些外观呈现出来;④ 在句子投射的意向事态中描绘的客体层次。从各个层次的材料和内容中产生了整个作品的形式统一性。"① 茵加登所说的"图式化外观",指的是人们在阅读文学作品时的头脑中由文字而产生的内在视像,与本文所论的画家内在图式并非一回事,但是可以帮助我们来理解这个问题。真正在绘画创作的意义上来阐述图式的性质,要推英国著名的艺术理论家贡布里希。贡布里希在《艺术与错觉——图画再现的心理学研究》这部杰出的著作里,用"图式"作为一个最基本的理论范畴。他认为:"'艺术的语言'一语并不是一个不确切的比喻,即使是用图像去描写可见世界,我们也需要一个成熟的图式系统。"② 图式当然不是理念,它是一种内在的框图。画家在创作时并非仅是对当前的山水物象进行写实性的描绘,而是要以自己内心中已经贮存的图式为基底,又以眼前的物象进行矫正。在他看来,艺术的发展,正是图式与矫正相互运动的过程。贡布里希非常认同心理学家艾尔(F.C. Ayer)的结论,他引述艾尔的话说:"训练有素的画家学会大量图式,依照这些图式他可以在纸上迅速地画出一只动物、一朵花或一所房屋的图式。这可以用作再现他的记忆图像的支点,然后他逐渐矫正这个图式,直到符合他要表达的东西为止。许多缺乏图式而能按照另一幅画画得很好的画家,不能够按照对象绘画。"③ 艺术训练是学画者成为画家最基本的途径,对于一个画家来说,没有艺术训练,就不可能成为画家。我认为,艺术训练是艺术家创造出精品杰作的最主要的主体条件。我曾对"艺术训练"这个概念作过这样的界定:"所谓艺术训练,指艺术家在长期的艺术实践中,为实现自己

---

① 茵加登. 对文学的艺术作品的认识[M]. 陈燕谷,晓未,译. 北京:中国文联出版公司,1988:10.
② 贡布里希. 艺术与错觉[M]. 林夕,李本正,范景中,译. 长沙:湖南科技出版社,2002:61.
③ 贡布里希. 艺术与错觉[M]. 林夕,李本正,范景中,译. 长沙:湖南科技出版社,2002:107.

的艺术理想而进行的专业性训练，包括老师指导与自我训练。从某一门类艺术的初学者，到成熟的乃至杰出的艺术家，这个过程必然伴随着长期的、自觉的艺术训练。"① 艺术训练的一个基本内容便在于艺术图式的学习与掌握。这些图式存在于前代艺术家的艺术创作经验之中。从绘画角度来看，如不同类型的绘画所具有的结构与表现方式。这种图式相沿而成为传统，后来的画家学习并掌握前代画家的图式，进而根据当下的对象进行矫正，从而创作出具有生命力的新作。贡布里希指出："我们说文艺复兴时期艺术家全神贯注于结构，我认为这种全神贯注有一个很实用的根基，那就是他们需要了解事物图式。因为在某种意义上我们关于'结构'的概念本身，即关于决定事物'本质'（essence）的某种基本支架或骨架的观念本身，反映了我们需要一个方案用来掌握这个多变世界的无限多样化。"② 画家的艺术训练，要从"白板"开始，逐渐学习和掌握很多图式。每个在画史上有自己的地位的画家，都创造了属于自己的独特图式。例如，所谓"曹衣出水，吴带当风"，就指北齐画家曹仲达和唐代画家吴道子在画人物方面的不同图式。郭若虚的《图画见闻志》中有"论曹吴体法"一节，其谓："曹吴二体，学者所宗。按唐张彦远《历代名画记》称，北齐曹仲达者，本曹国人，最推工画梵像，是为曹；谓吴道子曰吴。吴之笔其势圆转而衣服飘举，曹之笔其体稠叠而衣服紧窄，故后辈称之曰：吴带当风，曹衣出水。"③ 在中国古代的花鸟画中，黄筌和徐熙同为一代名家，但其所创图式亦颇有异，《图画见闻志》中"论黄徐体异"一节云：

> 谚曰：黄家富贵，徐熙野逸。不唯各言其志，盖亦耳目所习，得之于心而应之于手也。何以明其然？黄筌与其子居寀，始并事蜀为待诏，筌后累迁如京副使。既归朝，筌领真命为宫赞，居寀复以待诏录之。皆给事禁中。多写禁籞所有珍禽瑞鸟、奇花怪石。今传

---

① 张晶.艺术训练论［J］.现代传播.2020（9）：79.
② 贡布里希.艺术与错觉［M］.林夕，李本正，范景中，译.长沙：湖南科技出版社，2002：113.
③ 郭若虚.图画见闻志［M］//卢辅圣.中国书画全书：第一册.上海：上海书画出版社，2009：469.

世桃花鹰鹘、纯白雉兔、金盆鹁鸽、孔雀龟鹤之类是也。又翎毛骨气尚丰满,而天水分色。徐熙江南处士,志节高迈,放达不羁。多状江湖所有汀花野竹、水鸟渊鱼,今传世凫雁鹭鸶、蒲藻虾鱼、丛艳折枝、园蔬药苗之类是也。又翎毛形骨贵轻秀,而天水通色。二者犹春兰秋菊各擅重名,下笔成珍,挥毫可范。①

黄筌和徐熙各开花鸟画的图式,形成花鸟画中的"二水分流"的门派传统。在山水画中,唐代大画家李思训开青绿山水一派,成为明代董其昌所说的"南北二宗"之北宗的开山祖师。元代汤垕描述这派山水画的图式相传时说:"李思训画著色山水,用金碧辉映,为一家法。其子昭道,变父之势,妙又过之。时人号为大李将军、小李将军。至五代蜀人李昇,工画著色山水,亦呼为小李将军。宋宗室伯驹,字千里,复仿效为之,妩媚无古意。余尝见《神女图》《明皇御苑出游图》,皆思训平生合作也。又见昭道《海岸图》,绢素百碎,粗存神采。观其笔墨之源,皆出展子虔辈也。"② 这些画家都是开创了属于自己的艺术图式的。山水画中的"丘壑",也就是画家所创造出来的内在图式。画家临摹前人的名作,主要是熟悉、掌握前人丘壑而养成自己内心丘壑的过程。

丘壑与笔墨相对而称,前者是画家心中的山水图式,后者是用以表现它的艺术语言。清代著名画家唐岱,在其画论中非常重视"丘壑"的养成,而画家的丘壑,乃是从学习名师入手,将"古人丘壑"融会心中,他从传承的意义上说:"凡画学入门必须名师讲究指示立稿,如山之来龙起伏阴阳向背,水之来派近远湍流缓急,位置稳妥。令学者得用笔用墨之法,然后视其笔性所近引之入门。俟皴染纯熟心手相应则摹仿旧画多临多记,古人丘壑融会心

---

① 郭若虚.图画见闻志[M]//卢辅圣.中国书画全书:第一册.上海:上海书画出版社,2009:470.

② 汤垕.古今画鉴[M]//卢辅圣.中国书画全书:第三册.上海:上海书画出版社,2009:469.

中，自得六法三品之妙。落笔腕下眼底一片空明，山高水长气韵生动矣。"①摹仿旧画、多临多记，是为将"古人丘壑"融会心中。唐岱还在"临旧"一节中论述了临仿旧画主要是古人名迹，不能只求形似，而要追求其神韵，其言云："凡临旧画须细阅古人名迹。先看山之气势次究格法，以用意古雅笔精墨妙为尚也，而临旧之法虽摹古人之丘壑梗概，亦必追求其神韵之精粹，不可只求形似。"②丘壑也可以理解为画家落笔时内心已有之"成见"，或如郑燮所谓"胸中之竹"。唐岱还有专论"丘壑"之一节，其中的阐述，可以使我们更为具体地了解山水画论中所说的"丘壑"的大致内蕴，此处略选部分文字："画之有山水也，发挥天地之形容，蕴藉圣贤之艺业。如山主静，画山亦要沉静，立稿时须凝神澄虑，存想主山从何处起。布置穿插先有成见然后落笔。使主山来龙起伏有环抱，客山朝揖相随，阴阳向背俱各分明。……至于烟岚云霭或有或无，总在隐没之间写照。一草一木各具结构方成丘壑。知此中微奥者必要虚中求实实里用虚，然后四时之景由我心造，山川胜概宛然目前。"③从唐岱的描述中，我们大致可以认识山水画中的"丘壑"是画家内心中的图式、结构等，而画家要从古人的名迹中反复临仿以获取之，并融会以自己的情趣胸襟，而且要从古人的丘壑中生发改造。清代画家华琳指出"作画惟以丘壑为难"，是因其既要师法古人，又要自出机杼。他说："古人作画于通幅之屈伸、变换、穿插、映带、蜿蜒曲折，皆惨淡经营，然后落笔。故文心傲诡而不平，理境幽深而不晦。使人观之如入山阴道上，应接不暇，而又一气婉转，非堆砌成篇，乃得山川真正灵秀之气。初学之士，固不能如吴道子粉本在胸，一夕脱手。惟须多临成稿，使胸有成竹，然后陶铸古人，自出机杼，方成佳制。不然师心自用，非痴呆无心思，即乖戾无理法。"先须"多临

---

① 唐岱.绘事发微［M］//卢辅圣.中国书画全书：第十二册.上海：上海书画出版社，2009：466.

② 唐岱.绘事发微［M］//卢辅圣.中国书画全书：第十二册.上海：上海书画出版社，2009：472.

③ 唐岱.绘事发微［M］//卢辅圣.中国书画全书：第十二册.上海：上海书画出版社，2009：467.

成稿",而后方能"自成丘壑"。① 前者是必要的过程,后者才是真正的落脚点。

"胸中丘壑"并非仅是山水形态,亦非仅是古人范本,而是画家以主体之性灵融会古人山水图式的产物。故王昱说:"位置须不入时蹊,不落旧套,胸中空空洞洞,无一点尘埃,丘壑从性灵发出,或浑穆,或流利,或峭拔,或疏散,贯想山林真面目流露毫端,那得不出人头地?"② 清人盛大士也认为,如果只求蹊径,不参心思,则无丘壑可言:"画中丘壑位置,俱要从肺腑中自然流出,则笔墨间自有神味也。若从应酬起见,终日搦管,但求蹊径而不参以心思,不过是土木形骸耳。从来画家不免此病,此迂、痴、梅、鹤所以不可及也。"③ 正因画家的"胸中丘壑"是以主体的性灵融会古人图式,才能创造出具有鲜明个性的绘画作品,否则只是"土木形骸"而已。

参酌古人丘壑而成自家面目,以所面对之物象,为抒写主体怀抱的感兴契机。画家自身丘壑的养成,既有对古人丘壑的习得与把握,又有在创作过程中对古人丘壑的矫正过程。清代画家松年于此说得颇为中肯,他说:"多读古人名画,如诗文多读名大家之作,融贯我胸,其文暗有神助;画境正复相似,胸中成稿富庶,临局亦暗有神助;笔墨交关,有不期然而然之妙,所谓暗合孙、吴兵法也。"④ 对于画家的创作而言,古人丘壑和眼前物象,都是不可或缺的。

图式的矫正,本身可以说是一个心理学的问题,但贡布里希通过一些实验的例子,说明它在绘画创作中的重要功能。如他所言:

> 最近,有人说:"知觉本质上可以被看作对一个预期进行的矫正"。它永远是一个主动过程,以我们的预测为条件,并且顺应情境进行调整。……用这种观点看问题,图式和矫正这个枯燥的心理学

---

① 华琳.南宗抉秘[M]//俞剑华.中国古代画论类编.北京:人民美术出版社,2000:299.
② 王昱.东庄论画[M]//俞剑华.中国古代画论类编.北京:人民美术出版社,2000:189.
③ 盛大士.溪山卧游录[M]//俞剑华.中国古代画论类编.北京:人民美术出版社,2000:265.
④ 松年.颐园论画[M]//俞剑华.中国古代画论类编.北京:人民美术出版社,2000:328.

公式就能对我们大有教益，不仅在中世纪、艺术和中世纪以后的艺术两者本质统一性方面，而且在它们的重要差别方面也能告诉我们许多消息。对中世纪而言，图式就是图像；对中世纪以后的艺术家而言，图式是进行矫正、调整、顺应的出发点，是探索现实、处理个体的手段。①

贡布里希关于图式与矫正的理论，对我们理解中国古代画论中的"丘壑"，是有相当大的启示的。画家在其学习绘画的过程中，临仿古人的名迹，正是为了掌握各种绘画的图式，没有这些图式作为基底，画家是不知道应该如何处理所要表现的对象的，而且，即便创作出来，也难以得到业内及欣赏者的认可。图式当然不是概念化的东西，也并非柏拉图所说的"理式"。柏拉图所说的"理式"（也称"理念"）是超越物质世界而又客观地存在着，并且决定后者的一切事物，而一切事物又是"理式"的摹仿。贡布里希所提出的基本概念——"图式"则并非是君临现实世界之上的共相，而是艺术家在艺术实践中升华出的经验式的图形。贡布里希的理论，是建立在大量的心理实验基础之上的。他认为："我们从这些实验中得知，摹写是以图式和矫正的节律（rhythms of schema and correction）进行的。图式并不是一种抽象（abstraction）过程的产物，也不是一种'简化'（simplity）倾向的产物；图式代表那首次近似的、松散的类目（category），这个类目逐渐地加紧以适合那应复现出来的形状。"②在中国画论中时时被人谈到的"丘壑"，在性质上应该是在山水画家内心中生成的图式。宗炳在《画山水序》中所说的"以形写形"，第一个"形"就是画家心中已有之图式，而第二个"形"，就是画家所面对的眼前的山水之形。仅有古人之丘壑，是远远不够的，画家还须以当下眼前之物象为感兴契机，来"矫正"原已存在之"丘壑"，方能得心应手，且画出自家面目。中国的山水画，对于古人图式之矫正，其至高境界在于化境，

---

① 贡布里希.艺术与错觉［M］.林夕，李本正，范景中，译.长沙：湖南科技出版社，2002：126.
② 贡布里希.艺术与错觉［M］.林夕，李本正，范景中，译.长沙：湖南科技出版社，2002：51.

在于心手相应。正如清人董棨所说："故学画必从临摹入门,使古人之笔墨皆若出于吾之手,继以披玩,使古人之神妙,皆若出于吾之心。"①

四、投射:"丘壑"发之于外

与"丘壑"密切相关的还有一个问题,那就是图式的投射。在中国的山水画论中,我们可以理解为,画家如何以胸中丘壑映射物象,从而使内心的山水图式与眼前的山水景物相接合?投射是一种重要的审美心理机制,惜乎对审美投射的研究目前还少之又少。著名文艺理论家童庆炳先生曾有论述审美投射的文章,其中对投射作过这样的界定:"投射是人的一种心理能力,是主体将自己的记忆、知识、期待所形成的心理定向,化为一种主观图式,投射到特定的客体上,使客体符合主观图式、促成幻觉的产生的心理过程。"②这个界定应该是较为准确的。我以为,审美投射无论对于创作还是欣赏,都是一种非常重要的心理机能。审美体验活动是离不开投射的。在创作过程中,如果缺少了投射,也就只剩下了模仿,作品也就缺少了内在的生命感。画论中所说的气韵也就无缘于作品了。我们在这里还要辨识一下投射与移情的异同关系。移情理论在近代西方美学中占有重要地位,主要是揭示了审美过程中主体的外倾功能。朱光潜先生这样阐释移情作用:"什么是移情作用?用简单的话来说,它就是人在观察外界事物时,设身处在事物的境地,把原来没有生命的东西看成有生命的东西,仿佛它也有感觉、思想、情感、意志和活动,同时,人自己受到对事物的这种错觉的影响,多少和事物发生同情和共鸣。"③审美移情其实就是主体将没有生命的对象,想象为自己一样有生命的另一个"自己"。这一点,它的代表人物立普斯说得颇为清楚:"这一切都包含在移情作用的概念里,组成这个概念的真正意义。移情作用就是这里所确定

---

① 董棨.养素居画学钩深[M].俞剑华.中国古代画论类编.北京:人民美术出版社,2000:252.
② 童庆炳.中国古代心理诗学与美学[M].北京:中华书局,2013:138.
③ 朱光潜.西方美学史[M].北京:人民文学出版社,1963:597.

的一种事实：对象就是我自己，根据这一标志，我的这种自我就是对象；也就是说，自我和对象的对立消失了，或则说，并不曾存在。"① 朱光潜先生在译注中对移情作了这样的说明："里普斯既然把移情作用中的情感看作快感的原因，而且这种情感实际上是对象在主体上面引起而又由主体移置到对象里面去的，所以他就认为欣赏的对象还是主体的'自我'"。② 在主体外倾的意义上，移情和投射颇为相近，但它们是不可相互取代的。简单地说，移情的内容主要是情感，而投射的内容主要是图式，此乃其一；移情将"自我"的情感体验投注到对象中，与对象形成了互为主体性的关系，投射则是以主体的内在图式映射于外在物象，借以形成原有图式与物象高度契合的新图式，并作为艺术表现的蓝本，此乃其二。沈括在《梦溪笔谈》所记载的宋代画家宋迪对陈用之的指导方法，其实就是审美投射最为典型的例子：

> 度支员外郎宋迪工画，尤善为平远山水。其得意者有《平沙雁落》《远浦帆归》《山市晴岚》《江天暮雪》《洞庭秋月》《潇湘夜雨》《烟寺晚钟》《渔村落照》，谓之八景。好事者多传之。往岁小窑村陈用之善画，迪见其画山水，谓用之曰："汝画信工，但少天趣。"用之深伏其言，曰："常患其不及古人者，正在于此。"迪曰："此不难耳，汝先当求一败墙，张绢素讫，倚之败墙之上，朝夕观之，观之既久，隔素见败墙之上，高平曲折，皆成山水之象。心存目想，高者为山，下者为水，坎者为谷，缺者为涧，显者为近，晦者为远，神领意造，恍然见其有人禽草木飞动往来之象，了然在目，则随意命笔，默以神会，自然境皆天就，不类人为，是谓活笔。"用之自此画格进。③

---

① 立普斯.论移情作用［M］//朱光潜，译.古典文艺理论译丛：第8辑.北京：人民文学出版社，1964：45.
② 立普斯.论移情作用［M］//朱光潜，译.古典文艺理论译丛：第8辑.北京：人民文学出版社，1964：45.
③ 沈括.梦溪笔谈：卷十七［M］//全宋笔记：第二编第三册.郑州：大象出版社，2017：127

"丘壑"论

陈用之苦恼于自己的画缺少天趣，即缺少气韵及想象的空间。宋迪教给他的办法是，找一堵断壁残垣，再用绢素覆盖其上，画家朝夕观之，久之就会呈现出各种生动的景象。这正是审美投射所起到的作用。画家的"胸中丘壑"发之于外，就是投射的过程。据说西方的大画家达·芬奇也曾用类似的方法教授门徒，他称之为"各种发明的方法"，

> 请观察一堵污渍斑斑的墙面或五光十色的石子。倘若你正构思一幅风景画，你会发现其中似乎真有不少风景：纵横分布着的山丘、河流、岩石、树木、大平原、山谷、丘陵。你还能见到各种战争，见到人物疾速的动作，面部古怪的表情，各种服装，以及无数的都能组成完整形象的事物。墙面与多色石子的此种情景正如在缭绕的钟声里，你能听到可能想出来的一切姓名与字眼。切莫轻视我的意见，我得提醒你们，时时驻足凝视污墙、火焰余烬、云彩、污泥以及诸如此类的事物，于你并不困难，只要思索得当，你确能收获奇妙的思想。①

达·芬奇和宋迪风马牛不相及，不存在相互影响的情况，但他们不约而同地用了审美投射的方法。贡布里希在谈到投射时恰好举了这两个例子。贡布里希认为那种刻板的画家是不懂得投射作用的，他贬损这样的画家说："他不懂得 sprezzatura（轻松）的魅力，因为他还不会运用自己的想象力进行投射。他缺乏适当的心理定向，不能在一幅'漫不经心的作品'的无拘无束的笔触中辨认出艺术家想表现的种种物象；他最不能够欣赏这种缺乏润饰后面所隐藏的神秘的技巧和聪颖。"② 在贡布里希的艺术思想体系中，"投射"有着非常重要的地位，也可以认为是其中的最重要的支撑点。

画家的"丘壑"与眼前的景物达到契合从而进行矫正，必有一个"发之于

---

① 杨身源，张弘昕. 西方画论辑要 [M]. 南京：江苏美术出版社. 2010：140.
② 贡布里希. 艺术与错觉 [M]. 林夕，李本正，范景中，译. 长沙：湖南科技出版社，2002：141.

外"的环节,这个环节也许是"逻辑在先"的,但在山水画论中却是尤为重要的。画论家们所讲主要是出于艺术实践的审美经验,而我们的阐释却应该有当代美学的理论视角。"发之于外",是最明显的"投射"了。例如,董逌评山水画大师范宽时即言:"当中立(范宽字)有山水之嗜者,神凝智解,得于心者,必发于外。则解衣磅礴,正与山林泉石相遇。虽贲育逢之,亦失其勇矣。故能揽须弥于一芥,气振而有余,无复山之相矣。彼含墨咀毫,受揖入趋者,可执工而随其后耶?世人不识真山而求画者,叠石累土,以自诧也。岂知心放于造化炉锤者,遇物得之,此其为直画者也。"① 在董逌看来,"解衣磅礴"的画家,遇物得之,才能画出"真画",这是主体与客体的感兴相遇的契机,如董氏所说的"天机"。"得于心者,必发于外",就是丘壑的投射。

丘壑与笔墨的关系也是本文的题中应有之义。丘壑再好,倘缺笔墨功力,也不能画出好的作品。因此,丘壑与笔墨就是内外一体的关系了。丘壑发之于外,端赖笔墨;而画家倘无具有内在的独特之丘壑,笔墨也只能是得其形似,无气韵可言!宋代画论家韩拙谈山水画的笔墨时说:"夫画者笔也。斯乃心运也。索之于未状之前,得之于仪则之后,默契造化,与道同机。握管而潜万象,挥毫而扫千里,故笔以立其形质,墨以分其阴阳,山水悉从笔墨而成。"② 可见,笔墨在山水画中发挥了无法取代的媒介功能。若要表现好自家的丘壑,就必须出之以自家笔墨。唐志契论笔法时说:"丘壑之奇峭易工,笔之苍劲难挥,盖丘壑之奇不过警凡俗之眼耳;若笔不苍劲,总使摹他人丘壑,那能动得赏鉴?若人物、花鸟,便摹画相去不远矣。"③ 认为笔墨如果不苍劲的话,是无法表现自家丘壑的,只能是摹他人丘壑,当然也就难以打动赏画者的心灵了。清初龚贤特别重视笔墨对丘壑的表现力,说:"笔墨相得则气韵生,笔墨无通则丘壑其奈何?今人舍笔墨而事丘壑,吾则见其千岩竞秀、万壑争流之中,墨

---

① 董逌.广川画跋[M]//于安澜.画品丛书.上海:上海人民美术出版社,1982:307.
② 韩拙.山水纯全集[M]//卢辅圣.中国书画全书:第二册.上海:上海书画出版社,2009:630.
③ 唐志契.绘事微言[M]//俞剑华.中国古代画论类编.北京:人民美术出版社,2000:746.

如槁灰，笔如败絮，甚无谓也。"①如果"笔墨无通"，那就无法谈论丘壑的艺术表现了。反之的情景则是，笔墨之用甚为流畅，而胸中并无成熟而独特之丘壑，"只能习得搬前搬后"（清人沈灏语）。胸中之丘壑与手下之笔墨，只有达到心手相应、浑然一体、神化无迹的程度，才是理想的山水之境。华琳认为好的作品应该是笔墨佳而丘壑佳，他说："且成稿亦岂易办，其笔墨佳而丘壑佳者无论矣。其笔墨不佳而丘壑不佳者亦无论矣。间有笔墨殊无可取而丘壑甚佳，此临前人成稿而欲作伪者。遇此等画亦不得率然弃之，取其丘壑，运以自己之笔墨，安见不可以化腐朽为神奇？"②画家用笔墨表现自己的丘壑，臻于入神，如清人沈宗骞所描述的那样："笔墨之事最忌拘挛。丘壑之生发，局势之变换，笔墨之情态，非古人之成式，无以识其运用之妙。"③他又形容这种心手相应的状态是"无矫揉涩滞之弊有流通自得之神，风行水面自然成文，云出岩间无心有态，趣以触而生笔，笔以动而合趣，相生相触，辄合天妙。能合天妙不必言条理脉络而条理脉络自无之而不在。惟其平日能步步不离，时时在手，故得趣合天，随自然而出，无意求合而自无不合也"④。沈宗骞论画特重机趣，而这段描述恰可以形容山水画中的丘壑与笔墨的理想化的关系。著名学者伍蠡甫先生曾对"丘壑内营"有过这样的阐发，他认为：

> "丘壑内营"意味着客观与主观、物与心、外与内的两个矛盾方面，而以后一方面为主导，在创作实践中，须恰当地掌握这一辩证关系。倘若有"内"而无"外"，会变成主观臆造，有"外"而无"内"，将沦为自然主义。对中国山水画来说，自然美须融化于意境中，并通过丘壑内营，以创造出艺术美来；至于艺术美，则须凭借

---

① 龚贤.自藏山水图轴［M］// 殷晓蕾.古代山水画论备要.北京：人民美术出版社，2011：239.
② 华琳.南宗抉秘［M］// 俞剑华.中国古代画论类编.北京：人民美术出版社，2000：300.
③ 沈宗骞.芥舟学画编［M］// 卢辅圣.中国书画全书：第十五册.上海：上海书画出版社，2009：137.
④ 沈宗骞.芥舟学画编［M］// 卢辅圣.中国书画全书：第十五册.上海：上海书画出版社，2009：133.

意境指导下的笔墨（亦即中国山水画的艺术形式美），方能体现在生动、丰富的形象中。①

伍蠡甫先生对于"丘壑内营"与笔墨表现的关系说得非常透彻，二者是内外依存的辩证关系。但我并不全然认同将"丘壑内营"与意境问题牵扯在一起，丘壑固然与意境密切联系，但是如果用意境来阐释丘壑，那就无法真正把握丘壑的内涵，也就等于使这个问题失去了它本身所独具的意义。

"丘壑"在中国画论中是一个时常可见的概念，在山水画中尤为普遍。古代画论家也许在使用这个概念时的意思并不全然一样，因而造成了今人理解与阐释它的麻烦。古代画论中以之论画者甚多，而今之学界研究者则又甚少，以至于有关"丘壑"的专门研究付之阙如。我们应该对此有这样的认识：这个看起来不太具有学理色彩的概念，却蕴藏着极为丰富而又深刻的美学理论含量。画论中使用"丘壑"的频率相当之高，因此这不是一件简单的事情！对于理解画家的创造之秘，它可以给我们提供许多信息，同时，有着从创作角度来认识审美主体的普遍性意义。本文所论，只是初步的探索，一定要于其中求得理论的精准，虽然可能尚有相当大的距离，但是可以肯定地说，"丘壑"是一个有重要理论价值的画论概念，从不太严格的意义上讲，也可以认为它是一个美学范畴。如能挖掘下去，定会风光无限！

---

① 伍蠡甫.中国画论研究［M］.北京：北京大学出版社，1983：67.

审美感兴与中国古代诗词的气氛之美[*]

西方美学中近年来有"气氛美学"之目,是美学研究的新观念之一。我们可由此考察中国古代诗词。诗词作品中的气氛之美,既非定型化的,也非理性化的,而是如同氤氲,无所不在。气氛具有空间性,却又有情感作为其主导因素。气氛营造是诗人感物兴情的产物,感兴由此成为气氛生成的契机。感兴以"触物兴情"为基本含义,而"触物"则以视听等感觉与外物相接,呈现给主体以充盈的物象。这类物象进入作品之后,也多是作品中的气氛之物。气氛在作品中具有情感意向上的统一性。气氛是诗人的处身性审美体验。"诗中无身,即诗从何有",是一个具有重要理论意义的美学命题。在诗词气氛之美的生成过程中,通感扮演了非常重要的角色。诗人运用通感使诗歌语言获得极大的张力,使诗的美感并非止于单一感觉,而是创造出声、色、味等融而为一的浓郁气氛。

就美术作品的美感而言,气氛之美是一种普遍存在并引发人们关注的审美范畴。无论是抒情文学,还是叙事文学,气氛之美都是引起欣赏者审美兴趣的入口;绘画、戏剧、音乐、电影、电视剧等艺术门类的作品,气氛也都是审美创造不可或缺的因素。发现、研究艺术品中的气氛之美,或在艺术创作中营造气氛之美,是文艺美学的题中应有之义。

德国学者格诺特·波默在自然美学的论域中提出"气氛美学"的概念,并在1995年出版《气氛美学》一书,获得强烈反响,并不断修订再版;2018

---

[*] 本文原载于《文艺研究》2022年第12期,收入本书时略有改动。

年中国社会科学出版社出版了贾红雨的中译本,引起国内学术界的广泛关注。本文并非全面评述该著,也不拟介绍气氛美学的要义,而是以此为视角,来感受中国古代诗词中的气氛之美。本文试图指出,中国美学中感兴的创作方式,是诗词作品中气氛之美的生成契机。感兴的创作方式,在中国古代诗词中具有普遍的创作论意义,是最具民族特质的中华美学观念。感兴的本质在触物而兴情,是进入审美运思的过程。诗人在受到外在事物的触发时所兴起的情感具有鲜明的意向性,具有较为突出的情感取向,这对于气氛的生成有直接作用。以感兴为切入点,可以感受中国古代诗词中的气氛之美。

一、气氛之美的基本特征

气氛在艺术品中,并非实体化的存在,当然也无定型化的具体形式。但它又是空间性的,且有着主导性的情感内涵。"气氛"被生态美学视为一个重要概念,但它不是只有生态美学才有的,而是在中西艺术中普遍存在的。将"气氛"作为一个美学范畴来阐发艺术美的价值,无论古今中外,都具有可操作性。《气氛美学》作者在"中文版前言"中指出:

> 气氛是某种空间性的东西。人们可以用波诺的话说,气氛是一个被定了调的空间。人们身处其中的空间通过情调而被情感性地加以经验。气氛是某种介于主、客体之间的东西。尽管气氛一方面是由客观的环境条件,即由所谓的营造者所导致的,但就气氛的何所是而言,也就是说,就气氛的特征——比如压抑的欢快的——而言,气氛却是被主观性地加以经验的。①

我认为,这段话已经将有关气氛在哲学上的主要性质谈得很清楚了:一是气氛的空间性、广延性,其间充塞着一种情感基调;二是气氛是非具形的,

---

① 波默.气氛美学[M].贾红雨,译.北京:中国社会科学出版社,2018:4.

或者说是不确定的,但它又是客观的存在物;三是审美主体的体验性,如果没有主体的审美体验,气氛无从谈起;四是作为作品中的气氛,具有明显的不可言说性,这在中国美学的相关论述中是耳熟能详的,中国美学关于不可言说的审美价值观随处可见,或言其神韵,或言其意境,而从气氛的意义上看,这同样是"气氛"这个审美范畴的突出特征。

气氛的审美价值是无可替代的,并不会因为相关的审美范畴的广为人知,而互换或遮蔽。气氛与意境,在很多情形下可以互通,但气氛以其浓郁的氛围和鲜明的情感指向成为审美接受的最佳入口。最典型的如《诗经·桃夭》所营造的非常热烈的喜庆的婚嫁气氛,"桃之夭夭,灼灼其华。之子于归,宜其室家"[①]最能说明气氛之美。楚辞中的《湘夫人》,"帝子降兮北渚,目眇眇兮愁予。袅袅兮秋风,洞庭波兮木叶下"[②]给人以一种神秘的气氛。宋玉《九辩》所营造的悲秋的气氛成为一种原型,"悲哉秋之为气也。萧瑟兮,草木摇落而变衰。憭栗兮若在远行,登山临水兮送将归"[③]。杜甫《登高》中的"风急天高猿啸哀,渚清沙白鸟飞回。无边落木萧萧下。不尽长江滚滚来"[④],都是肃杀悲凉的气氛。李白的《远别离》,"远别离,古有皇英之二女。乃在洞庭之南,潇湘之浦。海水真下万里深,谁人不言此离苦?日惨惨兮云冥冥,猩猩啼烟兮鬼啸雨。我纵言之将何补?皇穹恐不照余之忠诚,雷凭凭兮欲吼怒"[⑤],呈现给读者是迷离惝恍的气氛;而《早发白帝城》"朝辞白帝彩云间,千里江陵一日还。两岸猿声啼不住,轻舟已过万重山"[⑥],又是何等轻快的气氛。李商隐的《无题》"相见时难别亦难,东风无力百花残。春蚕到死丝方尽,蜡炬成灰泪始干"[⑦],又是多么伤感而缠绵的气氛;李煜《相见欢·林花谢了春红》

---

① 毛亨传,郑玄笺,孔颖达疏.毛诗正义[M].龚抗云,等,整理.北京:北京大学出版社,2000:56.
② 洪兴祖.楚辞补注[M].黄灵庚,点校.上海:上海古籍出版社,2015:97.
③ 洪兴祖.楚辞补注[M].黄灵庚,点校.上海:上海古籍出版社,2015:293.
④ 杜甫.杜甫集校注[M].谢思炜,校注.上海:上海古籍出版社,2015:2123.
⑤ 李白.李太白全集[M].王琦,注.北京:中华书局,1977:157.
⑥ 李白.李太白全集[M].王琦,注.北京:中华书局,1977:1022.
⑦ 李商隐.李商隐集[M].周建国,选注.南京:凤凰出版社,2007:82.

"林花谢了春红,太匆匆!无奈朝来寒雨晚来风。胭脂泪,相留醉,几时重,自是人生长恨水长东"①,又是一番伤怀与凄凉的气氛了。气氛之于诗词,几乎是不可或缺的。诗人(或词人)以自己独特的心绪,营造出笼罩诗词整体意境的气氛,而读者被诗词吸引,也由气氛而入。

首先,气氛之营造是诗人感物的结果,诗人的触物兴情即感兴,是营造气氛最为关键的节点。气氛的烘染是整体性的,使人感觉在作品中是无所不在,无所不包的。气氛的营造,离不开"气氛之物",如以诗词为例,即在诗词的意境中最能"点燃"气氛的物象。气氛是以某种情感为主导的,从而形成了具有强烈情感意向的氛围。最能表征或呈现这种情感意向的"某物",也就是"气氛之物"。一首诗、一首词或一支散曲,就是以"气氛之物"作为点燃气氛的物象。作品的意蕴也许是无法以语言解析的,如严羽所说的"不涉理路,不落言筌"②,而气氛之物却使读者既感到朦胧,又被导入某种浓郁的气氛之美。波默这样谈论气氛之物:

> 当我们为了理解而把物理对象和技术上可操控的能量称为光并以明亮来称呼可察觉的气氛时,那么人们就可以说,两者之间显然还存在着某种东西,即某种气氛之物,某种虽然作为对象但是可以探明的东西,但它也是,如果人们涉身其中的话,气氛上可觉察的东西。我在另一篇文章中有关朦胧(Dammerung)的论题那里运用过这个区别。朦胧是某种蔓延扩展着的东西,其出现人们是可以确定的:朦胧是某种气氛之物。但它也是某种能环绕着人的东西,即某种气氛,一种人们可以察觉的、在自己的处境感受中参与着的其现实性的气氛。③

---

① 李璟,李煜.南唐二主词笺注[M].王仲闻,校订.陈书良,刘娟笺,注.北京:中华书局,2013:68.
② 严羽.沧浪诗话校释[M].郭绍虞,校释.北京:人民文学出版社,1983:26.
③ 波默.气氛美学[M].贾红雨,译.北京:中国社会科学出版社,2018:124.

本文所说的"气氛之物"，未必与此完全对应，而是作为中国诗词美学中的一个概念。我们可以这样认为，"气氛之物"在中国诗词的佳作中，是足以引发或点燃作品审美气氛的突出物象。这种物象可能是一个最具高光点的物象，也可能是一组物象。前者如《桃夭》篇的"桃之夭夭"，就是其中营气氛的最为鲜明的物象。后者如马致远的《天净沙·秋思》，以"枯藤老树昏鸦，小桥流水人家，古道西风瘦马"①这一组物象作为气氛之物。气氛之物在气氛的营造中是举足轻重的，甚至可以说如果没有气氛之物，也就不会有作品中独特的气氛的产生。刘勰在《文心雕龙》的《物色》篇所举之例，如"灼灼状桃花之鲜，依依尽杨柳之貌，杲杲为日出之容，瀌瀌拟雨雪之状"②等等，本来指的是以辞语状物的功能，都是来自《诗经》的名篇，而"桃花之鲜""杨柳之貌""出日之容""雨雪之状"，都可以视为这些篇什中的气氛之物。担负气氛之物角色的，基本上是自然之物而非社会事物，因为能作为场景、气氛的对象者，都是具有很强的视觉冲击力的物象。刘勰的《物色》，恰恰讲的都是自然物象。

其次，气氛在作品中具有情感意向上的统一性。在作品中气氛之物可能有若干，从而形成意向的统一性，使得作品的气氛得到大大的浓郁化。如果以现象学的眼光来看，气氛之物正是胡塞尔所说的"客体化意向"③。呈现在作品中的物象，其实是诗人用语言描述并加以结构的。通过诗人的情感的意向化，这些物象都指向了一种统一的情愫，因而也就有了统一的意涵。从诗人的角度讲，成为作品气氛之物的物象，都有一个浓郁化的过程。以"秋"为例，波默有这样的论述，他说："仍需追问的是，这种意涵类型是通过何种方式而有助于我们营造诗中的秋天气氛的？对此，需要再次注意的是，自然里的五彩缤纷的小路，晚秋的玫瑰和紫星菊并非像章（Insignien），而是其表征（Symptome）。只有在语言领域，它们才变成了像章。这些作为秋天标志的词语，其习俗化，不在于它们被刻板固定地使用，而是在于浓郁化过程

---

① 隋树森. 全元散曲［M］. 北京：中华书局，2018：271.
② 范文澜. 文心雕龙注［M］. 北京：人民文学出版社，1958：693.
③ 胡塞尔. 逻辑研究［M］. 倪梁康，译. 北京：商务印书馆，2017：1039.

(Vedichtungsproze),在于人们或许也会说的那种提喻法(Synekdoche)。秋天之所是,在某种程度上,通过那些意涵物的意义而变得浓郁。每一个意涵都以自己的方式而总是意味着同一个东西,即秋天。"① 如果我们忽略那些无关我们的论题的意思,"浓郁化"应该是营造气氛的一个非常重要的方式与过程。诗人的某种情感在作品中不断地凝聚,也通过气氛之物使之不断地升华,从而生成了具有强烈意向性特征的气氛。例如,杜甫《春望》:"国破山河在,城春草木深。感时花溅泪,恨别鸟惊心。烽火边三月,家书抵万金。白头搔更短,浑欲不胜簪。"② 山河破碎的气氛,是通过草木、花、鸟、烽火、家书、白头等气氛之物愈加浓郁化的。再如许浑的《金陵怀古》:"玉树歌残王气终。景阳兵合戍楼空。松楸远近千官冢,禾黍高低六代宫。石燕拂云晴亦雨,江豚吹浪夜还风。英雄一去豪华尽,惟有青山似洛中。"③ 此诗在金陵怀古题材的诗词中是有代表性的。其六朝亡国的衰败凄凉气氛非常浓重,令人挥之不去。诗人也是以气氛之物不断浓郁化来营造的。

最后,气氛之美具有审美主体的处身性体验。气氛之物看似客观,都是诗人采撷进入作品的自然物象。陆机《文赋》云:"遵四时以叹逝,瞻万物而思纷。悲落叶于劲秋,喜柔条于芳春。"④ 言其受自然物象的感染而产生情感波动,从而产生创作诗文的冲动。刘勰《文心雕龙·物色》篇,通篇都是讲文学创作与自然物象的关系。中国古代美学中以情景交融为基本模式,可见自然物象在作品中的突出地位。但我们要问的是,这些物象是如何进入作品中的?它们仅仅是作家、诗人随意采撷入诗的吗?这些自然物象,难道仅只是对自然界的反映或摹仿吗?当然不是。从气氛之美的意义上看,作品中的物象作为气氛之物,都是以主体的审美体验而获致的。任何自然物象,都是诗人所感。需要进一步深化的认识是,这种主体的审美体验,并非仅是心灵的抽象感受,而是主体的身体处于其间,通过肉身的观照角度而产生的。陆机

---

① 波默.气氛美学[M].贾红雨,译.北京:中国社会科学出版社,2018:67.
② 杜甫.杜甫集校注[M].谢思炜,校注.上海:上海古籍出版社,2015:1521.
③ 许浑.丁卯集笺证[M].罗时进,笺证.北京:中华书局,2012:295.
④ 陆机.陆机集[M].金涛声,点校.北京:中华书局,1982:1.

在《怀土赋序》中说:"余去家渐久,怀土弥笃。方思之殷,何物不感? 曲街委巷,罔不兴咏;水泉草木,咸足悲焉。"① 李煜在《相见欢》中说:"无言独上西楼,月如钩,寂寞梧桐深院锁清秋。剪不断,理还乱,是离愁,别是一般滋味在心头。"② 这种名作中的凄凉气氛可谓深矣。词人"独上西楼"的处身角度,使人感同身受。乃如俞平伯先生所评:"虽上片写景,下片抒情,凄凉的气氛,却融会全篇。'无言独上西楼'一句,已摄尽凄惋的神情。"③ 波默认为:"处于情感波动中的人的身体——这种波动是通过身体上的反应体现出来的。因而,史密茨对感受做出如下界定:感受是'没有定位地涌流进来的气氛,即以情感波动的方式侵袭着其所植入的某个身体的气氛。这样,这种情感波动就抓住了被侵袭的形体'。"④ 波默由此指出:"气氛显然是通过人或物身体上的在场,即通过空间来经验的。"⑤ 从文学作品来看,气氛的营造与抒写——我们说的是那些以气氛之美感染我们的杰作——是以主体的身体在场为标志的。即便主人公是隐于其间并未直接出现的,实际上主体也是"在场"的。诗人王昌龄的这段论述颇值得我们注意,他说:"凡诗人,夜间床头,明置一盏灯,若睡来任睡,睡觉即起,兴发意生,精神清爽,了了明白。皆须身在意中。若诗中无身,即诗从何有! 若不书身心,何以为诗! 是故诗者,书身心之行李,序当时之愤气。"⑥ "诗中无身,诗从何有",这是何等精警的诗歌美学命题啊! 作诗必须是有身体的在场作为基本的条件的,如果"不书身心",是无法写出好诗的。这个"身心",并非抽象之物,而是有着肉身性质在其中的。气氛之美也是以处身性为基础的。"身在意中"可以说是一个非常重要的美学命题,它直接说明了诗歌的意境生成的身体角度,同时,道出了身体在场之于气氛的必要条件。例如,王昌龄在讲"诗有三境"时明确提出

---

① 陆机.陆机集[M].金涛声,点校.北京:中华书局,1982:16.
② 李璟,李煜.南唐二主词笺注[M].王仲闻,校订.陈书良,刘娟,笺注.北京:中华书局,2013:160.
③ 俞平伯.唐宋词选释[M].北京:人民文学出版社,1979:60.
④ 波默.气氛美学[M].贾红雨,译.北京:中国社会科学出版社,2018:18.
⑤ 波默.气氛美学[M].贾红雨,译.北京:中国社会科学出版社,2018:19.
⑥ 王昌龄.诗格[M]//张伯伟.全唐五代诗格汇考.南京:凤凰出版社,2002:164.

"处身于境，视境于心"和"娱乐愁怨，皆张之于意而处于身"[1]，这对我们理解诗歌意境和气氛，是极有启示作用的。气氛的感受是以知觉作为根本途径的，这也是气氛美学的一个基本观点。从现象学看来，身体正是作为知觉的必要条件。正如法国哲学家梅洛·庞蒂所指出的那样："因此，正是某些以身体为其处所的现象构成为知觉的充分必要条件，身体成为从此以后彼此分开的实在世界与知觉之间的必不可少的中介。知觉不再是对某些事物的一种占有（即在这些事物本身所在之处找到它们）；它应当是身体之中的一个内部事件，它产生自这些事物对身体的作用。"[2] 对于诗歌创作而言，"气氛之物""闯入"诗人视域并被采撷入诗也好，还是读者的感知气氛也好，身体的在场都是必要的条件。

二、感兴作为气氛之美的关键契机

诗词中的气氛之美，离不开"气氛之物"，而气氛之物的进入作品，成为营造气氛的要素，并非刻意取求的结果，而是诗人的心情与外物相触遇，从而产生了创作冲动。它带有很大的偶然性，并非诗人所先期预见或者筹划。从中国美学的创作观念来说，就是感兴。感兴是"感于物而兴"，或用宋人李仲蒙的话来说，是"触物以起情，谓之兴。"[3] 感兴必以受到外物触发为前提，从这个意义上讲，感兴与感物同义；但是感兴的直接结果就是兴发诗人的情感，这是一种从自然情感升华出来的审美情感。气氛是与诗人的审美情感直接相关的。与自然情感相比，审美情感带有明显的形式感和弥漫性，也更为稳定和长久。在某种意义上，审美情感弥漫于作品所创造的空间之中。它给人们带来的是"丰满的感性"或"灿烂的感性"。正如波默所说的那样："情感和想象之物都要被纳入丰满的感性中。感性的第一论题并非人们知觉到的物，而是人们感受到的东西：气氛。当我进入某个空间，我就以某种方式被

---

[1] 王昌龄.诗格［M］//张伯伟.全唐五代诗格汇考.南京：凤凰出版社，2002：172.
[2] 梅洛–庞蒂.行为的结构［M］.杨大春，张尧均，译.北京：商务印书馆，2005：280.
[3] 胡寅.崇正辨·斐然集：下册［M］.容肇祖，点校.北京：中华书局，1993：386.

这个空间所规定了。此空间所带有的气氛对我的处境感受（Befinden）来说是决定性的。可以说，只有当我处在气氛中，我才知觉和识别这个功或那个对象。"①因此，由感兴而生成的审美情感，既是创作的内容，也是创作的动力。刘勰《文心雕龙》中的《比兴》篇可以认为是从赋比兴之兴向感兴转化的关键。《比兴》篇篇末赞语中所说的"诗人比兴，触物圆览"②，其实是切中感兴的本质的。刘勰认为"兴"的根本功能在于"起情"，他的界定是："兴者，起也。""起"的内容是什么？他说："起情故兴体以立"③，这就使"兴"有了确定的理论内涵，兴的作用就在于起发人意，主要是指主体之情。感兴的过程决非有意求取，而是偶然的触发，因而，在感兴的相关论述中，都突出了这种偶然性的特征。诗论中如《文镜秘府论》中的"十七势"中有"感兴"一势，云："感兴势者，人心至感，必有应说，物色万象，爽然有如感会。"④这段话指出了"人心至感"的重要性，同时与"万象"爽然有如感会，是邂逅相遇式的。唐代书论家张怀瓘在其书论经典《书断》中所说的："偶其兴会，则触遇造笔，皆发于衷，不从于外，亦由或默或语，即铜鞮伯华之行也。"⑤诸如此类的说法，都是感兴的创作观念，也都蕴含着偶然的意味在内。这种偶然的属性，使作者的创作冲动是一种无目的的合目的性，"登山则情满于山，观海则意溢于海"⑥，"联类不穷"的"物色"来袭，从而在作品中呈现出充满生机的气氛之美。

诗词作品中的气氛之美，既非定型化的，也非理性化的，而是如同氤氲，无所不在，却又难以说解。波默这样描述："对这种范围广阔的、在很多职业中已专业化的认知（即人们是如何制造气氛的）的提示，同时导致了这样一种观点，即这种认知将带来一种意义重大的力量。这种力量既不是作为自然

---

① 波默. 气氛美学［M］. 贾红雨，译. 北京：中国社会科学出版社，2018：3-4.
② 范文澜. 文心雕龙注［M］. 北京：人民文学出版社，1958：603.
③ 范文澜. 文心雕龙注［M］. 北京：人民文学出版社，1958：601.
④ 遍照金刚. 文镜秘府论［M］. 北京：人民文学出版社，1975：41.
⑤ 张怀瓘. 书断［M］// 张彦远. 法书要录. 北京：人民美术出版社，1964：267.
⑥ 范文澜. 文心雕龙注［M］. 北京：人民文学出版社，1958：493-494.

强力，也不是作为命令性的话语而发挥作用的。它侵袭的是人的处境感受，作用于心情，掌控着情调，激发着情感。这样的一种力量并不登台亮相，而是在无意识中发挥作用。尽管它在感性领域活动着，但与任何其他强力相比，它是更加不可见的，更难以把握的东西。"① 这的确是气氛的重要特征所在。

气氛之物进入诗人的"神思"之中，成为气氛之美的生发点，这个过程诗人之心受到外物的触发，而非有意求取，感兴成为基本的创作模式。正如刘勰所说的"人禀七情，应物斯感。感物吟志，莫非自然。"②"志"并非像很多学者认为的是理性的观念，而是情感发动后那种一发而不可收的意向性运动。"诗者，志之所之也，在心为志，发言为诗。"③"之"是明显的动词，是朝着一个方向的运动，因此可以将"志"理解为情感发动后的矢量运动。"情志一也"更说明了这种性质。气氛之美是整体性的而非单一的，当然也有非常突出的单个意象成为气氛之美的主要载体，但大多数是由多个气氛之物形成总体的氛围。这些气氛之物，其实是由诗人所感而同向聚合，反过来又使诗人情感进一步浓郁化。

比兴同为诗歌创作方法，但它们中间又是有差别的。比主要是直接的比喻，经与被往往是一对一的，其意涵颇为明确；而兴则往往是以"取譬联类"，以若干意象形成一种气氛。刘勰所说的"兴则环譬以记讽"，也是说以多个意象来"环譬"。《毛诗正义》释兴说："兴者，起也，取譬引类，起发己心，诗文诸举草木鸟兽以见意者皆兴辞也。"④《文心雕龙·比兴》则又说："兴则环譬以记讽"⑤，都是指出了这个特点。

感兴乃触物兴情，这种情形下映入主体视域的物象，是非常充盈且鲜明的。《比兴》赞语所说的"触物圆览"，其中也包含了物象的充盈与高光度。

---

① 波默.气氛美学［M］.贾红雨，译.北京：中国社会科学出版社，2018：27.
② 范文澜.文心雕龙注［M］.北京：人民文学出版社，1958：65.
③ 毛亨传，郑玄笺，孔颖达疏.毛诗正义［M］.龚抗云，等，整理.北京：北京大学出版社，2000：7.
④ 毛亨传，郑玄笺，孔颖达疏.毛诗正义［M］.龚抗云，等，整理.北京：北京大学出版社，2000：14.
⑤ 范文澜.文心雕龙注［M］.北京：人民文学出版社，1958：493-494.

且看刘勰在《诠赋》篇所言："原夫登高之旨，盖睹物兴情。情以物兴，故义必明雅；物以情观，故词必巧丽。丽词雅义，符采相胜，如组织之品朱紫，画绘之著玄黄。文虽新而有质，色虽糅而有本，此立赋之大体也。"①虽是讲赋的感兴而作，与诗词乃为一道。"符采相胜"，是说以文辞描绘出明丽的画面。《诠赋》赞语中又有"写物图貌，蔚似雕画"②之语，正是说明了作品在视觉上的鲜明呈现。我觉得现象学中有一个重要的概念是"表象的充盈"，其似乎可以说明气氛感知中这种"丰富的感性"。胡塞尔说：

> 作为理想的完备充盈是对象本身，它是构造它的那些规定性之总和。但表象的充盈则是从属于它本身的那些规定性之总和，借助这些规定性，它将它的对象以类比地方式当下化，或者将它作为自身被给予的来把握。因而这种充盈是各个表象所具有的与质性相并列的一个特征因素；当然，它在直观表象那里是一个实证的组成部分，而在符号表象那里则是一个缺失。表象越是清楚，它的活力越强，它所达到的图像性阶段越高；这个表象的充盈也就越丰富。③

这是胡塞尔在论述直观意向的充实统一时所言及的表象的特征，而它对我们理解气氛之物是很有帮助的。现象学美学家杜夫海纳称审美对象为"灿烂的感性"④，是说通过审美感和呈现在主体眼中的物象是鲜明而有内视感的。彭锋先生曾对"气氛"有较为清晰的论述，他说："与'灵光'专用于视觉艺术不同，'气氛'可以用于人、空间和自然。例如，我们可以说某个春天的早晨气氛清爽，也可以说某个花园有家的气氛。在这些用法中，气氛指某种不确定的、弥漫的却与对象紧密相关的东西。"他指出，"'意境'与'气氛'的关系，第一体现它们的不确定性上"；"第二，描述'意境'的词汇与描绘

---

① 范文澜.文心雕龙注［M］.北京：人民文学出版社，1958：136.
② 范文澜.文心雕龙注［M］.北京：人民文学出版社，1958：65.
③ 胡塞尔.逻辑研究［M］.倪梁康，译.北京：商务印书馆，2017：1069.
④ 杜夫海纳.美学与哲学［M］.孙非，译.北京：中国社会科学出版社，1985：54.

 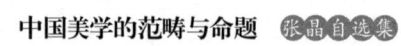

'气氛'的词汇基本可以互换,但是用它们来描述'象''意象'和'显现'有时候就显得有点别扭";"第三,'意境'和'气氛'的情感特征更加明显";"第四,'意境'和'气氛'都有明显的主体性特征"[1]。我对这些观点有赞成也有不同看法。"不确定性"的确是二者的共同之处,但意境更多的是内在的可视性,气氛则更指向处身的弥漫性。关于第三点,我认为,在情感性特征方面,气氛是远远超过了意境的;气氛越是浓郁化,意味着情感越是强烈,客体的气氛正与主体的情感不期而遇。

气氛之美是与其感兴的方式密不可分的。感兴是以触、遇为情感发生方式的,如苏洵所谓"无意乎相求,不期而相遭,而文生焉"[2]。"触"首先是视觉上的冲击,物象映入诗人的眼帘,使人产生情感波动,感物之感,首在目击,明代画家沈周所说的"山水之胜,得之目,寓诸心,而形于笔墨之间者,无非兴而已矣"[3]。沈周说的是山水画,其实也是诗学感兴的普遍规律,"触物"即是"触目",外在物象与诗人的目光不期而遇,诗人由此产生情感波动,遂进入创作状态。吴雷发《说诗菅蒯》云:"大块中景物何限,会心之际,偶尔触目成吟,自有灵机异趣。"[4]"触物"就是外物以其鲜明充盈的物象"闯入"诗人的视觉。刘勰以"物色"作为客体的审美范畴,是极有道理且极富创造性的。物色并非事物的内在属性,而是外在的形貌。借用佛学术语,"空即是色,色即是空;色不异空,空不异色"[5],色就是现象界。《文心雕龙·物色》篇赞"目既往还,心亦吐纳"[6],既揭示了物色的视觉性质,又指出了心灵的主体功能,二者是往还吐纳的。感兴触物兴情是通过"引譬连类",也就是所谓"成套的"物象。在诗人的情感兴发上,就最易从"流连万象之际"中,生发出强烈的气氛。郑毓瑜教授所说的:"更值得注意的当然是'感物'与'连

---

[1] 彭锋.意境与气氛——关于艺术本体论的跨文化研究[J].北京大学学报(哲学社会科学版),2014,51(4):24-31.
[2] 苏洵.仲兄字文甫说[M]//胡经之.中国古典美学丛编.北京:中华书局,2009:296.
[3] 沈周.书画汇考[M]//俞剑华.中国古代画论类编.北京:人民美术出版社,1998:711.
[4] 吴雷发.说诗菅蒯[M]//丁福保.清诗话.上海:上海古籍出版社,2015:935.
[5] 陈秋平译注.金刚经·心经[M].北京:中华书局,2010:127.
[6] 范文澜.文心雕龙注[M].北京:人民文学出版社,1958:695.

类',既称感,则感物当属心的活动(沉吟视听之区),但这活动的作用又是在'连类'——联系相关物类(流连万象之际),换言之,'感物'引发'连类',而连类就是感物的内容与体现。人在这个类推体系中是唯一能'感知'同时'应显'的枢纽;人身能够接收来自天地万物的信息(包括阴阳惨舒、四时动物、日影短长),同时将这信息反映给原本发出信息的世界(寒暖、舒躁、凄迟)。"[1]作品中的气氛之美,也就由此而生。

并非任何物象都可以进入作品之中,进入作品并成为气氛之物,需要与诗人的情感相契合。《文镜秘府论》"感兴势"所说的"人心至感",可谓前提。梁肃《周公瑾墓下诗序》说:"诗人之作,感于物(一作感于物象),动于中,发于咏歌,形于事业。"[2]诗人的主体情感与外在物象是互感互动的。刘勰《文心雕龙·物色》赞语所谓"情往似赠,兴来如答"[3],也包含了这样的意思:诗人之情,并非仅是被动受感的,而往往是一种主动投射;在与物色的触遇中获得的"兴",是对诗人最好的回馈。

对气氛的生成与营造而言,感兴所触之物,正是主体的知觉与外物相接的触点。这也是气氛的知觉生成的关键。诗人以处身其间的知觉把握外在事物,必有一个相接之点,这正是触物的实质所在。"目既往还"与"心亦吐纳"之间,是要有一个触点来作为媒介的。纪昀《清艳堂诗序》谈到这种"相遭"的情形时说:"凡物色之感于外,与喜怒哀乐之动于中者,两相薄而发为歌咏,如风水相遭,自然成文;如泉石相春,自然成响。"[4]这也是说触物。触物所接者,必为充盈的物象,而其进入作品之后,也必多为作品中的气氛之物。这个过程并非理性思考,更非逻辑推演,而是感性的升华。在作品中所呈现的物象,虽然是触物所及,却已是作品的有机成分,其所负载的情感,已是审美情感,它基本上是以气氛之美烘托出来的。在自然情感到审美情感的生成转换过程中,气氛有着非常突出的作用。在正是气氛使接受者

---

[1] 郑毓瑜.引譬连类:文学研究的关键词[M].北京:生活·读书·新知三联书店,2017:4.
[2] 梁肃.周公瑾墓下诗序[M]//胡经之.中国古典美学丛编.北京:中华书局,2009:270.
[3] 范文澜.文心雕龙注[M].北京:人民文学出版社,1958:695.
[4] 纪昀.清艳堂诗序[M]//胡经之.中国古典美学丛编.北京:中华书局,2009:286-287.

进入一种浓郁的审美感受之中，如果缺少了气氛，作品的审美效果就会大打折扣。

三、通感与诗词的气氛之美

在诗词气氛之美的生成过程中，通感扮演了非常重要的角色。通感以不同感觉的互相打通，使作品呈现出付诸审美知觉的丰富性与陌生化，在营造气氛方面厥功至伟、首当其冲。越是打破了个别感觉而形成了更多感觉因素在内的新的审美知觉，越使读者感受到浑然一体的气氛之美。波默即以很大的篇幅谈通感：

> 在《论灵魂》（Über die Seele）一书中，亚里士多德提出了这样的问题，即人们是如何能把诸如甜与明亮相互区分开来的，并且——我们就是这样认为的——相应地断定甜与明亮之间的一个亲缘关系？亚里士多德当时解决这个问题是通过这样的一种暴力手段，即他宣称，所有的感官像线条一样聚集在一个点上，因而在一定的意义上是一个统一体。后来人们从中得出了共同感理论，即得出了一种超越五种感官的东西，在一定程度上个别感官领域汇聚其中的一种更高级别的感官。①

这里所说的"更高级别的感官"，就是通感。他主张，第一性的、根本的知觉现象，即气氛，基本上不具有个别感官的特征，而是一种处境感受，即通感。钱锺书有著名的《通感》一文，其中说："在日常经验里，视觉、听觉、触觉、嗅觉、味觉往往可以打通或交通，眼、耳、舌、鼻、身各个官能的领域可以不分界限。"② 通感在中西文学作品中都有大量的呈现。钱锺书举了

---

① 波默. 气氛美学［M］. 贾红雨, 译. 北京：中国社会科学出版社, 2018：79.
② 钱锺书. 七缀集［M］. 北京：生活·读书·新知三联书店, 2019：64.

中国古代诗词中的一些经典个案，如针对宋祁《玉楼春》的"红杏枝头春意闹"一句说："'闹'字是把事物无声的姿态说成好像有声音的波动，仿佛在视觉里获得了听觉的感受。"① 此乃典型的通感，是视觉与听觉的融合。他还举了白居易的《琵琶行》和《礼记·乐记》"故歌者，上如抗，下如队，止如槁木，倨中矩，句中钩，累累乎端如贯珠"以及李商隐的一些诗句，并细致分析说：

> 白居易《琵琶行》有传诵的一节："大弦嘈嘈如急雨，小弦切切如私语。嘈嘈切切错杂弹，大珠小珠落玉盘。间关莺语花底滑，幽咽泉流冰下难。"它比较单纯，不如《乐记》那样描写的曲折。白居易只是把各种事物发出的声息——雨声、私语声、珠落玉盘声、鸟声、泉声——来比方"嘈嘈""切切"的琵琶声，并非说琵琶大、小弦声"令人心想"这种和那种事物的"形状"。一句话，他只是把听觉联系听觉，并未把听觉沟通视觉。《乐记》的"歌者端如贯珠"，等于李商隐《拟意》的"珠串咽歌喉"，是说歌声仿佛具有珠子的形状，又圆满又光润，构成了视觉兼触觉里的印象。②

钱锺书的分析颇为细致，是关于通感的颇为经典的论述。我由此进一步生发，认为诗人将日常经验中的视觉、听觉、触觉等感觉现象，在作品中合成为一种新的超越个别感官经验的审美知觉方式，这是一种更为高级的知觉，并非个别感觉的混合。诗人从自然情感升华到审美情感，这是一条尤为重要的途径。

无论是视觉与听觉的联姻，还是视觉与触觉的混融，诸多感觉的融合打通在诗词创作中都是高难度的挑战。诗人的审美知觉与世界相接，创造出既有陌生化效果又奇妙难言的审美感知，这种奇妙难言，却是被气氛所笼罩。诗词的气氛之美，恰是无法拆解、难以言喻的。这是"气氛"作为美学概念

---

① 钱锺书.七缀集[M].北京：生活·读书·新知三联书店，2019：63.
② 钱锺书.七缀集[M].北京：生活·读书·新知三联书店，2019：66.

的不可取代之处。在这个意义上,气氛与"韵外之致"或意境难分彼此。司空图《与李生论诗书》说"近而不浮,远而不尽,然后可以言韵外之致耳"①,以之说明气氛之美,也似颇为中肯。但我要说的是,本文之所以建构气氛之美,当然是要揭示气氛的独特之处。在我看来,气氛具有类似于意境的特征,但它的情感指向尤为鲜明,对于审美感知的导引更加强烈。通感在气氛营造方面的作用,也许是最为突出的。

"红杏枝头春意闹",仅仅是视觉和听觉的联合吗?如果只是如此解析,那么就把其美妙无比的气氛加以简单理解或者割裂了。"春意闹"并非仅止于视觉与听觉的联合,而是将各种感觉混搭,以形成一种全新的气氛。在审美知觉中,视觉与听觉是主要元素,而当通感形成之后,就再不限于视觉与听觉的相加,而是一种综合性的新的知觉了。这种知觉呈现出以往的"图式"所没有的新质,拓展了主体的审美经验。通感给人们的审美知觉,超乎于一般的知觉之上,具有强烈的张力,极大拓展了知觉的维度,使作品文本散发出更为浓郁的气氛之美。

杨恩寰说:

> 审美知觉作为一种审美能力,是多种感觉力的综合,作为审美知觉活动,是多种感觉的综合活动。其中,视觉和听觉占据主导地位,因为视觉和听觉社会化、理性化程度高,活动范围广,易于同感性欲求分离,并把理性因素带进知觉中来。……很显然,构成审美知觉的主要是视觉和听觉,却又缺少不了其他感觉……审美知觉乃是各种感觉协同活动,在这种长期的协同活动中,各种感觉之间经常出现暂时联系,以至形成彼此沟通、转移、互渗现象,从而丰富了审美知觉的功能。心理学把这种沟通、转移、互渗现象叫作"联觉"。②

---

① 司空图.与李生论诗书[M]//郭绍虞.诗品集解.北京:人民文学出版社,1963:47.
② 杨恩寰.审美心理学[M].上海:东方出版社,1991:71.

这就从心理学的角度揭示了"联觉",即通感的心理机制,特别值得我们重视。视觉与听觉的连接或融通,是通感的常态,但其含义并非仅仅如此。杨恩寰的意思是,在这种通感产生的审美知觉中,除了视觉和听觉之外,还有其他若干感觉类型参与进来。这个过程当然并非通过理性的思维方式,而是以感性的形式进行着的。李元洛说:"妙用通感,可以使形象鲜明生动,迁想而妙得,让读者油然而生新颖奇特的美的感受,同时,由于形象对审美主体产生多种感官刺激,因而能够激发人们丰富的审美联想与情感,这是通感所具有的特殊美学效果。"[①]他还结合中国古代诗词,举例分析了通感的主要类型,如听觉与视觉的通感、视觉听觉与触觉的通感等。我要进一步指出的是,谈论气氛与通感的关系,不能全然停留在心理学层面,还要从诗词的语言魅力上加以理解。诗人以通感的手法创造出诗句,使作品中的气氛之物尤为鲜明警精,也就是古人时常称道的"秀句"。

　　诗词作为文学的重要体裁,当然是以语言文字作为媒介的,诗人通过语言文字创造出具有内在视觉效果的形象。欧阳修《六一诗话》载梅尧臣语说:"诗家虽率意,而造语亦难。若意新语工,得前人所未道者,斯为善也。必能状难写之景,如在目前,含不尽之意,见于言外,然后为至矣。"[②]诗要用语言来创造意象,正如《文心雕龙·神思》所谓"然后使玄解之宰,寻声律而定墨;独照之匠,窥意象而运斤"[③]。这里的"意象",正是中国美学中最常见的核心范畴"意象"之本义,是具有内在视觉性质的。但意象不止于视觉,而是可以融视觉、听觉与触觉等为一体的。以视觉为主的意象可以兼有听觉,而以听觉为主的意象也可兼有视觉。"大珠小珠落玉盘",虽有听觉效果,但难道没有视觉的美好?陆机《拟西北有高楼》"佳人抚琴瑟,纤手清且闲。芳气随风结,哀响馥若兰"[④],将视觉、听觉和嗅觉融为一体。在通感的创造方面,语言文字的媒介功能被发挥到极致;反过来说,语言文字作为媒介,使

---

① 李元洛.诗美学[M].北京:人民文学出版社,2016:404-405.
② 欧阳修.六一诗话[M]//何文焕.历代诗话.北京:中华书局,1981:267.
③ 范文澜.文心雕龙注[M].北京:人民文学出版社,1958:493.
④ 陆机.陆机集[M].金涛声,点校.北京:中华书局,1982:60.

通感变成了可贵的现实。语言文字是一种特殊的物质,它可以创造画面,也可以形容声音;它可以表达触觉,也可以表现嗅觉。当它们在作品中融合成无比新鲜的意象时,就会使作品中的气氛呈现出前所未有的形态,使人们的审美知觉得到令人惊奇的拓展。鲍桑葵说:"诗歌和其他艺术一样,也有一个物质的或者至少一个感觉的媒介,而这个媒介就是声音。可是这是有意义的声音,它把通过一个直接图案的形式表现的那些因素,和通过语言的意义来再现的那些因素,在它里面密切不可分地联合起来,完全就像雕刻和绘画同时并在同一想象境界里处理形式图案和有意义形状一样。"① 鲍桑葵论述了诗中语言的媒介性质,并且告诉我们在诗中可以描述出"直接图案"的效果,也就是内在的视觉效果,但其实语言的功能不止于此,它还可以表现听觉的、嗅觉的、触觉的意味,更重要的是,它可以将这些感觉元素混搭为一个全新的意象,从而产生迷人的气氛。

诗人运用通感使诗歌语言获得了极大的张力,使诗的美感并非止于单一的感觉,而是创造出声、色、味等融而为一的浓郁气氛。钱锺书针对王维《过青溪水作》"声喧乱石中,色静深松里",刘长卿《秋日登吴公台是寺远眺》"夕阳依旧垒,寒磬满空林"以及杜牧《阿房宫赋》"歌台暖响"这些典型地运用了通感的诗文说:"用听觉上的'静'字来描写深净的水色,温度感觉上的'寒''暖'字来描写清远的磬声和喧繁的乐声,也和通常语言接近,'暖响'不过是'热闹'的文言。诗人对事物往往突破了一般经验的感受,有深细的体会,因此推敲出新奇的词句。"② 叶燮《原诗》就杜甫的"晨钟云外湿"一句作过深刻分析:

又《夔州雨湿不得上岸》作"晨钟云外湿"句,以晨钟为物而湿乎?云外之物,何啻以万万计?且钟必于寺观,即寺观中,钟之外,物亦无算,何独湿钟乎?然为此语者,因闻钟声有触而云然也。

---

① 鲍申葵.美学三讲[M].周煦良,译.上海:上海译文出版社,1983:33.
② 钱锺书.七缀集[M].北京:生活·读书·新知三联书店,2019:68-69.

声无形，安能湿，钟声入耳而有闻，闻在耳，止能辨其声，安能辨其湿？曰云外，是又以目始见云，不见钟，故云云外。然此诗为雨湿而作，有云然后有雨，钟为雨湿，则钟在云内，不应云外也。斯语也，吾不知其为耳闻耶？为目见耶？为意揣耶？俗儒于此，必曰"晨钟云外度"，又必曰"晨钟云外发"，决无下湿字者。不知其于隔云见钟，声中闻湿，妙悟天开，从至理实事中领悟，乃得此境界也。①

"晨钟云外湿"当然是典型的通感：钟声是听觉意象，而"湿"是触觉，另外还有视觉等的加入。但如果我们都这样解诗，也未免胶柱鼓瑟了。以通感为诗的诗人，只是调动各种审美的敏感，而创造出令人耳目一新的境界与气氛。我们可以如此这般分析，但如果一定要分出何为视觉、何为听觉，恐怕要被叶燮骂为"俗儒"了。

中国诗学讲求的"言外之意""韵外之致""言有尽而意无穷"等审美价值观念，与这种由通感方法营造的气氛有直接关系。诗人以不同感觉之间的挪移、互渗而形成的全新意象或境界，是以逻辑思维的理路难以说清的。钱锺书曾分析过逻辑思维与通感的分野：

> 按逻辑思维，五官各有所司，不兼差也不越职，像《荀子·君道篇》所谓："人之百事，如耳、目、鼻、口之不可以相借官也。"《公孙龙子·坚白论》说得更具体："视不得其所坚，而得其所白者，无坚也。拊不得其所白，而得其所坚者，无白也……目不能坚，手不能白。"一句话，触觉和视觉是河水不犯井水的。陆机《演连珠》第三七明明宣称："臣闻目无尝音之察，耳无照景之神。"《文选》卷五五刘峻注："施之异务。"然而他自己却写"哀响馥若兰"，又俨然表示："鼻有尝音之察，耳有嗅息之神。""异务"可成"借官"，同

---

① 叶燮.原诗［M］//丁福保.清诗话.上海：上海古籍出版社，2015：600.

时也表示一个人作诗和说理不妨自相矛盾,"诗词中有理外之理"。声音不但会有气味——"哀响馥""鸟声香",而且会有颜色、光亮——"红声""笑语绿""鸡声白""鸟话红""声皆绿""鼓(声)暗"。香不但能"闹",而且能"劲"。流云"学声",绿阴"生静"。花色和竹声都可以有温度:"热""欲燃""焦"。鸟语有时快利如"剪",有时圆润如"丸"。五官感觉真算得有无相通、彼此相生了。①

钱锺书所举这些通感的诗句,如果以"理"解之,则是"不可理喻"的,而在诗学中,"不涉理路,不落言筌",却是一种绝妙之境。王夫之《古诗评选》认为"经生之理,不关诗理"②,"诗理"是不同于普通的理性思维的。叶燮认为通感的经典案例是臻于诗中"至理"的,他说:"然子但知可言、可执之理之为理,而抑知名言所绝之理之为至理乎?子但知有是事之为事,而抑知无是事之为凡事之所出乎?可言之理,人人能言之,又安在诗人之言之?可征之事,人人能述之,又安在诗人之述之?必有不可言之,不可述之事,遇之于默会意象之表,而理与事无不灿然于前者也。"③通感对于气氛的营造来说,具有无法取代的作用,而正因其不可言、无以解,生成了非常浓郁的情感气氛,给人以多维度的感受,这足见通感营造气氛的强大力量。

气氛之美是我们欣赏中国古代诗词的独特角度,通过这个角度,可以使我们进一步全息性地感受诗词佳作的魅力所在。21 世纪以来的气氛美学研究,其观点和理论元素给了我们启示,让中国诗学研究有了一个新的观照角度。虽然它并非专门考察诗歌,而是生态美学中的一维,但气氛之美确乎是诗词中普遍存在的。感兴对诗词创作具有根本性的意义,触物起情是气氛营造的契机。本文力求揭示其间的内在联系,并以此打开欣赏中国古代诗词之美的另一扇窗户。

---

① 钱锺书.七缀集[M].北京:生活·读书·新知三联书店,2019:70-71.
② 王夫之.古诗评选[M].李中华,李利民,点校.上海:上海古籍出版社,2011:218.
③ 叶燮.原诗[M]//丁福保.清诗话.上海:上海古籍出版社,2015:599.

命题在中国美学研究中的建构性价值[*]

美学命题是中国特色美学学科体系、学术体系、话语体系的重要组成部分，也是具有蓬勃生命力的理论资源。对于现今的文艺批评，美学命题可以充分发挥其价值尺度的功能。文艺批评不应该是随意褒贬，而应有正确、深厚的美学理论作为基础和标准，很多命题在其中能够起到切中要害的作用。习近平总书记曾对中华美学精神的基本内涵作出这样的论述："中华美学讲求托物言志、寓理于情，讲求言简意赅、凝练节制，讲求形神兼备，意境深远。"这三个"讲求"，其实也是在传统美学理论的基础上提炼出来的命题。无论是对中国美学史的学术研究，对中国特色美学学科体系、学术体系、话语体系的构建，还是对当代的文艺批评，命题都是"大有用武之地"的。

一、美学命题：基于范畴的提升与转换

从自觉的意义上来讲，命题研究是近年来才兴起的话题。这并不是说之前没有命题研究，过去关于命题的个案、命题与范畴在中国美学发展中的功能、古代文论命题等，都有相关成果问世。时至今日，中国美学研究的现状提出了更为迫切的要求，构建中国特色哲学社会科学学科体系、学术体系、话语体系，需要从具体的学科角度扎实推进，命题研究的重要意义就凸显了出来。

---

[*] 本文原载于《光明日报》2022 年 6 月 29 日，收入本书时略有改动。

与命题关联最为密切的是范畴。改革开放以来的美学领域，范畴研究扮演了非常重要的角色。很多学者在范畴研究上取得了丰硕成果，无论是文论还是美学，范畴研究都相当深入且进入体系化的层面。例如，陈良运的《中国诗学体系论》，就是以"志""情""象""境""神"这五个重要范畴作为整个体系建构的支点。难以计数的关于范畴研究的论文，见诸各种学术刊物。例如，蔡锺翔《美在自然》、袁济喜《和：审美理想之维》成为中国美学研究的标志性成果。汪涌豪《范畴论》《中国文学批评范畴及体系》等著作，是范畴研究之研究，也是范畴研究的本体论研究成果。美学范畴的相关研究古已有之，如意境、意象、味、气韵、赋比兴、形神、虚实、势、冲淡等。

谈命题问题为什么要谈范畴？因为命题与范畴的关系实在是太密切了，很多范畴研究的成果是与命题重合在一起。郁沅《心物感应与情景交融》谈到两个命题，其中包含心和物、情和景这两对范畴，"心物感应"和"情景交融"这两个命题是由范畴"生长"出来的。成复旺主编的《中国美学范畴辞典》中有为数众多的美学命题，如"言之无文，行而不远""大象无形""知人论世""境生于象外""不是此诗，恰是此诗""目击道存""澄怀味象""收视反听""课虚无以责有，叩寂寞而求音""迁想妙得""不平则鸣""超以象外，得其环中""知者乐水，仁者乐山""外师造化，中得心源""意存笔先，画尽意在""不著一字，尽得风流""气韵非师""胸有成竹""不涉理路，不落言筌""舍筏登岸""大巧若拙""宁拙毋巧""因情成梦，因梦成戏""独抒性灵，不拘格套""读万卷书，行万里路""咫尺有万里之势"等。所举这些，都是典型的命题而非范畴。

为什么会产生这种情况？一是如前所述，命题中包含着范畴或由范畴扩展而来；二是当时的美学研究以范畴为主要范式，却将很多命题也视为范畴。韩林德所著中国美学研究著作《境生象外》，就以"华夏美学的主要范畴、命题和论说"为首章，并指出："在中国古典美学形成和发展的历史长河中，一代代美学思想家和文艺理论家，在探索审美和艺术活动的一般规律时，创造性地运用了一系列范畴和命题，如道、气、象、神、妙、逸、意、和、味、赋比兴、意象、意境、境界、神思、妙悟、一画、法度、美与善、礼和乐、文与质、有与无、虚与实、形与神、情与景、言与意、阳刚之美与阴柔之美、立象尽意、得意忘象、涤除玄鉴、澄怀味象、传神写照、迁想妙得、气韵生动等。这些范畴和命题，既相互区别，又相互联系和相互转化，彼此形成一种关系结构，共同建构起中国古典美学的宏大理论体系。一定意义上讲，中国古典美学史，也就是上述一系列范畴、命题的形成、发展和转化的历史。"从这里可以看出，韩林德对范畴与命题有了较为明确的区分。

著名哲学家汤一介在《文艺争鸣》上发表的《"命题"的意义——浅说中国文学艺术理论的某些"命题"》一文提出："中西文化的表述方式或常有不同，而这些特殊的表现形式往往包含在'命题'（proposition）表述之中，从中西文化命题表现的不同，或可有益于我们对两种文化的某些特点有所了解。"王元化的《文心雕龙创作论》这部"龙学"名著，多是从命题研究入手的。叶朗的《中国美学史大纲》中关于魏晋南北朝美学部分，都是以命题如"得意忘象""声无哀乐""传神写照""澄怀味象""气韵生动"为节目的。成复旺《神与物游：中国传统审美之路》一书，也是关于美学命题的个案研究的名著。吴建民专著《中国古代文论命题研究》，从本体的意义上对古代文论的命题进行了全面系统的研究。

由此可知，范畴是命题的基础，是构成命题的基本要素，命题则是在此基础之上进一步的思想表述。所谓"命题"，通常指具有判断性的短语或短句。范畴则往往是一个单词或复合词，如感兴、意象、味、中和、法度、本色、逸等。从语言学的意义上讲，命题不同于一个单词或并列性的复合词，而是一个有意义的短语，在这个短语内部，已经有了相对复杂的语法关系。命题可以更为明确地表达主体的美学观念，成为美学学科体系和话语体系的标志性元素。很多命题可以代表某位思想家、文艺家的美学观念的核心内容，如蔡邕的"书肇自然"，嵇康的"声无哀乐"，宗炳的"澄怀味象"，顾恺之的"传神写照""迁想妙得"，张璪的"外师造化，中得心源"，韩愈的"不平则鸣"，刘禹锡的"境生于象外"，梅尧臣的"状难写之景，如在目前；含不尽之意，见于言外"，苏轼的"论画以形似，见与儿童邻""诗中有画，画中有诗"，吕本中的"学诗当识活法"，严羽的"诗有别材，非关书也；诗有别趣，非关理也""不涉理路,不落言筌者,上也",袁宏道的"独抒性灵,不拘格套",笪重光的"虚实相生,无画处皆成妙境",王夫之的"经生之理,不关诗理",叶燮的"诗之基,其人之胸襟是也",王国维的"词以境界为上",等等。我们通过这些命题,可以明晰地了解命题提出者的核心美学思想观念。

二、美学命题的三个特性

作为一种重要的思想表达方式,命题至少有三个特点:客观性、意向性、自明性。

客观性,即它的有效性。如果所言不实,没有客观内涵,那么这种命题可以视为"伪命题"。作为判断句的命题,客观性是其最为基本、最为重要的品格。

与客观性相联系而又不可缺少的是命题的意向性,或者称之为价值取向性,也就是主体通过命题明确表述自己的思想观点。没有自己观点的命题,就算不上什么命题,至少是没什么价值的命题。想一想,中国的美学命题,是不是都包含着主体的思想观点呢?应该说是的。正如孟子所说"充实之谓美",美的意思首要在于内容充实,对美的概念,其观点是非常明确的。荀子讲的"虚壹而静",王元化的阐释是:倘要以心知道,那么就必须由臧而虚,由异而壹,由动而静。玄学家王弼提出的"得意忘言",主张超越语言的束缚而获得本体意义。杜甫的"咫尺应须论万里",认为绘画应在尺幅之间表现出阔大的境界。这些命题都提出了明确的美学观点,与范畴相比,命题的特点从内涵上说,正是在于它的意向性或价值取向性。

美学命题还有一个特点,即它的自明性。简洁明快,意义显豁,这是中国美学命题的突出特征。西方的美学命题,因其以思想家的哲学体系为背景,对它的理解,往往要通过思辨和逻辑推论方能把握其基本内涵。中国自古以来的美学命题,是以其自明性为鲜明特征的。在简明扼要的语言中,将主体的意向呈现于人。例如,"知人论世""以形写神""神用象通""意在笔先""陈言务去"等,使人可以直接理解其意向所在。

三、呼唤中国美学的时代风貌

命题有深刻的逻辑学基础,命题研究可以从逻辑学的维度进行,而在美学领域,命题又具有美学学科的特点,应主要从美学理论的路径上进行研究和提升。对于中国美学命题的系统化研究,目前有这几方面的工作要做。

一是关于命题的本体研究。何为"本体"?也就是"是什么"的问题。这个当然不能预先设定,而要在美学命题的大量案例中进行分析,最后确立出它的理论模型。命题是一种什么样态?命题的基本构成及其构成范式,命题与范畴的联系与区别,等等,都属于本体研究。从语言表述特点来看,美学命题大致可以分为"直述式"和"象喻式"。前者是直接表述的判断句,如"诗言志""以形写神""文从字顺"之类;后者则是以形象的比拟来表达美学观点,如"水停以鉴,火静而朗""舍筏登岸""鸢飞鱼跃""成竹在胸"之类。

二是美学命题的功能研究,也就是"做什么"的问题。在中国美学的理论体系形成过程中,美学命题起了什么作用?目前来看,主要有运思功能、对话功能和实践功能这三个方面。所谓"运思功能",是以命题作为学术运思的核心要素进行理论思考,从而形成自己的独特审美观点。例如,苏轼在评王维画作时提出了"诗中有画,画中有诗"的美学命题,从而表述其文人画应内蕴诗性内涵的观念。所谓"对话功能",指论者以命题作为自己的核心观点,与直接或间接的对象进行对话,从而使自己的观点与逻辑更为鲜明突出,也更能在美学思想史上留下深刻印记。例如,魏晋时期玄学家王弼提出了"圣人有情"的命题,这是针对另一位著名玄学家何晏提出的"圣人无喜怒哀乐"的命题而进行的对话与讨论,从而广泛影响了魏晋南北朝时期文艺理论的"重情"倾向。所谓"实践功能",是指美学命题作为尺度,在文艺批评实践中的现实有效性。例如,唐代诗人白居易以"文章合为时而著,歌诗合为事而作"的重要命题,概括了他对文学本质的基本认识。宋代诗论家严羽以"诗有别材,非关书也;诗有别趣,非关理也"的诗歌美学命题,系统批评宋诗中存在的"以文字为诗,以才学为诗,以议论为诗"的倾向。

在当下的文艺批评实践中,命题的实践功能应该得到充分的重视与发挥。中国的美学命题,大多是经过了中国文学批评史和文艺理论史的检验与积淀的经典性命题,它们对一些普遍性的文艺现象及审美现实,具有深刻的透视作用,同时具有思辨的高度与抽象的深度,对于一些负面的审美现象,也具有强烈的针砭效应。凭借这些美学命题,可以在当下的文艺批评和美学建构中产生更为鲜明、更为透辟的思想冲击力。

三是美学命题的经典化过程研究。中国的美学命题,在其发生阶段,未必是有意为之的,其很多时候是在古代作家或艺术家的对话、作品批评乃至书信、序跋中存在的,随着后来人们的不断使用,形成了大家公认的命题。例如,唐代画家张璪提出的"外师造化,中得心源"的命题,就是他在回答友人毕宏的问题时谈到的,后来成为颇具美学理论含量的命题。当然,也有很多命题出自理论家的有意提倡。例如,刘勰在《文心雕龙·神思》篇赞语中所说的"神用象通,情变所孕",《文心雕龙·物色》篇赞语中所说的"情往似赠,兴来如答"等,都是理论家的思想凝结。无论是"有意栽花",还是"无心插柳",都有一个经典化的过程。

从范式转换的角度来认识中国美学命题研究,或可使目前这种同质化的研究现状有所突破。注入当代的思想动力,从研究方法上有所更新,或可使现有的理论资源得到系统化整合,进而呼唤与展现中国美学领域的时代风貌。

媒介能力与诗学运思*

构思与意象，这是诗人们面对的最为基本的问题。没有奇妙的构思，缺少新颖的意象，是不可能成为好诗的。关于诗的艺术构思与意象，人们都以为其是靠着想象力或者说是形象思维进行的，再用语言加以表现，一首美妙的诗就这样诞生了！这固然没错，但我要追问一句：构思与意象又是如何产生的呢？难道它们是空洞的吗？有人会回答：构思与意象是对外在物象的加工，如陆机所说的"物昭晰而互进"、刘勰所说的"神与物游"。这当然都是对的。但是，问题并没有到此为止，再进一层，我要问的是，诗人又是如何加工外在物象而成为意象的呢？本文试图从媒介的维度上来探赜这个微妙的所在。

一、关于"媒介"及媒介能力

我们说的"媒介"，不同于时下泛谈的电子媒介，而是指文学艺术凭借感性材料而形成的结构。不同的艺术门类，因了媒介不同得以区分。我曾为艺术媒介作过这样的界定："艺术媒介是指艺术家在艺术创作中凭借特定的物质性材料，将内在的艺术构思外化为具有独创性艺术品的符号体系。"[①] 艺术的物性存在，主要是依赖于作品的媒介性质。黑格尔曾明确地表示："分类的真

---

* 本文原载于《北京大学学报》（哲学社会科学版）2023年第2期，收入本书时略有改动。
① 张晶. 艺术媒介论 [J]. 文艺研究. 2011（12）：50-58.

正标准只能根据艺术作品的本质得出来,各门艺术都是由艺术总概念中所含的方面和因素展现出来的。在这方面头一个重要的观点是这个:艺术作品既然要出现在感性实在里,它就获得了为感觉而存在的定性,所以这些感觉以及艺术作品所借以对象化的而且与这些感觉相对应的物质材料或媒介的定性就必然提供各门艺术分类的标准。"① 由媒介的不同而形成了艺术的不同门类,这是客观的事实。人们往往把媒介等同于物质材料,如黑格尔就将感性材料与媒介混在一起。也许媒介的物质属性是最为基本的和可见的,所以,人们对媒介的理解近于其物质属性。但这种理解现在看来至少是不全面的。媒介不仅以其物质属性保障了作品的物性存在,同时,它更以艺术家长期的对媒介的训练而形成的内在能力与感觉,成为其主动地探索世界、感知世界、把握世界的方式与动力。诗人感知世界是以诗人的媒介能力,音乐家感知世界是以音乐家的媒介能力,画家感知世界是以画家的媒介能力,如此等等。

真正的艺术杰作乃至传世的经典,并非外在的任务的产物,而是因作家艺术家强烈的"艺术意志"及对自己的媒介能力的自信。艺术家的媒介能力越强,其对外在世界的触摸、探索、把握的欲念也就越强。这种内生的动力,是与主体的媒介能力成正比的。杜甫所说的"语不惊人死不休",李清照的"学诗漫有惊人句",其实都体现了诗人对自己的媒介能力的自信与追求。诗人或艺术家对于自己的媒介能力及其表现,感到惊讶更感到自豪。《庄子》里的那位"解衣磅礴"的画家,张璪的"外师造化,中得心源",司空图的"真力弥满,万象在旁",未始不是诗人或画家对媒介能力的自信。英国著名美学家鲍桑葵这样宣称:"因为这是一件无比重要的事实。我们刚才看到,任何艺人都对自己的媒介感到特殊的愉快,而且赏识自己媒介的特殊能力。这种愉快和能力感当然并不仅仅在他实际进行操作时才有。他的受魅惑的想象就生活在他的媒介的能力里;他靠媒介来思索,来感受;媒介是他的审美想象的特殊身体,而他的审美想象则是媒介的唯一特殊灵魂。"② 鲍桑葵在其美学观念

---

① 黑格尔.美学:第三卷上册[M].朱光潜,译.北京:商务印书馆,1979:12.
② 鲍桑葵.美学三讲[M].周煦良,译.上海:上海译文出版社,1983:31.

中是以媒介作为根本的因素来建构的。这涉及艺术创作的动力机制问题。是什么因素使作家、艺术家产生了强烈的创作冲动，又是什么使之在感知物象过程中将其构形为某一门类的特有审美意象？按照鲍桑葵的看法，唯一的答案就是媒介能力。媒介能力与媒介不能等同，但却只在于内在与外在的不同。媒介本身有着常识认同的物质属性，而媒介能力属于艺术家的主体能力。鲍桑葵以泥塑为例，指出了创作主体的强烈的媒介兴趣。"它在你的手里活了起来，而且它的生命长成为，或者毋宁说魔术似的涌现为形状；而且这些形状是它，并包括你在里面，好像在想望的，并觉得是避免不了的。对媒介所具有的情感；对在媒介里能做出什么样的合适的东西，或者在别的媒介里做不好的东西，诸如此类的感觉；以及这样做时所感到的情趣——这些，我认为，是探讨美学基本问题的真正线索。"① 我认为，鲍桑葵在媒介问题上的贡献，正在其深刻揭示了在创作主体中的媒介的基本功能——媒介才是创作所以发生的真正动力。我认为，鲍桑葵在这里揭示了文艺创作的真正奥秘。面对外在物象，并非什么人都能发生创作冲动并且生成作品的审美意象。正如黑格尔所讥讽的那样："人们就以为通过感官的刺激就可以激发灵感。但是单靠心血来潮并不济事，香槟酒产生不出诗来；例如马蒙特尔说过，他坐在酒窖里面对着六千瓶香槟酒，可是没有丝毫的诗意冲上他脑里来。"② 反之，那些有着强烈的艺术意志和经过长期艺术训练而形成媒介能力的艺术家，在与外在物象相遇时，以自己内在媒介能力，使对象在头脑中生成创造性的审美意象，或是诗句，或是旋律，或是画面，在这个过程中艺术家获得了极大的兴奋与享受，于是，他再以表现式的媒介力量完成他的作品。美国哲学家奥尔德里奇更认为，"人们要用受过训练的想象的眼光来看艺术作品，在审美静观中，这种想象颇象充满着情感的理智。按照这种观点，艺术家的所作所为与其说是创造艺术客体，不如说是通过媒介向审美的视觉器官展示艺术客体。艺术家实际上构造的东西就是这种媒介要素的排列，这种排列为从无穷多的可能的

---

① 鲍桑葵.美学三讲［M］.周煦良，译.上海：上海译文出版社，1983：30.
② 黑格尔.美学：第一卷［M］.朱光潜，译.北京：商务印书馆，1979：364.

永恒形式中选择一种来进行观照提供了机会。"① 奥尔德里奇所说的"受过训练"非常重要,是关于艺术家媒介能力的基本来源。不同门类的艺术家,都是以长期的艺术训练获得媒介能力的,或者说,训练的内容无非是媒介能力的训练。

美国哲学家杜威反复申说艺术媒介的内外一体化,他认为,媒介不仅存在于外在的表现阶段,更存在于艺术家感知世界的过程中,这二者并非两套东西,而是内外一致的。他说:"每一件艺术作品都具有一种独特的媒介,通过它及其他一些物,在性质上无所不在的整体得到承载。在每一个经验之中,我们通过某种特殊的触角来触摸世界;我们与它交往,通过一种专门的器官接近它。"② 我是认同杜威的观点的,而且更认为,艺术家与世界之关系,对于外在物象的创作兴趣,都是来自他的媒介能力。艺术家何以在与世界的感知接触中很快形成创作意向,杜威的阐述给了我们启示,他说:"在美的艺术中,媒介表示一个特殊经验器官的专门化与具体化发展到这样一个程度:其中所有的可能性都得到了利用。最具活动性的眼睛或耳朵在负载着只有它们才使之得以形成的经验之时,并不失去其特殊的特征的合适性。在艺术中,普通知觉中分散而混杂的看与听不再处于散乱状态,被集中起来,特殊媒介的特别功能不受干扰,以其全部能量而起着作用。"③ 在艺术家对外界的感知中,媒介的力量是第一位的,它的特殊功能全部起着作用,而其他的东西退居其后。英国美学家理查德·沃尔海姆质疑了这种观点,他说:"在这个阶段,有人通过诉诸于'物理媒介'与'构想的媒介'(conceived medium)的区分,来为维护这种理论而作出了努力:物理媒介就是这个世界上存在的材料,构想的媒介则是这些材料在头脑当中的想法。"④ 沃尔海姆认为这种想法是与克罗齐的"直觉即表现"一致的,

---

① 奥尔德里奇.艺术哲学[M].程孟辉,译.北京:中国社会科学出版社,1986:42.
② 杜威.艺术即经验[M].高建平,译.北京:商务印书馆,2005:216.
③ 杜威.艺术即经验[M].高建平,译.北京:商务印书馆,2005:217.
④ 沃尔海姆.艺术及其对象[M].刘悦笛,译.北京:北京大学出版社,2012:38.

现在，该维护就在于，内在思维的整个过程是在某一媒介当中进行的，也是在构想的媒介当中进行的，该理论将重心置于这种过程，克罗齐明确地将之确定为"直觉与表现的同一性"。所以，当列奥纳多·达·芬奇驻足在他要画的墙壁面前几天而没有摸画笔的时候，最终惹怒了格雷齐的圣玛利亚修道院院长——这个小插曲被克罗齐引用当作这种'内在'表现过程的例证——我们可以设想，画家头脑中被占据的是去图绘墙面的想法，或许还有他所要安排的但却并未想好其表达的图像。因而，某一件艺术品被创造了出来，它就要既处于某一艺术家的头脑当中，又处于某一媒介当中。①

沃尔海姆的这种质疑，其实是将媒介的内在化与克罗齐的直觉说等同了起来，我觉得这是一种误解。因为主张媒介的内在化或媒介能力，并不意味着对媒介的艺术表现及存在的忽略。这种质疑是基于对媒介的模糊观念，即将媒介等同于材料。我一再主张，媒介不能脱离材料，甚至是以材料的呈现为标志；但是仅凭材料是无法创造出艺术品的。这是一个常识。奥尔德里奇对材料与媒介所作的区分，是可以令我们认同的，他说："艺术家首先是领悟每种材料要素——颜色、声音、结构的——特质，然后使这些材料和谐地结合起来，以构成一种合成的调子（compositetonality）"。② 很明显，他主张媒介是以材料为要素的一种创造性的结构。无论何种艺术，都是不可能离开客观的艺术表现的，这种表现必然是不可离开媒介的。试想一下，如果艺术仅存在于艺术家内心世界中而没有作品的物化存在，那么，这种艺术是不存在的。无论是杜威还是鲍桑葵，都对克罗齐的观点持反对的立场。例如，鲍桑葵曾明确表示说：

在这里，我不由得觉得，我们只好很遗憾地和克罗齐分手了。

---

① 沃尔海姆. 艺术及其对象 [M]. 刘悦笛, 译. 北京：北京大学出版社, 2012：38.
② 奥尔德里奇. 艺术哲学 [M]. 程孟辉, 译. 北京：中国社会科学出版社, 1986：56.

他对一条基本真理非常执着（他时常就是这种情形），以至于好像不能懂得，要领会这条真理还有什么是绝对少不了的，他认为，美是为心灵而设，而且是在心灵之内。一个物质的东西，如果没有被感受到，被感觉到，就不有百分之百地算是具有美。但是，我不由得觉得，他始终都忘记掉，虽则情感是体现媒介所少不了的，然而体现的媒介也是情感所少不了的。①

我们探讨媒介的内在化或者媒介能力，并非要像克罗齐那样，对于艺术品的媒介存在持一种视而不见的态度，而是接通媒介的内外关联，将媒介的创造性功能前置于创作的发生阶段。

二、中国诗学中的媒介：作为创作的动力

从中国诗学的角度看同样可以说明这样的情形。感兴的机制最能揭示其中的秘密。赋比兴之兴，也是其后的"感兴"说的源头。兴就是诗人受外物触发，兴起情感。所谓"兴"，是严格限定在诗歌创作的范围里的概念，而且是着鲜明的对象性色彩的。没有外在物象，谈不到"兴"。无疑，兴处在创作的发生阶段，兴即从外物兴发诗人之情，故刘勰所说："兴者，起也。"②这个"起"字最为重要，它最为直接地说明了"兴"是以诗人情感的唤起。后面刘勰又说："起情者依微以拟议"，何为"依微"？诸家均注为依据微小的事物，固然没有错，但从兴的本义来看，我认为是诗人面对外物微妙的变化而兴发情感。接下来刘勰又言："起情故兴体以立"，这句话对"兴"的本义作了明确的界定，而且最为符合兴的性质。兴就是对诗人情感的唤起！《毛诗正义》释"兴"云："兴者，起也。取譬引类，起发己心，诗文诸举草木鸟兽以见意者，皆兴辞也。"③英国美学家赫伯恩将"情感唤起"作为审美价值的源泉，他

---

① 鲍桑葵. 美学三讲[M]. 周煦良，译. 上海：上海译文出版社，1983：34.
② 范文澜. 文心雕龙注[M]. 北京：人民文学出版社，1958：601.
③ 十三经注疏编委会. 十三经注疏·毛诗正义[M]. 北京：北京大学出版社，2000：14.

主张,"在美学中情感唤起也应该占有一席之地"①。这种情感唤起,本质上就是审美价值的产生。赫伯恩又分析了情感唤起的审美性质,他说:"有时候这意味着一个人以一种特殊方式解释一种情景,体验一种普通的激动。但这种分析并不适用于一切情况。虽然有时候我们的激动是混乱的,但有时却是高度特殊化的,而千差万别的激动的鉴别,便往往是审美价值的源泉之一。"② 什么是赫氏所说的"特殊化"?从艺术家的角度而言,其实就是媒介能力。"起情"或"情感唤起",当然是有使动的一方,因而兴是高度对象化的。宋代李仲蒙提出的关于兴的定义:"触物以起情谓之兴,物动情者也。"③ 这是把兴的性质概括得最为准确的。那么,媒介能力之类又在"感兴"说的哪里体现出来呢?《文心雕龙·比兴》的赞语中说:"诗人比兴,触物圆览。物虽胡越,合则肝胆。拟容取心,断辞必敢。攒杂咏歌,如川之涣。"刘勰以"触物圆览"作为"比兴"的性质,其实是侧重于兴。诗人由于受外物触引而形成内心中圆融的整体意象结构。这完全是对"诗人"而言的,普通人与此无关。一般人在日常生活中也都接触各种人与事物,但这并非诗学中的"触物",换言之,所谓"触物兴情",是中国诗学中的专有命题,是关于创作论的一个基本观念,也是感兴说的最为核心的要义。中国诗学中的"触""遇"之类的话头比比皆是,但它们所指都是诗人的创作发生,而非其他活动,包括日常生活、政治活动、宗教仪式、教育行为等诸如此类的各类活动,也非一般的美学理论。"触物"的主体当属诗人!这个问题看似简单,却是不揭不明。黄侃先生说:"原夫兴之为用,触物以起情,节取以托意,故有物同而感异者,亦有事异而情同者,循省六诗,可榷举也。"④ 所言中肯。诗人何以"触物"?(也有"遇""会""天机"等说法)为什么那么多诗人都在谈"触物起情"的创作体验?看似"偶然",实则值得思考。一般人无所谓"触物",而诗人(真正的诗人)言及创作则多称"触物"。"圆览"充满了主体色彩,而且是

---

① 赫伯恩.情感与情感特质[M]//邓鹏,译.当代美学.北京:光明日报出版社,1986:322.
② 赫伯恩.情感与情感特质[M]//邓鹏,译.当代美学.北京:光明日报出版社,1986:322.
③ 胡寅.与李叔易书[M]//胡寅.崇正辩·斐然集:卷十八.北京:中华书局,1993:368.
④ 黄侃.文心雕龙札记[M].北京:商务印书馆,2014:163.

"触物"的思维成果——在内在运思中的圆融结构,而且,这种内在的意象是具有内在视觉效果的。关于"圆览",其他学者多注为"全面观察"之类。我则主张,"圆览"就是具有内视效果的圆融意境。这也在以后的诗学文献中可以多处佐证。"物虽胡越,合则肝胆",是最能说明诗人的创造性运思功能的。物象虽然远非一物,但在诗人的运思中却可以合为一体。诗人又是如何将远隔胡越的"物"合为诗中的"肝胆"呢?如果追问起来,这是一道非常难解的题!我主张,这正是诗人以其作为诗人的媒介能力(把握语言、韵律、结构的内在媒介)运思的结果。"拟容取心,断辞必敢",不仅是在诗的语言表阶段,而且在内在运思阶段,也是如此,这是内外一体化的。诗人比兴,触物圆览,充分体现了内在媒介的动力性质。

诗人的媒介能力在其中起了明显的作用,这是无法分辨内外的。接下来,刘勰又说:"是以诗人感物,联类不穷,流连万象之际,沉吟视听之区;写气图貌,既随物以宛转;属采附声,亦与心而徘徊。"这段话充分说明了诗人以其内在的媒介能力"感物"的内在逻辑。"流连万象"的感知物色,也是"沉吟视听"的媒介把握。郑毓瑜教授于此指出:"刘勰总是同时提举两个面向,其一,'随物宛转'与'与心徘徊',这牵涉心和物;其二,'写气图貌''属采附声'与'随物宛转''与心徘徊',则关涉言与意、词与物的层次。所谓'宛转''徘徊'则描述了两两界域之间相互往来、彼此周旋的情状,当然不是直接、明确的对应指涉。"[①]其实这里无法分辨创作过程中的内与外、运思与表现,感兴的过程有着媒介能力的相伴而行。"是以四序纷回,而入兴贵闲;物色虽繁,而析辞尚简;使味飘飘而轻举,情晔晔而弥新。"在这触物兴情的状态中,"辞"是一直起着组织内在结构的作用的。"辞"并不仅止于单纯的词汇,而是诗歌语言的系统、规则。这也就是诗人的媒介能力的根本体现。《文心雕龙·神思》篇中所说的"神居胸臆,而志气统其关键;物沿耳目,而辞令管其枢机。枢机方通,则物无隐貌;关键将塞,则神有遁心"[②]。这段话

---

① 郑毓瑜.引譬连类——文学研究的关键词[M].上海:上海三联书店,2017:4.
② 范文澜.文心雕龙注[M].北京:人民文学出版社,1958:493.

尤有重要理论价值。当诗人触遇外物之时，物象充斥于诗人的耳目之间，"辞令"是诗人面对物象进行加工而构形为审美意象的"枢机"。"神思"当然是文学创作的运思过程，"辞令"此时是内在于诗人的头脑之中的，它在感知世界、构形意象时必不可少。

  触物兴情的感兴，对于诗歌创作来说，是强大的动力因素。在这种触遇的契机中，外来的物象充盈着诗人的视界，而诗人也在运用他的独特眼光，来寻找具有审美价值的新鲜物象。诗人的独特眼光，就包含着内在的媒介能力。萧统曾说："炎凉始贸，触兴自高，睹物兴情，更向篇什。"[①]"触兴自高"的浓厚兴趣，出自于诗人的性情。"更向篇什"说明了这些都是在诗歌创作的轨迹之上，否则，无所谓"触兴"。唐代诗人贾岛谈及感兴时说："兴者，情也，谓外感于物，内动于情，情不可遏，故曰兴。感君臣之德政废兴，而形于言。"[②]也足见兴的动力性质。

  在创作论方面，发生的动力机制其实是一个非常有意义的问题，也是理论家们谈论得很少的问题。柏拉图提出的"迷狂"说，佛洛伊德以"白日梦"来解释文艺创作，马利坦讲"创造性直觉"，还有各种各样的创作动力论，但总是令人觉得他们虽然都有系统的理论，而从诗歌创作的实践来看，中国诗学中的"感兴"，却是最能直接道出诗人们何以能够此时此刻产生创作冲动、进入创作状态的。"触物兴情"，是最为令人信服的理由！"物"的涵盖力很强，既包括了自然事物，也包含了社会事物。这个"物"是活生生的，现时发生的，也就是王夫之所说的"现量"。感兴的前提，则在于主体是经过了长期艺术训练、有超强的媒介能力、充分的媒介自信的诗人！

三、关于诗的媒介性质

  如欲理解诗人的媒介能力，就要从诗的媒介性质来认识。诗是艺术之一

[①] 郁沅，张明高.魏晋南北朝文论选[M]//萧统.答晋安王书.北京：人民文学出版社，1996：330.

[②] 贾岛.二南密旨[M]//张伯伟.全唐五代诗格汇考.江苏：凤凰出版社，2002：372.

类,这是可以达成共识的出发点。但是诗的媒介与其他门类艺术如造型艺术、综合艺术等颇有不同,因为它是用语言文字作为媒介的。媒介以其感性和物性作为突出的特征,其他门类的艺术在这方面都无疑义。因为其他艺术门类的媒介因素都可以直接呈现在欣赏者的眼前,是可以直观到的;诗则是诗人以语言文字描绘成意象或意境,读者须在阅读过程中转化为头脑中的画面或情景。因此,它的物性会遭到人们的质疑。但是它物性仍然是存在的,而且有着不可替代的特征。诗能够传之千年而活在当下,正说明它的物性所在。中国诗学中所说的"是以在心为志,发言为诗,舒文载实,其在兹乎!诗者,持也,持人情性。三百之蔽,义归无邪,持之为训,有符焉尔"。① 看似大家都熟悉的话,其实充分说明了诗的实体性和传承性。唯其实体,方可传承。郑玄《诗谱序正义》说:"名为诗者,内则说负子之礼云'诗负之'。注云:'诗之言承也。'"② 这里说的是"诗三百",却可以说明诗的实体与传承的性质。诗的实体性当然不同于其他门类艺术的媒介性质,因为诗更多的是要诉诸人的精神的,它要直击人心。值得我们思考的有鲍桑葵对于诗歌媒介的论述,他不仅着重阐发了诗的媒介的感性特质,而且揭示了诗所创造的内在图景,他说:

> 诗歌和其他艺术一样,也有一个物质的或者至少一个感觉的媒介,而这个媒介就是声音。可是这是有意义的声音,它把通过一个直接图案的形式表现的那些因素,和通过语言的意义来再现的那些因素,在它里面密切不可分地联合起来,完全就像雕刻和绘画同时并在同一想象境界里处理形式图案和有意义形状一样。语言是一件物质事实,有其自身的性质和质地。这一点我们从比较不同语言并观察不同图案,如沙弗体或六言句,在不同语言如希腊或拉丁中所具的形式,会很容易看出来。用不同语言写诗,如用法语和德语写

---

① 范文澜.文心雕龙注[M].北京:人民文学出版社,1958:65.
② 范文澜.文心雕龙注:注三[M].北京:人民文学出版社,1958:69.

诗，和用铁与用泥塑造装饰性作品，同样是不同的手艺。声音的节拍和意义是一首诗里面的同样不可分的产物，就如同一张画里面的颜色、形状和体现的情感是不可分的产物一样。①

鲍桑葵在这里明确指出了诗歌的媒介与其他艺术门类的媒介具有一样物质属性，并通过这种语言构成了内在的图案。诗歌通过语言媒介而构形出来的图案，与其他艺术如绘画的一个直接图案，在诗的思维中密切联系起来，这也就是我一再主张的"内在视像"。在诗歌作品中，媒介的内在作用才真正是最为重要的。高友工先生在他的《中国文化史中的抒情传统》一文中，称抒情为"内观"，即笔者所说的"内在视像"。高友工在这里也从媒介的角度来谈这个问题，他说："对抒情美典来说，一切媒介的物感自然是重要的，它是一切经验的根据。但进一步地认识经验的基层是在心界存在处，必然会分辨美感外在的媒介和内在的材料。形成心界中的心象才是真正的美感材料。"②所谓"抒情美典"，是高友工先生的特殊概念，就是指中国的抒情诗。外在媒介和内在媒介的说法和我的意思是一样的，"材料"未必准确。我认为在诗人的内心的创作动力，是其媒介能力，而非材料。离开了媒介能力，材料也就无从谈起；而高友工先生对于媒介的性质的解释是较为切实的。

上述的假说在中国诗学资源中总能得到透彻的揭载。诗人都是在诗歌创作的意义上来谈到这种情形的。诗人以其卓越的媒介能力感知物象，形成感兴，物色万象，并在诗人的构形中成为独特的感人的画面，如王昌龄的《诗格》的"十七势"，其中的"感兴势"："感兴势者，人心至感，必有应说，物色万象，爽然有如感会。亦有其例。如常建诗云：'泠泠七弦遍，万木澄幽音。能使江月白，又令江水深。'又王维《哭殷四诗》云：'泱漭寒郊外，萧条闻哭声。愁云为苍茫，飞鸟不能鸣。'"③王昌龄还明确指出了诗人感物而生成的内在视像，

---

① 鲍桑葵.美学三讲［M］.周煦良，译.上海：上海译文出版社，1983：33.
② 高友工.中国文化中的抒情传统［M］//陈国球，王德威.抒情之现代性.上海：上海三联书店，2014：118.
③ 王昌龄.诗格［M］//张伯伟.全唐五代诗格汇考.江苏：凤凰出版社，2002：157.

他说:"夫置意作诗,即须凝心,目击其物,便以心击之,深穿其境。如登高山绝顶,下临万象,如在掌中。以此见象,心中了见,当此即用。"① 宋代诗人梅尧臣认为好诗的标准是:"必能状难写之景,如在目前,含不尽之意,见于言外,然后为至矣。"② 欧阳公问道,"语之工者固如是。状难写之景,含不尽之意,何诗为然?"圣俞(梅尧臣)曰:"作者得于心,览者会以意,殆难指陈以言也。虽然,亦可略道其仿佛:若严维'柳塘春水漫,花坞夕阳迟',则天容时态,融和骀荡,岂不如在目前乎?又若温庭筠'鸡声茅店月,人迹板桥霜',贾岛'怪禽啼旷野,落日恐行人',则道路辛苦,羁愁旅思,岂不见于言外乎?"③ 梅尧臣的诗学价值观,在中国诗学中是有相当大的普遍意义的。中国诗学的意象或意境,应该是最为核心的审美范畴了,而意象、意境同样,都是有着这种内视的性质的。王国维的《人间词话》,论词以"境界"为上,其言:"词以境界为最上。有境界则自成高格,自有名句。"又有"隔"与"不隔"之说。在他看来,"不隔"是有境界的,"隔"是没有境界的。他说:

> 问"隔"与"不隔"之别,曰:陶谢之诗不隔,延年则稍隔已。东坡之诗不隔,山谷则稍隔矣。"池塘生春草""空梁落燕泥"等二句,妙处唯在不隔,词亦如是。即以一人一词论,如欧阳修《少年游》咏春草上半阕云:"栏干十二独凭春,晴碧远连云。千里万里,二月三月,行色苦愁人。"语语都在目前,便是不隔。至云:"谢家池上,江淹浦畔"则隔矣。白石《翠楼吟》:"此地。宜有词仙,拥素云黄鹤,与君游戏。玉梯凝望久,叹芳草、萋萋千里。"便是不隔。至"酒祓清愁,花消英气。"则隔矣。④

---

① 王昌龄.诗格[M]//张伯伟.全唐五代诗格汇考.江苏:凤凰出版社,2002:162.
② 欧阳修.六一诗话[M]//何文焕.历代诗话.北京:中华书局,1983:267.
③ 欧阳修.六一诗话[M]//何文焕.历代诗话.北京:中华书局,1983:267.
④ 王国维.人间词话[M].北京:中华书局,2015:26.

静安先生是以不隔与隔为境界之区别的。不隔,就是"语语如在目前",具有一种内在的透明感、内视性,而且是一个完整的境界;反之,缺少这种"如在目前"的内视性,就不具有完整浑融的境界。美国心理学家阿恩海姆从语言和图画的两种媒介互补的意义上来谈语言构建的内在媒介性质,他认为,"简而言之,语言和图画形象这两者,作为形式的表现媒介都需要更新。可以说,现代美术和现代诗歌风格发展的目的,正在于寻求这种更新。视觉媒介也需要回到思维以求丰富自己。"① 阿恩海姆明确指出了文字的视觉外观性质,但这其实就是在诗歌的范围里说的,他说:"文字的历史已经告诉我们,把形象标准化和简化的要求,促使文字变成了某种具有简单明了的视觉外观和易于书写的样式。但是,即使在千百年之后,文字仍然闪烁着自己的图像意味。"② 在中国诗学的范围内,这种由语言文字构形的"视觉外观",其实是内在于作者与读者的内心的。

  诗是以语言媒介来构形这种内在视像的,内在媒介能力与外在媒介不能截然分开。越是优秀的诗人,他的媒介能力越强,他在感知外在物象时就已经充分地却是不自觉地运用这种能力了。谢灵运作《池上楼》,云其梦其弟惠连而出此名作。王夫之评此诗谓:"始终五转折,融成一片,天与造之,神与运之。呜呼,不可知已!'池塘生春草',且从上下前后左右看取,风日云物,气序怀抱,无不显者,较'蝴蝶飞南园'之仅为透脱语,尤广远而微至。"③ 诗人的媒介能力已经在感知物象时得到了充分的发挥。王夫之在评谢灵运《游南亭》诗时所言恰好透露出这个讯息。他说:"呜呼,不可知已!虽然,作者初不作尔许心,为之早计,如近日倚壁靠墙汉说埋伏照映。天壤之景物、作者之心目如是,灵心巧手,磕着即凑,岂复烦其踌躇哉?"④ 媒介能力正是在

---

① 阿恩海姆. 语言、形象和具体诗[M]//阿恩海姆. 艺术心理学新论. 郭小平, 翟灿, 译. 北京: 商务印书馆, 1994: 121.
② 阿恩海姆. 语言、形象和具体诗[M]//阿恩海姆. 艺术心理学新论. 郭小平, 翟灿, 译. 北京: 商务印书馆, 1994: 121.
③ 王夫之. 古诗评选: 卷五[M]//船山全书: 第十四册. 湖南: 岳麓书社, 1996: 732.
④ 王夫之. 古诗评选: 卷五[M]//船山全书: 第十四册. 湖南: 岳麓书社, 1996: 733.

其中扮演着内在的，却又是非常重要的角色。

依我之见，媒介能力越强的诗人，这种内外之间的界限就越模糊，他的创造性力量也就越加强大。这种媒介能力在诗人感知世界、捕捉物象的时候，起着最为根本的作用。也如杜威所说："对作为媒介的媒介的敏感是所有艺术创作与审美感知的核心。这种敏感性并没有将外在的材料拉进来。"① 对于已然熟悉的对象的模仿，可能更多的要用外在的媒介，并不需要多少媒介能力的探寻与对外界的感知触摸。诸如绘画中的临摹，音乐的依谱演奏，建筑师的按图施工，等等。在创造性的艺术活动中，内在的媒介能力会发挥更为强大的力量。杜威主张说："例如，当人们从历史场景的描绘的角度来看绘画，从熟悉的场景的角度来看文学之时，这些场景就不是根据它们的媒介来被感知的。或者，当只是参照制造它们成为这个样子的技术来看待它们时，也不是从审美的角度来感知它们。这是因为，在这里手段和目的也是分离的。对前者的分析成为了对后者欣赏的替代物。"② 杜威在这里深刻地揭示了内在的媒介的创造性能量。中国诗学中的有关论述也是指向创造性的发生与表现过程的，如明代诗论家徐祯卿所说的：

> 情者，心之精也。情无定位，触感而兴。既动于中，必形于声。故喜则为笑哑，忧则为吁戏，怒则为叱咤。然引而成音，气实为佐；引音成词，文实与功。盖因情以发气，因气以成声。因声而绘词，因词而定韵，此诗之源也。然情实窈眇，必因思以穷其奥；气有粗弱，必因力以夺其偏；词难妥贴，必因才以致其极；才易飘扬，必因质以御其侈。此诗之流也。由是而观，则知诗者乃精神之浮英，造化之秘思也。若夫妙聘心机，随方合节，划约旨以植义，或宏文以叙心，或缓发如朱弦，或急张如跃楉，或始迅以中留，或既优而后促，或慷慨以任壮，或悲悽以引泣，或因拙而得工，或发奇而似

---

① 杜威. 艺术即经验［M］. 高建平，译. 北京：商务印书馆，2005：221.
② 杜威. 艺术即经验［M］. 高建平，译. 北京：商务印书馆，2005：221.

易。此轮匠之超悟，不可得而详也。《易》曰："书不尽言，言不尽意。"若乃因言求意，其亦庶乎有得欤！①

徐祯卿这段话可谓一篇完整的诗学创作论。虽然涉及很多环节，但其内在的媒介能力是一直伴随着创作活动的。我们可以说，诗人的内在媒介能力，内在于创造性的艺术活动，这在诗学感兴中非常鲜明的。

还有关于"意"作为内在媒介的问题。在中国诗学中，"意"是一个重要的创作论范畴。"以意为主"，则是一个具有普遍意义的文论命题。所谓"言不尽意"，是具有深刻哲学内涵的命题，而我们在本文中所说的"以意为主"，是文学创作观念。可以肯定的是，"意"存在于作家、诗人的内在运思过程，而且是作品的灵魂所在。一般来说，人们以作品的"思想内容"来解释"意"，似乎已是常识。实际上，创作中的"意"，是诗人运思中的作品主旨，也是经过诗人构思的内蕴。陆机在《文赋》序中说："每自属文，尤见其情。恒患意不称物，文不逮意，盖非知之难，能之难也。"在陆机看来，属文之病，在于作者之意不能很好地表现物象，语言表现又不能很好地传达作者之意。可见，这里所说的"意"，并非仅仅是一般所理解的思想感情或意义。郭绍虞先生指出意大致有三种，第一种是意义之意；第二种是指通过构思而形成的意；第三种是结合作者的思想倾向的意。在《论陆机文赋中之所谓"意"》一文中，郭先生指出：

> 《文赋》中所特别强调的，正是第二种的"意"。《文赋序》开端便说："余每观才士之所作，窃有以得其用心。"他从古人作品中体会如何用心，所以《文赋》中所讨论的不外是构思的问题。他是以构思为中心而贯穿到意和辞两方面的。"选义按部"是意的问题，"考辞就班"是辞的问题。如何选，如何考，就通过构思的作用了。通过

---

① 徐祯卿. 谈艺录[M]//何文焕. 历代诗话. 北京：中华书局，1983：765.

构思作用而选义和考辞也就统一起来了。①

郭绍虞先生对陆机《文赋》中的意的分析，是包含着作者的内在媒介能力因素的。高友工先生在此基础上指出："郭绍虞曾特别指出陆机的'意'是一种'通过构思所形成的意'，不是语言文辞的意，也非思想内容的意。这个'意'正和'气'一样，是魏晋文学理论已经提出的观念，而日后始终仍是整个理论的基础，盖因为'意'是这个创造性的最有关键性的实体。而在抒情的表现中，正是如何以艺术媒介体现此一'意'的问题。"②高友工先生揭示了"意"和艺术媒介的关系，这是言人所未言的。我认为在中国诗学中，以郭绍虞先生对陆机之"意"的分析，为我们展开媒介能力在诗学中研究提供了良好的基础，可以从这个角度来观照有关文献，获得新的理论延伸。例如，明代诗论家谢榛在谈到"辞前意"和"辞后意"的区别时，论述了辞和意的关系，他说：

> 有客问曰："夫作诗者，立意易，措辞难，然辞意相属而不离。若专乎意，或涉议论而失于宋体；工乎辞，或伤气格而流于晚唐。窃尝病之，盍以教我？"四溟子曰："今人作诗，忽立许大意思，束之以句则窘，辞不能达，意不能悉。譬如凿池贮青天，则所得不多；举杯收甘露，则被泽不广。此乃内出者有限，所谓'辞前意'也。或造句弗就，勿令疲其神思，且阅书醒心，忽然有得，意随笔生，而兴不可遏，入乎神化，殊非思虑所及。或因字得句，句由韵成，出乎天然，句意双美。若接竹引泉而潺湲之声在耳，登城望海而浩荡之色盈目。此乃外来者无穷，所谓'辞后意'也。"③

谢榛很明显是推崇"辞后意"的，即以感兴的方式所获的诗中之意。这

---

① 郭绍虞.照隅室古典文学论集：下册［M］.上海：上海古籍出版社，1983：142.
② 高友工.中国文化史中的抒情传统［M］//陈国球，王德威.抒情之现代性.北京：生活·读书·新知三联书店，2014：131.
③ 谢榛.四溟诗话：卷四［M］//丁福保.历代诗话续编.北京：中华书局，1983：1219.

个意,虽是"兴不可遏"的产物,但包含着构思,而且诗人的媒介能力得到了充分体现。

四、媒介能力的几个要素

我对诗人的内在媒介能力的认识,是逐步深化的,也看到了这种媒介能力,是关乎若干方面的。

首先是以内在材料感来触摸和感知世界的能力。普通人对世界的感知,是以一般性的日常知觉,而诗人或艺术家则是以独特的审美知觉。奥尔德里奇曾指出普通知觉和审美知觉的差异所在,他说:

> 让我们把"观察"(Observation)称为认识物理空间中的物质性事物的知觉方式。正是这种对事物观看将成为一种对它们的空间属性的最初认识,这种空间属性是由度量标准和测量活动所确定的。以这种方式看到的东西所具有的结构特征,与相同的事物在审美知觉中所具有的结构特征将是不同的。我们把后面那种方式称之为"领悟"(Prehension)。这种被领悟的东西的审美空间,是由诸如色度、色调和音量、音质这些特性来确定的。我们在后面会看到,这些特性构成了现在所说的这种物质性事物所表现出来的媒介。——因此,如果你愿意的话,领悟也可说是一种"印象主义的(impressionistic)"观看方式,但它仍然是一种知觉方式,它所具有的印象给被领悟的物质性事物客观地灌注了活力。①

奥尔德里奇所说的与对物理空间的普通知觉不同的审美知觉,就是以媒介的眼光来观看且领悟的,换言之,正是由于以媒介能力来观看,才是真正的领悟,即审美知觉。《文心雕龙·诠赋》说"至于草区禽族,庶品杂类,则

---

① 奥尔德里奇.艺术哲学[M].程孟辉,译.北京:中国社会科学出版社,1986:31.

触兴致情，因变取会，拟诸形容，则言务纤密；象其物宜，则理贵侧附，斯又小制之区畛，奇巧之机要也。"① 刘勰这里是论述赋的致思与创作，"触兴致情"是离不开媒介能力的。接下来，刘勰把这个意思说得更为清楚："原夫登高之旨，盖睹物兴情。情以物兴，故义必明雅；物以情观，故词必巧丽。丽词雅义，符采相胜，如组织之品朱紫，画绘之著玄黄，文虽新而有质，色虽糅而有本，此立赋之大体也。"② 触物兴情而致雅义，诗人以情观物，并非日常之情，而是包含了媒介能力在内的审美情感，如此才能"符采相胜"。

其次是在感知物象中组织内在的语言结构的能力。对于诗歌创作来说，应该有一个完整的内在情感的、词语的结构。这是作为艺术品的必要条件，这也是形成诗的内在视像的结构条件。阿恩海姆指出："语言借以重新组织形象的一个基本手段，就是语词之间的空间关系；而适于这个目的的基本空间关系是线性的关系。但是，直线性并不是语言所固有的本质。如果这一点是有必要提醒我们的，那么具体诗可以完成这个任务。语言只有在用来转达线性事件时才是线性的，如用讲述的形式报告外界发生的事件，或者用给出逻辑论证的方法报告思想领域的事件。"③ 阿恩海姆所说的"线性"，是那种直述式的语言，适合于一般性的讲述和逻辑论证，而诗以语言重新组织形象，构形为具有内在视觉性质的形象。这些，都是以语言来创造一种空间结构的方式来实现的。

美国哲学家苏珊·朗格这样说：

> 这种构成的虚幻形象同样也具有一种确定的结构，正如一首乐曲，一尊雕塑、一座建筑或一幅绘画的幻象也都具有自己确定的结构一样。因此，一首诗并不是一则报道，也不是一篇评论，而是具有一定结构的形式。假如它是一首优秀的诗篇，它就必然是一种表现性的形式，正如一件可塑性艺术品也是一种表现性形式一样。——

---

① 范文澜.文心雕龙注［M］.北京：人民文学出版社，1958：135.
② 范文澜.文心雕龙注［M］.北京：人民文学出版社，1958：136.
③ 阿恩海姆.艺术心理学新论［M］.北京：商务印书馆，1994：122.

> 这种表现性形式借助于构成成分之间作用力的紧张和松弛，借助于这些成份之间的平衡和非平衡，就产生出一种有机性的幻觉，即被艺术家们称为"生命的形式"的幻觉。①

苏珊·朗格这段话正是针对诗的完整结构而发的。这是一种表现性的形式，也是一种有机的结构。这种结构的产生，有赖于诗人对词语构成的空间处理。诗人只要进入作诗的状态，就要自觉或不自觉地构建出这种结构。"满城风雨近重阳"，恰是在外力的干扰下无法构成完全结构的遗憾。

最后是内在的媒介能力。其中最为重要的一个方面是诗人以内在语言创造意象、构形意境的能力。意象与意境，人们以想象力来解释者颇多，但是诗的意象与意境，难道只是没有质料的产物吗？反推起来，我们是如何从作品中感知诗的意象和意境的呢？当然是从阅读中获得的。刘勰说得非常明白："夫缀文者情动而辞发，观文者披文以入情。沿波讨源，虽幽必显。"②所"显"之"幽"，其实就是诗中的意象和意境。我们从诗中的文字欣赏中获得意象或意境，那么诗人在创作运思中也是以内在的词语来创造意象或意境。我的意思是，诗人在头脑中形成的意象、意境，就已经是以内在的词语（包括韵律）来构形的。刘勰在《文心雕龙·神思》中所说的"独照之匠，窥意象而运斤"，说得真是太精准了。"独照之匠"是诗人观照物象的心灵能力，呼之欲出的意象，却是诗人返观内心的结果。"运斤"最能说明诗人的内在媒介能力，就是以内在的语言进行构建和调整，同时，非常准确地道出了意象创造与内在媒介能力的不可分割的密切关系。

从诗人的内在媒介能力着眼来看诗的运思，这是一个具有理论挑战意义的话题！媒介能力是内在于诗人自身的，也是长期训练的产物。它使我们在理解诗歌艺术思维时增添了新的维度，少了一些抽象的臆说，多了一些具体的内涵。更重要的是，这种内在的媒介能力，是艺术创造的必要条件，如果

---

① 朗格.艺术问题[M].滕守尧，朱疆源，译.北京：中国社会科学出版社，1983：143.
② 范文澜.文心雕龙注[M].北京：人民文学出版社，1958：715.

仅是技术性或模仿性的艺术操作，那么这种媒介能力未必能够显示出多么明显的功能；而在各门艺术的创造性活动尤其是在发生阶段，这种媒介能力至关重要。中国诗学虽然与西方美学的话语系统并非同路，但恰恰最为直接地道出了其中的奥秘。

经典艺术形象：时代文艺的重要标识[*]

习近平总书记在中国文联十一大、中国作协十大开幕式上的讲话，为新的历史条件下我国的文学艺术发展指明了方向，为第二个百年征程开启时的文艺事业吹响的号角。讲话是贯穿着马克思主义真理光芒的历史性文献，也是马克思主义的美学思想与中国实践相结合的典范。从2014年文艺座谈会讲话、2016年文联十大、作协九大开幕式讲话，到文联十一大、作协十大开幕式的讲话，形成了一脉相承而又不断发展创新的思想体系。

习近平总书记关于文艺的一系列重要论述，有着深刻的、充满生命力的美学内涵。无论是对美学理论研究工作，还是对于文学艺术的创作实践，都有着重要的指导意义。例如，习近平总书记在2014年的文艺座谈会上的讲话中提出的"中华美学精神"重要命题，对于当代中国美学的研究，意义尤为重大！文艺理论界和美学界都以此作为研究课题，产生了许多研究成果。在文联十一大、作协十大开幕式上讲话中，习近平总书记又提出"把中华美学精神和当代审美追求结合起来"的重要命题，尤为具有美学理论价值和当代的艺术实践指导意义。很明显，这是对"中华美学精神"的历史性发展。我们应该对这个美学命题进行更为深入、更为精准的理解。

我在对习近平总书记文联十一大、作协十大的开幕式上的讲话的学习中，认识到其中的一个重要概念"经典文艺形象"所包含的美学内蕴非常丰富，而且是关于经典的美学观念的一个重要突破。习近平总书记指出："文学艺术

---

[*] 本文原载于《中国文学批评》2023年第3期，收入本书时略有改动。

以形象取胜,经典文艺形象会成为一个时代文艺的重要标识。一切有追求、有本领工作者要提高阅读生活的能力,不断发掘更多代表时代精神的新现象新人物,以源于生活又高于生活的艺术创造,以现实主义和浪漫主义相结合的美学风格,塑造更多吸引人、感染人、打动人的艺术形象,为时代留下难忘的艺术经典。""经典艺术形象"这个概念具有丰富的美学理论内涵和鲜明的时代特征,也是对传统的美学和文艺理论的超越!一方面是对文艺理论中的核心范畴"典型"的扩容和超越,可以体现当下文艺创作的美学追求;另一方面可以作为更多的艺术门类的精品创作的审美价值尺度。

在传统文艺理论中,塑造典型人物、典型形象,是最重要的任务,也是最高的创作标准。只有创造出典型形象、典型人物的作品方能作为经典作品。例如,《红楼梦》中的贾宝玉、林黛玉、王熙凤,《水浒传》中的林冲、武松、李逵,《阿Q正传》中的阿Q,《子夜》中的吴荪甫,《复活》中的玛斯洛娃,《哈姆雷特》中的哈姆雷特,等等。在传统文艺学中,"典型"是最高等级的概念,这是稍涉文艺理论的人都熟知的。典型形象、典型人物,基本上都是存在于叙事文学中的,在其他艺术门类中则罕有存在。(戏剧文学如莎士比亚戏剧,中国的《西厢记》《牡丹亭》等,也是可以归入此类的。)

经典文艺形象有着鲜明的时代感。典型形象、典型人物都需要历史性的积淀,只有通过时间的长河的沙汰,被历代的接受者所公认,方能具有典型的地位。"经典文艺形象"的创造,则不需要那么长时间的沉淀,更侧重于当代的文学艺术创作。以我的理解,"经典艺术形象"可以包括文学,但并不止于文学,包括人物形象,又不止于人物形象,在其他各种艺术门类中都可以繁星般地存在。经典文艺形象在绘画、舞蹈、音乐、戏曲、小说、诗歌、摄影、电影、电视剧等艺术样式中,都有大量的创造。成为典型形象的人物形象固然是经典文艺形象,而在其他艺术样式中,那些不能称其为典型形象的艺术形象,却可能成为经典文艺形象。经典文艺形象当然也要经过接受者的欣赏评价,也要经过一定的时间考验,但意蕴隽永、制作精良、脍炙人口的艺术形象,往往可以成为经典文艺形象。在诸多艺术样式中,小说里的许三观、马樱花,可以是经典文艺形象,电视剧里的李云龙、周秉昆,可以是经典文艺形象；戏曲中的七品芝麻官、穆桂英等也可以是经典文艺形象；音乐作品中的小提琴协奏曲《梁祝》、歌曲中的《我爱你，中国》《天路》《我和我的祖国》，可以是经典文艺形象；绘画作品中的《开国大典》《父亲》可以是经典文艺形象；舞剧《红色娘子军》中的"五寸钢刀舞"、《丝路花雨》中的英娘的"反弹琵琶"等都可以是经典文艺形象。如果这样来理解的话，"经典文艺形象"则比"典型"的外延和内涵都要宽阔许多。总而言之，经典文艺形象是指文学艺术创作深为受众喜爱、经过一定时间检验、具有经典意义的艺术形象。经典文艺形象不局限于某一艺术门类，并以不同的审美知觉形式获得不断强化的美好审美经验。

经典文艺形象的前提，是文艺形象具有经典的属性与价值。能够成为经典，首先应当有传世性和普适性。传世性主要在于时间因素，即作品和形象是应该经得起时间的考验的。普适性主要在于其空间的传播。既然称之为经典，就不能只是红在一时。赛缪尔·约翰逊谈及经典时说："虽然这些作品并不借助于读者的兴趣和热情，但它们却经历了审美观念的数度变迁和风俗习惯的屡次更改，并且，当它们从一代传给另一代时，在历次移交时，它们都获得了新的光荣和重视。"（《莎士比亚戏剧集序言》）能称之为"经典"，这种传世性是必不可少的。经典不但要经得起时间的考验，而且要有大多数人都能认可和喜爱的空间能量。只有一小部分人认可的艺术作品，是难以成为经典的。成为经典文艺形象，这两个要素是应当具备的。习近平总书记在文联十一大、作协十大开幕式的讲话倡导的"经典文艺形象"，是传世性和当下性的结合。他对当代的文艺创作，寄予了殷切的期望。在文艺座谈会上的讲话中，第二个问题即是：创作无愧于时代的优秀作品。习近平总书记期待着当代创作的高峰的涌现。在这次文联十一大、作协十大讲话中，他更是深切地呼吁，"文艺只有向上向善才能成为时代的号角"。此外，他还在讲话中明确表示："经典文艺形象会成为一个时代文艺的重要标识。"其实质指向当代的文艺创作。传世与当下的双重契合，应是经典文艺形象的重要属性。

习近平总书记在2016年文联十大、作协九大开幕式上的讲话对于经典的美学内涵作了精辟的阐发，对我们有非常重要的启示意义。讲话中说："经典之所以能够成为经典，其中必然含有隽永的美、永恒的情、浩荡的气。经典通过主题内蕴、人物塑造、情感建构、意境营造、语言修辞等，容纳了深刻流动的心灵世界和鲜活丰满的本真生命。包含了历史、文化、人性的内涵，具有思想的穿透力、审美的洞察力、形式的创造力，因此才能成为不会过时的作品。"这里对经典的美学内涵、经典的成因及创造经典的诸要素，作了精准的说明。这对我们理解经典文艺形象这扇大门，是一柄不可替代的"金钥匙"。"隽永的美、永恒的情、浩荡的气"，真可谓经典的美学三大要素！这三个概念，是习近平总书记从源远流长的中华美学传统中提炼出来的，并且具有鲜明的创新性。尤其是"隽永的美"，应该是对美学基本范畴的拓展。传统美学的基本范畴有崇高、优美、悲剧、喜剧等，自现代主义文学兴起之后，"荒诞"也进入了美学范畴之列。但却从未有人提出"隽永"来作为基本美学范畴。因为现行的美学体系是来自西方。"隽永的美"的提出，不啻于黄钟大吕，但它却有着非常深厚的中华美学基因。在我看来，"隽永的美"首先是指文学艺术作品中所具有的意在言外、含蕴无穷的审美空间，其次是指文学艺术杰作超越时间和空间的永恒魅力。"永恒的情"较好理解，这也是为文学艺术的本质所决定的。它首先是指人类的基本情感体验，其次是情感的审美化问题。"浩荡的气"最为鲜明地体现出中华文化、中国哲学的底蕴。它有深厚的中国气论哲学的传统根基，更有经典发展史的客观依据。这三大要素，是对传统美学理论的发展，也是关于经典的美学内涵最为精赅的界定。我们理解"经典文艺形象"，应该以此为基础。

"经典文艺形象"的提出，我认为是不限于叙事或人物的，而是可以存在于各个门类的艺术形态之中。不同门类的艺术媒介，造成了艺术的不同形态，也就形成了各具特征的文艺形象。或是视觉的，或是听觉的，或是想象的，或是综合的。它们不始于人物形象，更不限于桥段或结构，也可能是美好的旋律给人留下的强烈印象，也可能是某种造型给人的心灵震撼。但既然是经典的，就应该是稳定的，令人反复回味的。"经典文艺形象"大大拓展了现有的美学理论空间，丰富了经典理论，更是对当下文艺创作的莫大鼓励与指引。

诗之"触物起情"与画之"天机自张"[*]

——中国美学的感兴观念在诗画艺术中的呈现方式

感兴作为中国美学的一个重要范畴，其意义不限于创作发生的初始阶段，而是贯通于艺术创作的审美发生到艺术表现的基本路径，也是在深层体现中华美学特色的核心审美范畴。感兴不止于诗学，而且在画论、书论等艺术理论中都有广泛呈现。感兴最基本的意涵就是"触物起情"，其特征一在于偶然性，二在于艺术家与外物的互为主体性。感兴即是情感之唤起，而情感的客观化和思致的唯一化，使作品具有了只可有一、不可有二的独特品格。画论中的"天机"，其实是感兴观念在绘画理论与实践中的呈现。"天机"是画家与自然造化的神遇，即"应会感神"。无论是在诗学还是在画论中，"感兴"的创作观都在相当大的程度上彰显了中华美学的精神气质。

"触物兴情"在中国诗学中是屡见不鲜的命题，"天机自张"在中国画学中也是并不陌生的话头。二者之间果真有什么联系吗？在我看来，在深层的意义上说，它们是可作"互文"理解的。这是因为，它们都以感兴的思维作为共同的"内核"。现在我们把它们联系起来加以贯通，以更深刻地认识"中华美学精神"的独特民族气质，并使"中国式现代化"的当代文艺事业，有着更为明确的努力方向。

---

[*] 本文原载于《文学遗产》2024年第2期，收入本书时略有改动。

一、兴之为用，触物起情

"感兴"在中国古代诗学中是一个常见的创作论范畴，它源于先秦诗学中的"赋比兴"之"兴"，并逐渐衍化为一个揭示创作的审美发生机制的基本审美观念。既称其为"审美观念"，就不仅限于诗学，而是在多个艺术门类的理论资源中都有所呈现。在最能代表中国美学理论的诗论和画论中，也许具体的说法各有不同，但其作为一种基本的美学观念，却是相通于不同门类的艺术创作论之中的。

关于赋比兴之"兴"，学界有很多不同的解释，本文不再作辨析。以"触物起情"作为其基本内涵，这是在刘勰的《文心雕龙》中就已经得到阐述的。真正完整的命题提出者，则是宋代的李仲蒙。著名文学家胡寅的《斐然集》卷十八有《致李叔易》所转述的李仲蒙所言"触物以起情谓之兴，物动情者也。"[①] 我认为，这是关于"感兴"的最为透彻而精准的理论概括。在对中华美学范畴和命题的浸润与研究中，我获得了这样的认知：感兴是中华美学中作为审美发生的最为核心、最具民族特色的范畴。"感兴"意味着在外在物象的触发下唤起主体的审美情感，从而发生创作冲动的心理机制和艺术创作状态。"感于物而兴"是其基本的理论内涵。

刘勰的《文心雕龙》可以视为从"兴"到"感兴"的转捩与过渡之关键所在。刘勰在《比兴》篇中将比、兴作为两种基本的艺术表现手法，并揭示其不同的含义所在："故比者，附也；兴者，起也。附理者切类以指事，起情者依微以拟议。起情故兴体以立，附理故比例以生。比则畜愤以斥言，兴则环譬以记讽。盖随时之义不一，故诗人之志有二也。"[②] 这里指出了比和兴的不同表现功能。比是托附于物象而为比喻；兴是"起也"即唤起人们的情感。兴又是如何唤起人的情感的呢？那就是"触物"。《比兴》篇赞辞中的"诗人

---

① 胡寅.崇正辨·斐然集［M］.北京：中华书局，1993：386.
② 范文澜.文心雕龙注［M］.北京：人民文学出版社，1958：601.

比兴，触物圆览"①，具有非常重要的理论价值。虽是"比兴"并用，但实则以兴为主。故黄侃先生指出："原夫兴之为用，触物以起情，节取以托意，故有物同而感异者，亦有事异而情同者，循省六诗，可榷举也。"②非常明确地揭示了"兴"的审美功能，即"触物以起情"。"触物起情"可以视为"感兴"最为经典、最为完整的意义界定。《文心雕龙》的创作思想中是以此作为贯穿整体的观念的，如《明诗》篇中的"人禀七情，应物斯感。感物吟志，莫非自然。"③《诠赋》篇中的"原夫登高之旨，盖睹物兴情。情以物兴，故义必明雅；物以情观，故词必巧丽"④。《物色》通篇都在讲诗人与外在物色互动中的触物兴情的过程。触物起情的感兴观念，在魏晋南北朝诗学中不乏其例，如王羲之《兰亭诗序》也以触物兴感作为快感之源："虽趣舍万殊，静躁不同，当其欣于所遇，暂得于己，快然自足，不知老之将至。及其所之既倦，情随事迁，感慨系之矣。向之所欣，俯仰之间，已为陈迹，犹不能不以之兴怀，况修短随化，终期于尽！"⑤此处所说的"欣于所遇"，即在偶然触遇的事物中获得了欣喜之感。萧统也说道："炎凉始贸，触兴自高，睹物兴情，更向篇什。"⑥尤为明确而直接地揭示了感兴论的基本内涵。

　　感兴之感，以"触物"发生契机。这在中国古代诗学中触处皆是。因此，在中国诗学文献中，以触、遇、会等作为创作发生的关键词语者多矣。宋代诗论家叶梦得评谢灵运《登池上楼》时所说的："'池塘生春草，园柳变鸣禽。'世多不解此语之为工，盖欲以奇求之耳。此语之工，正在无所用意，猝然与景相遇，借以成章，不假绳削，故非常情所能到。诗家妙处，当须以此为根

---

① 范文澜.文心雕龙注［M］.北京：人民文学出版社，1958：603.
② 黄侃.文心雕龙札记［M］.北京：商务印书馆，2014：163.
③ 范文澜.文心雕龙注［M］.北京：人民文学出版社，1958：65.
④ 范文澜.文心雕龙注［M］.北京：人民文学出版社，1958：136.
⑤ 王羲之.三月三日兰亭诗序［M］//郁沅，张高明.魏晋南北朝文论选.北京：人民文学出版社，1999：194.
⑥ 萧统.答晋安王书［M］//郁沅，张高明.魏晋南北朝文论选.北京：人民文学出版社，1999：330.

本，而思苦言难者，往往不悟。"①南宋大诗人杨万里说："大抵诗之作也，兴上也，赋次也，赓和不得已也。我初无意于作是诗，而是物是事，适然触乎我，我之意亦适然感乎是物是事，触焉感焉，而是诗出焉，我何与哉，天也，斯之谓兴。"②略加分析，就可看出触物起情的"感兴"，一是创作主体与外在物象（包括自然事物和社会事物，即杨万里所说的"是物""是事"）直接感官交会，二是交会契机的偶然性（触、遇、会等词语无不以其偶然性作为鲜明的特征）；在感兴论诗学中，有很多话语直接使用"偶然""偶尔"，如杨万里的"酒不逢人还易醉，诗如得句偶然来"③。陆游的"文章本天成，妙手偶得之"④。《诗人玉屑》中也有："诗之有思，卒然遇之而莫遏；有物败之，则失之矣。"⑤这些诗句都直接指出诗之感兴在于其偶然契机。三是感兴以起情，审美情感的唤起是感兴最基本的价值所在。感兴以"情"为落脚点，这是感兴诗学的根本属性。"起情故兴体以立"，是最明确的表述。

二、触物起情：情感的客观化与思致的唯一化

触物起情的感兴，并非仅在创作的发生阶段，即诗人或艺术家受到外物变化的触发而唤起主体情感，形成创作冲动的这个过程，而且是由自然情感提升为审美情感从而呈现客观化的状态，并且内蕴了作品的艺术表现结构的过程，这也就是"使情成体"的路径所在。武断一点地说，触物起情之"情"，并非只是空洞抽象的，而是具有形式化的潜质，同时连通着艺术表现的。因此，这个情，可视为艺术创作中的审美情感。刘勰在《物色》篇中说的"岁有其物，物有其容；情以物迁，辞以情发。"⑥以一个完整的命题方式，

---

① 叶梦得.石林诗话［M］//何文焕.历代诗话.北京：中华书局，2004：426.
② 杨万里.答建康府大军库监门徐达书［M］//李壮鹰.中华古文论释林·南宋金元卷.北京：北京大学出版社，2011：56.
③ 杨万里.杨万里集笺校［M］.北京：中华书局，2007：574.
④ 陆游.陆游全集校注［M］.浙江：浙江古籍出版社，2016：72.
⑤ 魏庆之，王仲闻点校.诗人玉屑：上册［M］.北京：中华书局，2007：295.
⑥ 范文澜.文心雕龙注：下册［M］.北京：人民文学出版社，1958：693.

说明了"情"与"辞"不可脱离的关系。元代方回和明代的宋濂也有过相关的论述，都在触物起情的感兴论中直通诗的艺术表现。画论中也多有此种看法。例如，明代画论家顾凝远认为："当兴致未来，腕不能运时，径情独往，无所触则已，或枯槎顽石，勺水疏林，如造物所弃置，与人装点绝殊，则深情冷眼，求其幽意之所在，而画之生意出矣。"① 清代画论家徐沁也主张随遇而发的感兴画法，他说："能以笔墨之灵，开拓胸次，而与造物争奇者，莫如山水。当烟雨灭没，泉石幽深，随所遇而发之，悠然会心，俱成天趣；非若体貌他物者，殚心毕智，以求形似，规规乎游方之内也。"② 随物发之的天趣，却是要出之以"笔墨之灵"的。

艺术创作中的情感有待于客观化，这也是审美情感的表征。"客观化"即赋予情感以艺术形式，无形式的情感只能处在自然情感的阶段。美国哲学家桑塔耶纳提出了"审美快感的特征在于客观化"③ 的命题。其实，举凡能够称之为审美情感，都应该有着"客观化"的属性。触物起情之"情"，指的是诗人或艺术家已经赋予其艺术形式了。例如，《文心雕龙·比兴》的赞辞所说："诗人比兴，触物圆览。物虽胡越，合则肝胆。拟容取心，断辞必敢。攒杂咏歌，如川之涣。"④ "触物"是诗人的创作发生机制，而"圆览"已经不停留在观物起兴阶段，而是已经形成了圆融整一的审美意境。何以"拟容取心"？要以"断辞必敢"的语言表现。正如西方著名思想家卡西尔所指出的：

> 具有这种虚构的力量和普遍的活跃的力量，还仅仅只是处在艺术的前厅。艺术家不仅仅必须感受事物的"内在的意义"和它们的道德生命，他还必须给他的感情以外形。艺术想象的最高最独特的

---

① 顾凝远.画引[M]//俞剑华.中国古代画论类编：上卷.北京：人民美术出版社，1998：118.
② 徐沁.明画录[M]//俞剑华.中国古代画论类编：下卷.北京：人民美术出版社，1998：804.
③ 桑塔耶纳.美感——美学大纲[M].缪灵珠，译.北京：中国社会科学出版社，1982：30.
④ 范文澜.文心雕龙注：下册[M].北京：人民文学出版社，1958：603.

力量表现在这后一种活动中。外形化意味着不只是体现在看得见或摸得着的某种特殊的物质媒介如黏土、青铜、大理石中，而是体现在激发美感的形式中：韵律、色调、线条和布局以及具有立体感的造型。①

在卡西尔看来，艺术是必须对情感赋予外形的，也就是情感的客观化，舍此无以谈审美情感。

触物起情的感兴，所生成的乃是只可有一、不可有二的灵机妙思，即"神思"。这是因为感兴的"触物"，是不可预设的。无论是"触"，还是"遇"等，都是无法预判、无法先知的契机。于事，于物，都是一种偶然的邂逅。这种偶然的触发，对于诗人和艺术家来说，涌动着难以描述的惊喜，并在瞬间产生了创作的灵思。这种灵思并非是空洞的臆想，而是以主体的内在媒介能力，使自己的作品在雏形时便有了形式上的胚胎。在这里，与艺术的创造力最为相关的，便是主体思致的唯一性。这种唯一性成为艺术杰作的内在基因。明代诗论家许学夷也认为，"'诗在境会之偶谐，即作者亦不自知，先一刻迎之不来，后一刻追之已逝。'予谓：此论妙绝，在唐正是孟襄阳、崔司勋境界"②。这是一种自由无碍而又独一无二的境界。诗人、艺术家与造化神遇，所生成之意象或意境，是此前此后都无法"重逢"的。明代诗论家谢榛所言颇为中的，他说："诗有天机，待时而发，触物而成，虽幽寻苦索，不易得也。如戴石屏'春水渡傍渡，夕阳山外山'，属对精确，工非一朝，所谓'尽日觅不得，有时还自来'。"③ 这些都说明感兴所致，乃是个性化的艺术杰作的最佳契机。

触物起情之"情"既然已升华为审美情感，那就具有了普遍性和永恒性的初始基因。情感的客观化，也就由此而生成，如杜甫的"露从今夜白，月

---

① 卡西尔.人论［M］.甘阳，译.上海：上海译文出版社，1985：196.
② 许学夷.诗源辨体：第三十四卷［M］.北京：人民文学出版社.1987：323.
③ 谢榛.四溟诗话：第二卷［M］//丁福保.历代诗话续编：下册.北京：中华书局.1983：1161.

是故乡明"①(《月夜忆舍弟》);元稹的"曾经沧海难为水,除却巫山不是云"②(《离思》之四)等名作佳句,其触发之际,在于个人的体验,而以艺术表现使之客观化之后,便具有了普遍的审美价值和社会价值。英国美学家鲍桑葵指出:"美的沉思和创造中的快乐在本质上是社会性的、必然的和可传达的。一种客观化于艺术的情感,必然呈现出某种永恒性和确定性。"③ 问题在于,这种偶然的、个人的触物起情,其"触"之际,是无可取代的个人化和原初性。个性化的情感体验在作品的独创性中起着基础性的作用。倘无这种个人的情感体验,"感兴"也就没有我们现在所抉发的深刻意义了。清初思想家王夫之论诗之"现量",尤是个人化的亲历感知。这种个人化的亲历感知,正是感兴的本质所系。鲍桑葵又谈到了艺术中的个人情感时说:"正如我们已经看到的那样,在所有这些东西中,个人的情感不是被削弱了,而是被无限地加强了。所获得的个体性不是更少,反而是更多了。"④ 个体化的情感体验之所以能够在艺术品中获得永恒的价值,是因为其客观化的过程,而这个过程又有着更有深层的内在审美机制,在我看来,诗人和艺术家媒介能力及表现过程,是最为重要的。⑤

三、"天机"的触物感兴性质

"天机"在画论中呈现甚多,却不是画论的"专利"。"天机"最早见于《庄子》。《庄子·大宗师》篇云:"古之真人,其寝不梦,其觉无忧,其食不甘,其息深深。真人之息以踵,众人之息以喉。屈服者,其嗌言若哇。其耆欲深者,其天机浅。"⑥ 陈鼓应引陈启天注:"天机:自然之生机。"⑦ 嗜欲深则天

---

① 彭定求.全唐诗:第七册[M].北京:中华书局,1960:2419.
② 彭定求.全唐诗:第十二册[M].北京:中华书局,1960:4643.
③ 鲍桑葵.个体的价值与命运[M].李超杰,朱锐,译.北京:商务印书馆,2012:52.
④ 鲍桑葵.个体的价值与命运[M].李超杰,朱锐,译.北京:商务印书馆,2012:54.
⑤ 张晶.媒介能力与诗学运思[J].北京大学学报.2023,60(2).
⑥ 陈鼓应.庄子今注今译[M].北京:中华书局,1983:169.
⑦ 陈鼓应.庄子今注今译[M].北京:中华书局,1983:171.

机浅,庄子认为真人之胜于常人,在其天机。晋朝时陆机最先将"天机"作为文艺创作的思维之机,《文赋》中这段话是学者们所熟知的:"若夫应感之会,通塞之纪,来不可遏,去不可止。藏若景灭,行犹响起。方天机之骏利,夫何纷而不理……故时抚空怀而自惋,吾未识夫开塞之所由。"① 之所以引述陆机关于"天机"的论述,是因为它可以使我们看到,一是在陆机的创作论中,"天机"是核心的枢机。陆机也是将"天机"这个概念引入到艺术创作论的始作俑者;二是"天机"是很难把握的,来去倏忽;三是开塞之际,关乎到作品艺术表现的妍蚩。这段论述已将"天机"作为文艺创作的思维范畴的基本内涵表达得非常全面了。

称之为"天机",看似有明显的神秘性质,似乎是受之于天、无法把捉的灵思,其实文艺创作里所说的"天机",是在感兴的状态下"光临"的,陆机所谓"应感之会",就是作家与外物的应感,而非仅是主体的"神赐"。如果只是把"天机"视为神赐的迷狂,那完全不符合中国文艺理论的实际情况。"天机"是没有预先的计划,并非"主题先行",但如果认为"天机"是柏拉图式的"迷狂",这远非中国文艺理论中的"天机"的真实面目。或者更为直白一点说,中国的"天机",也是来自"触物起情"的感兴。南朝萧子显谈文学创作时说:"若夫委自天机,参之史传,应思悱来,勿先构聚。言尚易了,文憎过意;吐石含金,滋润婉切。杂以风谣,轻唇利吻,不雅不俗,独中胸怀。轮扁斫轮,言之未尽;文人谈士,罕或兼工。"② 认为"委自天机"才能有"吐石含金"的佳作,而"应思悱来,勿先构聚"正是天机的思维特点。萧子显在《自序》中又谈到"每有制作,特寡思功,须其自来,不以力构"③ 自来"就是来去倏忽"的天机,无须"锥股自厉"的"思功"。但"天机"并非来自作家的先验主体意识,而是主体与外在物色相触遇时所获得的创作冲动。萧子显还指出:"若乃登高目极,临水送归,风动春朝,月明秋夜,早雁初

---

① 张少康. 文赋集释[M]. 北京:人民文学出版社,2002:241.
② 萧子显. 南齐书:第三册[M]. 北京:中华书局,1972:1001.
③ 姚思廉. 梁书:第二册[M]. 北京:中华书局,1973:512.

莺，开花落叶，有来斯应，每不能已也。"① "不能已"，正是无法控制的天机，而这恰是作者在与外物的互相感应中获致的。陆机《文赋》中所谓"天机骏利"，其前提条件，也是"应感之会"，即作家与外物的互相感应。

"触物"在中国诗学中斑斑可见，其实它与"感物"的内涵基本相同，只是触物更为突出其偶然的性质及生成的意味。请不要将"触物"理解为触觉之触，即身体与外物的直接触碰。触觉本身在审美心理上是有重要意义的。普通心理学所说的"触觉"，指由于外界物体接触皮肤表面所引起的感觉。触觉与其他感觉如视觉、听觉一样，都是通向外界的审美通道。我们从中国诗学的文献中所读到的"触物"资料，是诗人与外物在偶然的契机下的感官接触。我曾在一篇文章中指出：

> 诗学中的"触"，并非心理学的触觉之意，不是身体某部位和物体的直接碰撞。"触"更多地强调主体与外物的直接感官（耳目等）接触；"遇"则是主体与客体双方的邂逅相遇的偶合性质。"触遇"有时分用，在时连接，但都是用来说明感兴的起因所在。诗学中关于"触遇"的论述，突出了诗人与外物相交接时的偶然性契机，而其中的理论蕴含远非这些。"触物"诗人以耳目的感官直接感知、把握外物，使物的那种带着鲜活生命力的形态，作为物象进入诗人的心灵；同时，诗人以其独特的情志和语言造诣，生成诗的审美意象。②

现在看来，"触物起情"还可以从"艺术掌握世界的方式"的意义上加以理解。马克思提出了著名的"艺术的掌握世界的方式"的重要美学命题，认为："整体，当它在头脑中作为被思维的整体而出现时，是思维着的头脑的产物，这个头脑用它所专有的方式掌握世界，而这种方式是不同于对世界的艺

---

① 姚思廉.梁书：第二册[M].北京：中华书局，1973：512.
② 张晶.触遇：中国诗学感兴论的核心要素[J].复旦学报（社会科学版）.2016，58（6）.

术的、宗教的、实践—精神的掌握的。"① 对这个马克思主义文艺理论命题的理解与阐释，是纷纭复杂的，并非本文所能详加论说的，而我认为，"触物起情"的感兴，正是艺术掌握世界的具体方式。"触物"的过程并非一般性的外部接触，而是作家与外物的互为主体性的过程。触物起情的感兴，从主体的角度来看，不是将外物作为一般性的自然物，而是将其作为有灵性的晤谈对象来产生感应。在感兴诗学中，作为对象的物色，都具有活泼的生命感，而且具有强烈的对象化色彩。例如，《文心雕龙·物色》篇中所说："春秋代序，阴阳惨舒，物色之动，心亦摇焉。盖阳气萌而玄驹步，阴律凝而丹鸟羞，微虫犹或入感，四时之动物深矣。若夫珪璋挺其惠心，英华秀其清气，物色相召，人谁获安？"② 在诗人眼中的物色，都是充盈着性灵的。"触物"是诗人与物色之间的会心神遇，而不是一般性的主体与客体的对应关系。触物何以起情？就因在诗人的眼里、心里，作为对象的外在物色都是具有灵性的，如元代诗人黄溍所说"目触而心接，壹发于诗"③；明代李梦阳更为深入地指出了所遇之物与诗人"情动则会"的双向互动关系，他说："情者，动乎遇者也……故遇者物也，动者情也。情动则会，心会则契，神契则音，所谓随寓而发者也。……契者会乎心者也，会由乎动，动由乎遇，然未有不情者也，故曰：情者动乎遇者也。"④ 所遇之物之所以动情，是因其"会心"，而"会心"当然并非主体一侧，恰是在于"物"的性灵所系。这种观念其实也正是感兴诗学的内在逻辑。

这种以"天机"为代表的感兴观念在中国古代画论中也成为一种主要的创作发生论。尤其是在山水画论中，以作为对象的山水为有性灵的存在，是可以晤谈的友生，这是从山水画论开始时便有自觉的意识。南朝著名画家和

---

① 马克思.政治经济学批判导言[M]//马克思，恩格斯.马克思恩格斯选集：第二卷.北京：人民出版社，1966：215.
② 范文澜.文心雕龙注：下册[M].北京：人民文学出版社，1958：693.
③ 黄溍.见山集序[M]//黄晋.黄文献公集：第三册.北京：中华书局.1985：195.
④ 李梦阳.梅月先生诗序[M]//黄卓越.中华古文论释林·明代上卷.北京：北京大学出版社，2011：269.

画论家宗炳,在《画山水序》中提出山水"质有而趣灵"的美学命题,其言:"圣人含道应物,贤者澄怀味像。至于山水,质而有趋灵。是以轩辕、尧、孔、广成、大隗、许由、孤竹之流,必有崆峒、具茨、藐姑、箕首、大蒙之遊焉。又称仁智之乐焉。夫圣人以神法道,而贤者通,山水以形媚道,而仁者乐。不亦几乎。"①宗炳对儒道释三家思想都多有濡染,而尤倾心于佛教。宗炳在佛学思想上师承当时的佛教大师慧远,服膺慧远的"神不灭"思想。《高僧传》载慧远圆寂后,"谢灵运为造碑文,铭其遗德,南阳宗炳又立碑寺门"。②可见宗炳和谢灵运的思想受到慧远的濡染。宗炳著有长编佛学论文《明佛论》(一名《神不灭论》)。我在30多年前曾研读了宗炳的《明佛论》,寻找其佛学观念与画论之间的内在联系,撰写并发表了《宗炳绘画美学的佛学底蕴》③,我认为,宗炳在《画山水序》中所提出的美学命题,是与其佛学理论中的"神不灭"观念有深刻的因果关系的。慧远有《形尽神不灭》一文,阐述其"神不灭"论,即灵魂不死的思想观念,其中说:"夫神者何耶? 精极而为灵者也。……神也者,圆应无生,妙尽无名,感物而动,假数而行。感物而非物,故物化而不灭;假数而非数,故数尽而不穷。有情可以物感,有识则可以数求。"慧远又以薪火关系比拟形神关系:"火之传于薪,犹神之传于形;火之传异薪,犹神之传异形。前薪非后薪,则知指穷之术妙;前形非后形,则悟情数之感深。"④慧远通过这些论述旨在阐明他的轮回思想。人的身体消亡之后灵魂可以不死而传之于其他肉身,于是成为"三世轮回"的根据。宗炳绍述慧远的思想,以"神妙形粗"为依据,《明佛论》中说:"今神妙形粗,而相与为用。以妙缘粗,则知以虚缘有矣。"⑤这种"以A缘B"句式,A是因,B是果,即是说,前者是后者之根据,后者是前者之产物。以"唯物""唯

---

① 宗炳.画山水序[M]//沈子丞.历代论画名著汇编.北京:文物出版社,1982:14.
② 慧皎撰.高僧传[M].北京:中华书局,1992:222.
③ 张晶.宗炳绘画美学的佛学底蕴[J].学术月刊.1990(10):48-53.
④ 慧远.形尽神不灭[M]//石峻,等.中国佛教思想资料选编:第一卷.北京:中华书局,1981:85-86.
⑤ 宗炳.明佛论[M]//石峻,等.中国佛教思想资料选编:第一卷.北京:中华书局,1981:233.

心"的两极分法来判断，宗炳属于典型的宗教唯心主义；而宗炳将这种观念延伸到自然事物，就产生了影响深远的美学效应。

在宗炳看来，自然山水都是有灵性和个性的，他在《明佛论》中说："若使形生则神生，形死则神死，则宜形残神毁，形病神困……若必神生于形，本非缘合，今请远取诸物，然后近取诸身。夫五岳四渎，谓无灵也，则未可断矣。若许其神，则岳唯积土之多，渎唯积水而已矣。得一知灵，何生水土之粗哉？而感托岩流，肃成一体，设使山崩川竭，必不与水土俱亡矣。神非形作，合而不灭，人亦然矣。"① 宗炳以"形尽神不灭"的思想来观照自然，认为"五岳四渎"都是有灵魂的，正所谓"得一而灵"。这种观念在他的山水画论中就成为"山水质有而趣灵"的命题，即山水作为画家的对象，都是寓含着灵性的，可以称为"山水有灵"的审美观。宗炳关于山水画的透视规则，也建立在这种"山水有灵"的认知之上。《画山水序》中说："况乎身所盘桓，目所绸缪，以形写形，以色貌色也。且夫昆仑山之大，瞳子之小，迫目以寸，则其形莫睹，迥以数里，则可围于寸眸，诚由去之稍阔，则其见弥小。今张绡素以远映，则昆仑之形可围于方寸之内，竖划三寸，当千仞之高。横墨数尺，体百里之远。是以观画图者，徒患类之不巧。不以制小而累其似，此自然之势。如是，则嵩华之秀，玄牝之灵，皆可得之于一图矣。"② 宗炳的山水画论之所以具有重要的美学价值，不仅在于它最早揭示山水画的透视与构图之特殊规律，还在于它将山水画作为审美的创造与实用的地形图的绘制作出了区别。山水画之所以能够在非常有限的空间里，"当千仞之高""体百里之远"，最为根本的在于画家能够与山水感通对话。接下来所说的"应目会心""应会感神"，也正是在"山水有灵"的观念中，画家作为主体与山水对象的灵性相晤谈。"夫以应目会心为理者，类之成巧，则目亦同应，心亦俱会，应会感神，神超理得，虽复虚求幽岩，何以加焉。"③ 因为山水在宗炳眼里

---

① 宗炳.明佛论[M]//石峻，等.中国佛教思想资料选编：第一卷.北京：中华书局，1981：230.
② 宗炳.画山水序[M]//沈子丞.历代论画名著汇编.北京：文物出版社，1982：14-15.
③ 宗炳.画山水序[M]//沈子丞.历代论画名著汇编.北京：文物出版社，1982：15.

是有灵性的对象，所以处处能够与之产生精神交感。

现在我们来说画论中的"天机"。之所以将画论中的"天机"与触物起情的诗学打通了来看，是因为中国画论中的"天机"，看似神秘，但其实是感兴的美学思想在画论中的呈现。以"天机"论诗画者在宋元以后代不乏人，从画论上看，以宋代的董逌和清代的沈宗骞为代表性人物。

说到"天机"，董逌是一个无法回避的画论家。他的《广川画跋》是值得我们高度重视和深入研究的画论著作。董逌画跋，虽多考镜源流之作，亦多画品优劣之论。例如，他在《书李营丘山水图》中正面表达了关于"形神"关系的观点，其言："谢赫言画者，写真最难。而顾恺之则以为都在点睛处。故谓传神写照，正在阿堵中尔。世人论画，都失古人意。不知山水、草木、虫鱼、鸟兽，孰非其真者耶？苟失形似，便是画虎而狗者，可谓得真哉？"[①]对于形神关系问题，董逌所持观点明显与苏轼的"论画与形似，见与儿童邻"不同。在他看来，形似是传神的基础，离开形似，难得其真。但他并非舍神求形，而是主张得天自然，达于造化，方是真者。最具理论探讨空间的是董逌在《画跋》中多处以"天机"论画，而且，其所以"天机"所评画家，都是画史上的顶尖级画家，如李成、范宽、王维、燕肃、李公麟（伯时）等。董亦所称"天机"，看似神异，其实包含着"感兴"，即触物起情的创作观念。其《书李成画后》节选如下：

> 由一艺以往，其至有合于道者，此古之所谓进乎技也。观咸熙画者，执于形相，忽若忘之，世人方且惊疑以为神矣，其有寓而见耶？咸熙盖稷下诸生，其于山林泉石，岩栖而谷隐。层峦叠嶂，嵌欹崒嵂，盖其生而好也。积好在心，久则化之，凝念不释，殆与物忘。则磊落奇特，蟠于胸中，不得遁而藏也。他日忽见群山横于前者，累累相负而出矣。岚光霁烟，与一一而下上，漫然放乎外而不可收也。盖心术之变化，有时出则托于画以寄其放，故云烟风雨，

---

① 董逌. 广川画跋［M］//于安澜. 画品丛书. 上海：上海人民美术出版社，1982：277.

雷霆变怪，亦随以至。方其时忽乎忘四肢形体，则举天机而见者，皆山也。故能尽其道。后世按图求之，不知其画忘也。谓其笔墨有蹊辙，可随其位置求之。彼其胸中自无一丘一壑，且望洋向若，其谓得之，此复有真画者耶？①

如此之类的题跋还有若干则。李成是北宋初期著名的山水画大家，李公麟（伯时）也是北宋最为杰出的画家。其他董逌以"天机自张""天机生动"等话语推崇的画家，还有燕肃、范宽等。"天机"意味着艺术创作的最佳契机是只可有一、不能有二的，因为这是审美创造主体和客体事物的不可遭遇的契机，也是人与造物之间的神秘默契所产生的最佳契机，它是可遇而不可求的。能够获致"天机"者，在董逌这里，都是具有经典作品传世的一流画家。"天机"不是刻意求取、亦步亦驱的"画工画"，而是在与自然造化的遇合中达到物我两忘之境的产物。遇物则画，触物兴情，泠然有所感应。如其评燕肃画时所说："余评燕仲穆之画，盖天然第一。其得胜解者，非积学所致也。想其解衣磅礴，心游神放，群山万水，泠然有感而应者。故雷霆风雨，忽乎其前而不可却。当此之时，岂复有画者耶？"②

董逌认为，能获致天机者，都应该是以"解衣磅礴"的自由状态来与群山万水感应的。它们是与那种预先立意、刻意求工的画工画迥然不同的。董逌在评李成、李公麟、燕肃等的画作时，都是赞赏他们"登临探索、遇物兴怀"的感兴创作方式，在这个意义上，"天机"即是感兴在中国画创作观念中的具体呈现。

清人沈宗骞的《芥舟学画编》，是中国近古时期的一部重要画论著作。《芥舟学画编》站在文人画派的立场上，尖锐地批判了当时陈陈相因的画坛倾向，所论具有很高的理论价值。余绍宋对《芥舟学画编》有这样的完整介绍：

---

① 董逌.广川画跋［M］//于安澜.画品丛书.上海：上海人民美术出版社，1982：306-307.
② 董逌.广川画跋［M］//于安澜.画品丛书.上海：上海人民美术出版社，1982：307-308.

是编为熙远自抒心得之作。卷一卷二俱论山水，凡十六篇：曰宗派、曰用笔、曰用墨、曰布置、曰穷源、曰作法、曰平贴、曰神韵、曰避俗、曰存质、曰仿古、曰自运、曰会意、曰立格、曰取势、曰酝酿。每篇复分数段，持论详明、且极平允，又时有新义发明，自非于此道深造有得者，不能道也。卷三为传神，凡十篇：曰总论、曰取神、曰约形、曰用笔、曰用墨、曰傅色，曰断制，曰分别，曰相势，曰活法，传神之秘可谓尽发无遗。卷四为人物琐论、笔墨绢素琐论、设色琐论三篇，后两篇盖为一切画所通用，非专为写人物而作者。①

沈宗骞论画也以天机（或"机神"）为佳品杰作的产生契机，他更主张天机的自然天成，应手而得。他说："机神所到，无事迟迥顾虑，以其出于天也。其不可遏也，如弩箭之离弦。其不可测也，如震雷之出地。前乎此者杳不知其所自起，后乎此者窅不知其所由终。不前不后，恰值其时，兴与机会，则可遇而不可求之杰作成焉。复欲为之，虽倍力追寻愈求愈远。"②沈宗骞在这里谈的"机神"，就是"天机"。沈氏更为强调的是它的不可遏制的特点，如弩箭离弦、震雷出地，神妙无方。这种"机神"所自出，方可成为可遇而不可求的杰作。这种神妙无方的天机之作，其实仍是画家与自然造化相感通的结果。从根本上说，其性质是感兴的审美观念。沈宗骞在《芥舟学画编》中谈"取势"，实则是与造物之势相遇合，如其所言：

天下之物本气之所积而成。即如山水，自重岗复岭以至一木一石，无不有生气贯乎其间，是以繁而不乱，少而不枯，合之则统相聊属，分之又各自成形。万物不一状，万变不一相，总之统乎气以呈其活动之趣者，是即所谓势也。论六法者首曰气韵生动，盖即指

---

① 余绍宋．书画书录解题［M］．浙江：浙江人民美术出版社，2012：311．
② 沈宗骞．芥舟学画编［M］//俞剑华．中国古代画论类编：下卷．北京：人民美术出版社，1998：913．

此。所谓笔势者，言以笔之气势，貌物之体势，方得谓画。故当伸纸洒墨，吾腕中若具有天地生物光景，洋洋洒洒，其出也无滞，其成也无心，随手点拂而物态毕呈，满眼机关而取携自便。心手笔墨之间，灵机妙绪凑而发之，文湖州所谓急以取之，少纵即逝者，是盖速以取势之谓也。①

沈宗骞所谓"取势"，即以笔墨通于造化，时至兴来，取势而成。"天机"绝非刻意求取，而是自由的创作心态为之，所谓"解衣磅礴"是也。这就是"天机自张""天机自动"的意思。

四、"应会感神"的宇宙生命感及审美属性

"天机"从本质上说是一种触物起情的感兴，是主体与客体的融会感通。这种融会感通在画论中的呈现，尤能体现出感兴审美观念的深刻内蕴。这其中一是人与造化自然的性灵相通感应，二是所起之情的审美性质。"触物起情"之情，已非自然情感而是审美情感。宗炳的《画山水序》"应目会心""应会感神"等命题，便是在"山水有灵"的观念下提出的。这也是绘画作为美的艺术与地图等自然科学成果之区别所在。这个问题在南朝画论家王微的《叙画》中得到了深刻的阐发，其中所说：

> 夫言绘画者，竟求容势而已。且古人之作画也，非以案城域，辩方州，标镇阜，划浸流，本乎形者融，灵而动变者心也。灵亡所见，故所托不动，目有所极，故所见不周。于是乎以一管之笔，拟太虚之体；以判躯之状，画寸眸之明。曲以为嵩高，趣以为方丈。以叐之画，齐乎太华；枉之点，表夫龙准。眉额颊辅若晏笑兮。孤

---

① 沈宗骞.芥舟学画编[M]//俞剑华.中国古代画论类编：下卷.北京：人民美术出版社，1998：912.

岩郁秀，若吐云兮。横变纵化，故动生焉，前矩后方出焉。然后宫观舟车，器以类聚；犬马禽鱼，物以状分，此画之致也。望秋云，神飞扬；临春风，思浩荡。虽有金石之乐，珪璋之琛，岂能仿佛之哉！披图按牒，效异山海。绿林扬风，白水激涧。呜呼！岂独运诸指掌，亦以神明降之。此画之情也。①

王微在这篇《叙画》中的言论，内涵非常丰富，而且具有开创性的理论价值。尤其是当他谈到山水画作为艺术创作的审美功能时，认为绘画不同于地图之"案城域、辩方州、标镇阜、划浸流"的实用功能，而是给人以超越于金石之乐、珪璋之琛的精神愉悦，这是对美的艺术的审美功能的理论表述。"以一管之笔，拟太虚之体"，也是中国式的审美关系的命题。画家手中之笔，看似只画出山水一角，却融摄了宇宙造化的精魂所系。这在中国式的审美中，成为一个特点。艺术家所及虽然有具体的触发点，但却是与天地万物为一的生命感和空间感。因此，在中国人的艺术审美中，主体在面对某一审美对象时，往往生成一种与造化相通的全息性美感。刘勰《文心雕龙·物色》中所说的"是以诗人感物，联类不穷"②正是寓含此意。触物起情中的"物"，是审美过程中的触发点，在此过程中，艺术家通过这个触发点而与万物相感通。

以"天机"论画者如董逌，是将对象看作"一气运化"的自然造化。他在评徐熙的《牡丹图》时说："世之评画者曰：'妙于生意，能不失真如此矣。是为能尽其技。'尝问：'如何是当处生意？'曰：'殆谓自然。'其问自然？则曰：'能不异真者，斯得之矣。'且观天地生物，特一气运化尔，其功用妙移，与物有宜，莫知为之者，故能成于自然。"③"自然"在中国美学中本身就是一个非常重要的审美范畴，从《老子》的"人法地，地法天，天法'道'，'道'法自然"④为开端，"自然"成为一脉相承的美学观念。业师张松如（公木）教

---

① 王微.叙画[M]//俞剑华.中国古代画论类编：下卷.北京：人民美术出版社，1998：585.
② 范文澜.文心雕龙注：下册[M].北京：人民文学出版社，1958：693.
③ 董逌.广川画跋[M]//于安澜.画品丛书.上海：上海人民美术出版社，1982：270–271.
④ 陈鼓应.老子注译及评介：第二十五章[M].北京：中华书局，1984：163.

授释本章的"自然"义为:"这里的'自然'一词,与十七章'百姓皆曰我自然',二十三章'希言自然'、五十一章'道之尊也,德之贵也,夫莫之爵而恒自然也'、六十四章'以辅万物之自然而弗敢为也'等句中的'自然'一样,义同天然,都不是近代意义的客观存在的自然界,而是不假人为而自成的意思。"① 我认为,公木师所言是客观而准确的。在艺术创作中,"自然"是与人工雕琢相对立的,是一种充满造化生机的状态。董逌所推崇的"天机自张",是充满了自然的创造力量的,它也是遇物兴怀的产物。董逌屡屡在画评中以"天机自张""天机自动"来推尊画家,而所论画家都有"解衣磅礴"式的创作心态以及一流画家的重要地位。所谓"自张""自动",当然是指创作契机来临时的不可控御性和偶然性。同时,是"遇物得之"的感兴方式所致。沈宗骞认为"机神"是天地之灵气与画家之灵气相通的之所由,他说:"故得笔动机随,脱腕而出,一如天地灵气所成,而绝无隔碍。虽一艺乎而实有与天地同其造化者,夫岂浅薄固执之夫所得领会其故哉!要知在天地以灵气而生物,在人以灵气而成画,是以生物无穷尽而画之出于人亦无穷尽,惟皆出于灵气,故能神其变化也。"② 在沈宗骞看来,人之灵气与天地灵气的遇合,也就是机神这之所生了。感兴之触物起情,是人与自然的晤谈,是以对象为友生,正如刘勰《物色》的赞辞中所写的"情往似赠,兴来如答",山水是有灵性的,而诗人或艺术家是大自然的一分子。

触物起情似乎充满了偶然性,而"天机自张"尤其是"藏若影灭,行犹响起"的,似乎感兴给我们的强烈印象,就是触物而兴的随机感了,那么,是不是随便什么人都能在感兴中获得艺术创作的冲动,从而创作出充满艺术个性的作品呢?当然不是。感兴的发生形态有明显的偶然性质,"触物起情"也说明了审美主体与客体之间相耦合的不确定因素,但这不等于说感兴审美是不需要主体的条件的,相反,所谓"感兴",恰恰是要以作家、艺术家的胸襟与禀赋及长期的艺术训练为其前提的。关于感兴的主体条件,古代文艺理

---

① 张松如. 老子说解 [M]. 山东:齐鲁书社,1998:150.
② 沈宗骞. 芥舟学画编 [M] // 俞剑华. 中国古代画论类编:下卷. 北京:人民美术出版社,1998:905.

论中是有很多论述的，如刘勰谈神思的主体因素时所说的"是以陶钧文思，贵在虚静，疏瀹五脏，澡雪精神，积学以储宝，酌理以富才，研阅以穷照，驯致以怿辞"[1]全面揭示了创作时的虚静心态及作为作家在"积学、酌理、研阅、驯致"这几个方面的积淀。"情性"或"性情"也是作家或艺术家的主体条件。清代诗论家叶燮主张"触物起情"而为诗，"原夫作诗者之肇端，而有事乎此也，必先有所触以兴起其意，而后措诸辞，属为句，敷之而成章"[2]而他同时又指出诗人必以"胸襟"为主体的根本条件，如其所说："有是胸襟以为基，而后可以为诗文。"[3]叶燮还举"才、胆、识、力"这四种因素作为诗人的主体要素，他说："曰才，曰胆、曰识、曰力，此四言者所以穷尽此心之神明。凡形形色色，音声状貌，无不待于此而为之发宣昭著；此举在我者而为言，而无一不如此心以出之者也。以在我之四，衡在物之三，合而为作者之文章，大之经纬天地，细而一动一植，咏叹讴吟，俱不能离是而为言者矣。"[4]如此等等，都是关于作家艺术家主体条件的论述。本文不拟就此问题作全面的阐发，而把目光聚焦于山水画论中的一个重要的概念"丘壑"，以之作为典型个案来看与感兴创作论中的主体因素。

五、"丘壑"作为画家的主体条件

"天机"看似神秘，好像不受控御，倏忽来去，却又是艺术精品的契机，难道是不管什么人都能获得的吗？当然不是。"天机"的获得，是要有艺术家的主体条件的。从艺术准备来说，画论中的"丘壑"，是非常重要的主体条件。

"丘壑"在画论中时时可见，而多呈现于山水画的相关评论，当然也出现于其他画材如枯木竹石的画评中。首先我们可以肯定地讲，"丘壑"在画论中并非指一般性的理解里的自然丘壑，而是作为画家内心营构的一个图式，乃

---

[1] 范文澜.文心雕龙注：下册[M].北京：人民文学出版社，1958：493.
[2] 叶燮.原诗[M]//丁福保.清诗话：下册.上海：上海古籍出版社，2015：581.
[3] 叶燮.原诗[M]//丁福保.清诗话：下册.上海：上海古籍出版社，2015：587.
[4] 叶燮.原诗[M]//丁福保.清诗话：下册.上海：上海古籍出版社，2015：593.

伍蠡甫先生在谈到"丘壑内营"时所指出的"古代山水画家走的是以心接物、借物写心的道路,当然不会机械地描摹实景"。①;同时,"丘壑"在很大程度上是画家面对山水、遇物兴怀的产物,并非仅靠摹拟前辈画家的画法。宋代大诗人黄庭坚在题苏轼的《枯木图》诗中说:"折衡儒墨阵堂堂,书入颜杨鸿雁行。胸中元自有丘壑,故作老木蟠风霜。"②黄庭坚此处称赞东坡先生作为画家的内在意象。《宣和画谱》评宋代画家高克明说:"端愿谦厚,不事矜持,喜游佳山水间搜奇访古,穷幽探绝终日忘归。心期得处即归燕坐静室沈屏思虑几与造化者游。于是落笔则胸中丘壑尽在目前。"③高克明是北宋时期的重要画家,在游览佳山水中获得感兴,并形成内心的山水图式,而落笔之际"丘壑"见诸笔端。"丘壑"也是画家在遇物兴怀的过程中注入活力的。董迫在《广川画跋》中多次谈到"天机"与"丘壑"之间的必然联系,如评燕肃的山水画时说:"论者谓丘壑成于胸中,既悟则发之于画。故物无留迹,景随见生,殆以天合天者耶?"④"丘壑"在画家胸中,即"丘壑"在于画家的主体世界,而且是画家在创作时必备的内在条件;倘若胸无"丘壑",而对山水进行模仿,是不可能成为作品的。米友仁是以"墨戏"著称的画家,画论称其"平生胸中丘壑,天公乞与羁臣""幻出幼舆丘壑,仍现一沤影中。"⑤"墨戏"主要是文人画的一种形式,即游戏笔墨。元代画家吴镇论"墨戏"说:"墨戏之作。盖士大夫词翰之余。适一时之兴趣。"⑥墨戏者,游戏笔墨也。画家并非郑重其事地预先构思,而是以一种游戏的态度即兴挥毫。宋代画家米芾、米友仁父子画山水以"墨戏"著称。黄庭坚评米芾画风时说:"米芾元章在扬州,游戏笔

---

① 伍蠡甫.中国画论研究[M].北京:北京大学出版社,1983:65.
② 黄庭坚.题子瞻枯木[M]//黄庭坚.黄庭坚全集:第一册.四川:四川大学出版社,2001:215.
③ 宣和画谱[M]//卢辅圣.中国书画全书:第二册.上海:上海书画出版社,2009:367.
④ 董迫.书燕仲穆山水后为赵无作跋[M]//于安澜.画品丛书.上海:上海人民美术出版社,1982:238.
⑤ 吴则礼.北湖集[M]//陈高华.宋辽金画家史料.北京:文物出版社,1984:566.
⑥ 吴镇.论画[M]//沈子丞.历代论画名著汇编.北京:文物出版社,1982:206.

（翰）墨，声名籍甚。"① 其子米友仁尤其以自觉的意识来张扬"墨戏"。宋人邓椿评米友仁时说："友仁宣和中为大名少尹，天机超逸，不事绳墨。其所作山水点滴烟云草草而成而不失天真，其风气肖乃翁也。每自题其画曰：墨戏。"② 可见"墨戏"一派的画法是"逸笔草草"的，而米友仁的山水画，仍被认为是"胸中丘壑"所发。

董逌论画特重遇物兴怀的"天机自张"之作，而且将"丘壑"作为"天机"的主体条件。他认为最佳的创作状态"在其天机"或者说"天机自张"，然而"天机"并非虚无飘渺之物，而是以画家的内在胸臆来"收敛众景"。"登临探索，遇物兴怀"，是触物起情的感兴创作方式，却是以"自成丘壑"的内在图式作为前提的。所以，"丘壑"对画家尤其是山水画家而言，是至关重要的主体因素。董逌在其《书燕仲穆山水后为赵无作跋》中，强调了"丘壑"的重要意义，他说：

> 明皇思嘉陵江山水，命吴道玄往图，及索其本，曰："寓之心矣，敢不有一于此也。"诏大同殿图本以进，嘉陵江三百里，一日而尽，远近可尺寸计也。论者谓丘壑成于胸中，既寤则发之于画。故物无留迹，景随见生，殆以天合天者耶？李广射石，初则没镞饮羽，既不则不胜石矣。彼有石见者，以石为碍，盖神定者。一发而得其妙解；过此则人为已。能知此者，可以语吴生之意矣。仲穆于画，盖得于此。③

这一则画跋明确认为"丘壑成于胸中"是山水画家的根基所在。董逌论燕肃的画跋是最多的，仅单独评价燕肃绘画成就就有四则，其中最关键的词语就是"天机"和"丘壑"。在董逌的画论中，这二者之间是具有深刻的逻辑关系的。

---

① 黄庭坚. 书赠俞清老［M］//黄庭坚. 黄庭坚全集：第二册. 四川：四川大学出版社，2001：654.
② 邓椿. 画继［M］//卢辅圣. 中国书画全书：第三册. 上海：上海书画出版社，2009：282.
③ 董逌. 广川画跋［M］//于安澜. 画品丛书. 上海：上海人民美术出版社，1982：238.

山水画论中的"丘壑",间或指山水画的画面中的山水轮廓,如清人吴其贞在《书画记》中评画时说:"画法工细,丘壑险绝,盖作鸡骨皴。"① 清人笪重光也说:"披图画而寻其为丘壑则钝,见丘壑而忘其为图画则神。"② 但在山水画论中,"丘壑"更为普遍的是指画家通过学习古人经典作品和当下的山水形貌的触物兴怀中所生成的主体内在图式。所以,言"丘壑"则不离"胸中"。我曾试图作过这样的概括:"丘壑是画家将山水物象作为审美对象吸纳于内心,并以'脱去尘滓'的精神气韵加以运化,同时,须向前人名迹临摹学习,以前人已有的山水图式为蓝本,再以眼前山水物象为感兴契机,进行矫正,而在画家心中形成的内在山水图式。"③ 这是我对于"丘壑"的基本理解。从本质的意义上讲,画论中的"丘壑",是画家内心形成的山水图式,所以讲"丘壑内营"。伍蠡甫先生这样说:"'丘壑内营'意味着客观与主观、物与心、外与内的两个矛盾方面,而以后一方面为主导,在创作实践中,须恰当地掌握这一辩证关系。倘若有'内'而无'外',会变成主观臆造,有'外'而无'内',将沦为自然主义。对中国山水画来说,自然美须融化于意境中,并通过丘壑内营,以创造出艺术美来。"④ 蠡甫先生关于"丘壑"的论述尤为中肯而辩证,令人信服。我认为,"丘壑"首先是以学习临摹前辈画家的经典作品而形成的内在图式,如清初画家王翚(石谷)曾言:

"以元人笔墨,运宋人丘壑,而泽以唐人气韵,乃为大成。"⑤

清代画论家唐岱的《绘事发微》中有"传授"一节,其中说:"凡画学入门,必须名师讲究,指示立稿。如山之来龙起伏,阴阳向背,水之来派近远,湍流缓急。位置稳妥,令学者得用笔用墨之法,

---

① 卢辅圣.中国书画全书:第十一册[M].上海:上海书画出版社,2009:378.
② 笪重光.画筌[M]//卢辅圣.中国书画全书:第十二册.上海:上海书画出版社,2009:274.
③ 张晶.丘壑论——兼谈中国山水画论中的艺术图式[J].北京大学学报.2021.58(4):122-131.
④ 伍蠡甫.中国画论研究[M].北京:北京大学出版社,1983:67.
⑤ 王翚.清晖画跋[M]//沈子丞.历代论画名著汇编.北京:文物出版社,1982:317.

然后视其笔性所近，引之入门。俟皴染纯熟，心手相应，则摹仿旧画，多临多记，古人丘壑，融会胸中，自得六法三品之妙。落笔腕下眼底一片空明，山高水长，气韵生动矣。"①

通过临习旧画，多临多记，将古人丘壑融会画家自己的内心，这是"丘壑"的重要来源之一。英国艺术理论家贡布里希特别重视视觉艺术家的内在图式，他认为，"以上的每一个论据都表明同一个结论，'艺术的语言'一语并不是一个不确切的比喻，即使是用图像去描写可见世界，我们也需要一个成熟的图式系统"②。我认为，中国画论中的"丘壑"，正可用"图式"进行理论诠释。"丘壑"并非一成不变的、僵硬的，而是通过画家的即时感兴获得新鲜的资源，从而形成作画当时的内在"丘壑"。董逌以"天机"论画，却又不离"丘壑"，倘无内在丘壑，也就无"天机"可言，而这"丘壑"，又是"心放于造化炉锤者，遇物得之"③的产物。明代画家董其昌则曰："画家六法，一气韵生动。气韵不可学，此生而知之，自有天授。然亦有学得处，读万卷书，行万里路，胸中脱去尘浊，自然丘壑内营，成立鄞鄂，随手写出，皆为山水传神矣。"④董氏所论，指出了"丘壑内营"的两方面因素，一是"读万卷书"，二是"行万里路"。后者其实就是触物起情感兴之途。

如果认可"天机"是绘画杰作的最佳契机，那么，从画家主体而言，"丘壑"便是不可缺少的基底。画家不可能是内心空洞的"白板"，丘壑的有无和优劣，对于绘画创作而言是至关重要的主体条件，而"丘壑"又离不开触物兴怀的感兴。

中国诗学中的感兴，在我看来不仅是一个创作论的范畴，而且是能够代

---

① 唐岱.绘事发微［M］//俞剑华.中国古代画论类编：下卷.北京：人民美术出版社，1998：849.

② 贡布里希.艺术与错觉［M］.杨成凯，李本正，范景中，译.广西：广西美术出版社.2012：76.

③ 董逌.广川画跋［M］//于安澜.画品丛书.上海：上海人民美术出版社，1982：307.

④ 董其昌.画禅室随笔［M］//俞剑华.中国古代画论类编：下卷.北京：人民美术出版社，1998：730.

表中华美学特性的核心范畴。因为"触物起情"作为感兴的内涵，客观地揭示了文艺作品的创作冲动之所由来及艺术精品的生成因素。在画论中，人们常说的"天机"也非神秘如天外来客，同样是登临探索、遇物兴怀生成的杰作。诗学中的"触物起情"与画论中的"天机自张"，其实是彼此相通的，皆是出于中国美学中的感兴的把握世界的方式。

后 记

甲辰龙年，果然气象不同。阳历的三月，就是农历的早春二月。经过了几番雨雪风寒，现在已是春日里生机盎然的蓬勃景象，校园里充满了生机。

这本书是校庆七十周年的献礼之作，也是时隔整整二十年后我的第二部自选集。上一部自选集书名为《诗学与美学的感悟》，是校庆五十周年的"北广学者文库"的书籍之一。

二十年，在人的一生中占有着怎样的份额与比例啊！二十年前，我刚到广播学院（现中国传媒大学）时间不久，那时可以说是"人到中年"；二十年后，即便不愿承认，我也已进入老境。真个是"流光容易把人抛"啊！回顾自己这些年来走过的路，尽管有过各种波折，但也做了脚踏实地的努力，我也敢于向世人告白：我没有虚度光阴，向组织，向我供职的传媒大学，交了一份充实的答卷！为了文艺学学科，为了我们这个博士后流动站，也为了中国语言文学一级学科，我和同事们一道，也曾夙夜为之，也曾八方奔走，终于有了理想的结果，有了属于我们自己的平台。即便是在国内诸多高校的中文学科的角逐中，我们也有了属于自己的底气。从自己的学术研究而言，以2004年的五十周年校庆为节点，这二十年来，我撰写并出版了《美学的延展》（商务印书馆）、《神思：艺术的精灵》（百花洲文艺出版社）、《禅与唐宋诗学》（新星出版社）、《辽金诗学思想研究》（辽海出版社）、《艺术美学论》（中国文联出版社）、《偶然与永恒——中国古代文艺理论对文艺美学的建构意义》（人民文学出版社）、《辽金元诗鉴赏》（人民文学出版社）、《神思：审美创造的基点》（外语教学与研究出版社）、《中国古代画论十九讲》（中国文联

出版社）、《以中华美学精神的名义》（中国文联出版社）、《中国古代美学命题论》（安徽教育出版社），修订出版了《辽金诗史》（辽海出版社），主编了《中国诗歌通史·辽金元卷》（人民文学出版社）、《中国古代文学通论·辽金元卷》（人民出版社、辽宁人民出版社）等多部作品。2016年我的六卷本学术文选《美学与诗学——张晶学术文选》出版（中国社会科学出版社）。2004年以后，我又在《文学评论》《哲学研究》《文艺研究》《北京大学学报》《复旦学报》《现代传播》《学术月刊》《社会科学辑刊》《文学遗产》等刊物上发表论文三百余篇。我本人一向对所谓"核心"与"非核"的区别不以为然，认为这只是一个历史性的范畴，也时常告诉自己的学生要辩证认识这个问题。不要还没写过几篇文章，就"非核不发"。我自己也在非核心的报刊上发表了许多文章。只要有了发表的契机，就认真给刊物写稿。我多次对自己的学生说，核心刊物有自己严格的标准，并非我们"一厢情愿"就可以"如愿以偿"的。仅仅为了职称等目的而死盯着核心刊物，核心刊物也未必"青睐"于你。这是我对这个问题的一贯认识，也可以称之为"核心刊物观"吧。

这二十年我申报成功并主持了若干北京市及国家的科研项目。如国家社会科学基金重大项目《中国古代美学命题的整理与研究》、国家社会科学基金的重点项目《中华美学精神的诗学基因研究》、国家社会科学基金的一般项目《辽金诗学思想研究》《中国古代文艺理论对文艺美学的建构意义研究》、国家双一流项目《文学经典与影视精品的创造机制》、北京市习近平新时代中国特色社会主义思想研究中心的重点项目《新时代传承和弘扬中华美学精神研究》、中国文联理论研究重大项目《中华美学精神与马克思文艺理论中国化时代化研究》等重要项目，还给北京市委宣传部做了一些规划项目。我对科研立项的认识也有一个过程。我原来并不认为项目对一个学者有什么真正的意义，但随着形势的发展，我逐步认识到，科研立项对当代学者是有重要意义的。有了项目可以在一段时间内规划自己的研究方向，可以出重要的成果。但是就目前高校项目申报现状来说，老师们申报项目能不能成功，真的是很难说。而且申报项目者也有很多只是为了申报而申报，拍着脑门想题目，而非在研究的基础上生成的。这种种现象都值得深思。

后 记

这本自选集名曰《中国美学的范畴与命题》，这是我对自己这二十年来的研究的轨迹的一个概括。因为篇幅有明确的规定，所以只能选出很少一部分比较有代表性的文章。本书所选，只是我这二十多年学术成果的"冰山一角"，但也可窥见本人学术研究的某种特点。

在本书的编选过程中，我的博士生马晨做了关键性的工作。从选篇到体例，都是由马晨统筹的。还有博士生陈光浩、耿心语等，也都为本书的编校付出了很多精力。在这里，我对这几位博士生一并表示感谢。

我们的学校虽然走过了七十年的风雨历程，但她依然年轻，更是充满活力！七十岁，不是一个小生日，而是值得隆重庆祝的大生日！作为中国传媒大学的一名教师，作为她的一员，我由衷地为她骄傲！这本自选集，算是献给她的生日礼物吧。

龙年三月天，是美好的，是蓬勃的，是灿烂的。

学术之路，我已走了四十多年，还要走下去，我自信，我还有很强的创造欲望，还有执着的韧力，还会有很多成果。

不负时代，不负光阴，不负使命！

春路雨添花，花动一山春色。振衣千仞岗，再出发！

张　晶

2024 年 3 月 10 日